HISTOIRE

NATURELLE

DES POISSONS.

STRASBOURG, IMPRIMERIE DE F. G. LEVRAULT.
RUE DES JUIFS, N.º 33.

HISTOIRE
NATURELLE
DES POISSONS,

PAR

M. LE B.ON CUVIER,

Grand-Officier de la Légion d'honneur, Conseiller d'État et au Conseil royal
de l'Instruction publique, l'un des quarante de l'Académie française,
Associé libre de l'Académie des Belles-Lettres, Secrétaire perpétuel de celle
des Sciences, Membre des Sociétés et Académies royales de Londres, de
Berlin, de Pétersbourg, de Stockholm, de Turin, de Gœttingue, des Pays-
Bas, de Munich, de Modène, etc.;

ET PAR

M. VALENCIENNES,

Aide-Naturaliste au Muséum d'Histoire naturelle.

TOME HUITIÈME.

A PARIS,

Chez F. G. LEVRAULT, rue de la Harpe, n.° 81;
STRASBOURG, même Maison, rue des Juifs, n.° 33;
BRUXELLES, Librairie parisienne, rue de la Magdeleine, n.° 438.

1831.

AVERTISSEMENT.

———

Ce volume commence l'histoire d'une des familles les plus intéressantes d'acanthoptérygiens,
celle des scombéroïdes, qui, malgré l'importance
de plusieurs de ses espèces pour la nourriture
de l'homme, n'avait encore été étudiée que bien
légèrement par les naturalistes. Nous-mêmes
avons été étonnés du nombre d'espèces non décrites, non caractérisées, que recélaient les mers
de l'Europe, et ce n'est presque qu'en hésitant
que nous les avons présentées comme nouvelles
pour la science ; mais il a bien fallu se rendre
à l'évidence.

Parmi les nombreux poissons qui nous sont
parvenus depuis l'impression de nos derniers
volumes, nous avons choisi, pour le supplément
de celui-ci, les plus intéressans par leur beauté ou
par leurs caractères. Les naturalistes y verront
même avec plaisir quelques nouveaux genres,

et particulièrement celui des bovichtes, dont M. Carmichael avait fait connaître une espèce, mais sous un nom générique qui ne lui convenait pas. Il nous a toujours paru que des lumières acquises sur des espèces anciennes et mal connues, étaient préférables à des espèces nouvelles.

Nous prions nos lecteurs de ne point oublier que les poissons qui font l'objet de nos divers supplémens, et que nous insérons ainsi hors d'ordre dans nos volumes, pour faire jouir plus tôt le public des nouvelles acquisitions de la science, seront tous remis à leur place dans le tableau général des caractères des familles, des genres et des espèces qui terminera notre ouvrage.

Au Jardin du Roi, Octobre 1831.

TABLE

DU HUITIÈME VOLUME.

—

LIVRE NEUVIÈME.

CHAPITRE II.

TABLE.   ix

CHAPITRE III.

CHAPITRE IV.

CHAPITRE V.

APPENDICE A LA PREMIÈRE TRIBU.

CHAPITRE VI.

DEUXIÈME GRANDE TRIBU.

CHAPITRE X.

CHAPITRE XIV.

ADDITIONS ET CORRECTIONS

AUX TOMES II, III, IV, V, VII ET VIII.

8. b

TABLE. **xix**

(Par M. Valenciennes.)

POISSONS OSSEUX. [1]

ACANTHOPTÉRYGIENS.

SCOMBÉROÏDES. Les pièces operculaires sans dentelures ; les écailles petites et lisses ; les nageoires verticales généralement non enveloppées d'écailles.

A première dorsale continue; les rayons de la deuxième et de l'anale séparés en fausses pinnules.

La première dorsale laissant un intervalle entre elle et la seconde.

Les écailles également petites partout.

Deux petites crêtes de chaque côté de la queue.

MAQUEREAUX.

Les écailles du thorax plus grandes formant un corselet.

Une carène de chaque côté de la queue.

AUXIDES.

La première dorsale s'étendant jusqu'à la seconde.

Un corselet.

Une carène de chaque côté de la queue.

Dents petites ou médiocres, serrées.

THONS.

Dents fortes, pointues, séparées.

PÉLAMIDES.

Point de corselet.

Une carène de chaque côté de la queue.

Dents comprimées, pointues, tranchantes.

TASSARDS.

Point de carène à la queue.

Dents pointues, tranchantes ; les antérieures plus longues.

THYRSITES. Ventrales complètes, quoique petites.

GEMPYLES. Ventrales réduites à de petits vestiges.

---

1. Ce tableau sera continué dans le volume suivant.

Une seule dorsale continue ; point d'armure écailleuse à la ligne latérale.

> *Point de corselet.*
>
> > Point de carènes.
> >
> > > *Tous ou une grande partie des rayons de l'anale réduits à de très-petites épines.*
> > >
> > > > Dents des thyrsites et des gempyles.
> > > >
> > > > > LÉPIDOPES. Une petite écaille au lieu de chaque ventrale ; une caudale.
> > > > > TRICHIURES. Point de ventrales, point de caudale.
> > >
> > > Des carènes aux côtés de la queue.
> > >
> > > > *Museau alongé en épée ou en dard.*
> > > >
> > > > > Dents en velours ras.
> > > > >
> > > > > > ESPADONS. Point de ventrales.
> > > > > > VOILIERS. Ventrales longues et étroites. Les makaira et les tétraptures y sont compris.

Les rayons de la première dorsale séparés en épines isolées.

Des ventrales thoraciques.

> Une carène de chaque côté de la queue.
>
> > PILOTES.
>
> Point de carène aux côtés de la queue.
>
> > *Corps alongé.*
> >
> > > ÉLACATES. Tête déprimée.
> >
> > *Corps comprimé.*
> >
> > > Deuxième dorsale et anale continues.
> > > LICHES. Profil peu bombé.
> > > TRACHINOTES. Profil bombé ; museau obtus.
> > >
> > > Derniers rayons de la deuxième dorsale et de l'anale séparés.
> > > CHORINÈMES.

Des ventrales jugulaires.

> APOLECTUS.

Point de ventrales.

> RHYNCHOBDELLES. Museau concave, strié en dessous ; nageoires verticales séparées.
> MASTACEMBLES. Museau conique ; nageoires verticales unies.

Des ventrales abdominales.

> NOTACANTHES. Pas de seconde dorsale ; une très-longue anale unie à la caudale.

AVIS AU RELIEUR

POUR PLACER LES PLANCHES.

---

1. Les planches 232, 233, 234, 235, 236, 237, 238, 239, 240, 241, 242, 243, 244, 245, seront délivrées avec le volume suivant.

HISTOIRE

NATURELLE

DES POISSONS.

LIVRE NEUVIÈME.

DES SCOMBÉROÏDES.

Nous voici arrivés à l'une des familles de poissons les plus utiles à l'homme, et par leur goût agréable, et par leur volume, et surtout par leur inépuisable reproduction, qui les ramène chaque année dans les mêmes parages, et les offre comme une proie facile à l'activité des pêcheurs et à l'industrie de ceux qui possèdent l'art de les préparer et de les conserver. La famille des harengs peut seule, dans la classe des poissons, le disputer à celle des scombres. Il n'est personne qui n'ait entendu parler du thon, de la bonite et du maquereau, ainsi que des riches captures et des excellentes salaisons que l'on en fait dès la plus haute antiquité.

Ces poissons célèbres, considérés isolément, seraient faciles à caractériser. La seule sépara-

8.   1

tion des rayons postérieurs de leur seconde dorsale et de leur anale suffirait pour cela; mais ils ne sont que les chefs d'une nombreuse série de genres et de sous-genres, où la forme qui leur est propre s'altère par degrés, et passe insensiblement à d'autres, dans lesquelles on ne retrouve ni ce caractère, ni presque aucun de ceux qui l'accompagnent dans les premiers types. Des écailles ordinairement très-petites, qui font paraître la plus grande partie de la peau comme si elle était lisse; des nageoires verticales non écailleuses; des pièces operculaires sans épines ni dentelures; des cœcums généralement nombreux : voilà presque tout ce que l'on peut en dire de général, et cependant ils ont tous un air de famille qui ne les abandonne dans aucune de leurs modifications; en sorte qu'ils forment ce que les botanistes nomment une famille par série ou par transition. La plupart ont cependant les côtés de la queue carénés ou armés d'écailles ou de boucliers eux-mêmes carénés, ou bien les derniers rayons de leur seconde dorsale et de leur anale sont libres, ou bien encore ce sont les rayons épineux de la première qui manquent de membrane qui les unisse. Le plus souvent leur nageoire caudale est d'une dimension et d'une vigueur remarquables. Dans

la plupart encore les premiers rayons épineux
de l'anale sont séparés du reste de cette nageoire, et en forment une petite et distincte.
Mais aucun de ces caractères ne leur est commun à tous, et même on pourrait dire que la
transition va jusqu'à en rapprocher, d'une part,
ces poissons en forme de rubans, dont on a
formé la famille des ténioïdes, de l'autre les
acanthures, ou même les sidjans. En un mot,
aucun groupe d'acanthoptérygiens ne prouve
mieux que ne le fait celui-ci, que cet ordre,
immense par le nombre des genres et des espèces qu'il embrasse, ne constitue au fond
qu'une seule famille, et que les divisions de
ce degré que l'on a essayé d'y établir sur des
bases plus ou moins constantes, ne sont pas,
à beaucoup près, aussi séparées les unes des
autres que le sont celles des malacoptérygiens, les siluroïdes, par exemple, et les clu-
péoïdes, ou les lucioïdes.

Il est possible du moins de former dans
l'intérieur de la famille des scombéroïdes des
groupes ou des tribus mieux déterminées que
la famille elle-même.

Dans une première tribu, par exemple, on
peut placer les espèces qui ont la première
dorsale continue et les derniers rayons de la
dorsale et de l'anale séparés, ou, comme on

dit, formant de *fausses pinnules*, et dont la queue est carénée sur les côtés, mais non armée de boucliers.

Dans une seconde on peut mettre ceux dont les rayons épineux du dos ne forment point une nageoire continue, mais demeurent séparés les uns des autres.

Dans une troisième on peut ranger ceux qui ont la ligne latérale armée en tout ou en partie, et principalement sur les côtés de la queue, de boucliers, ou de fortes écailles carénées ou épineuses. Ce caractère même va en diminuant par degrés dans certains genres, remarquables d'ailleurs par un corps très-élevé et comprimé.

Il y a en outre des groupes moins considérables, qui ne se rattachent aux précédens que par quelque caractère partiel, et ne tiennent à la grande famille que par l'ensemble et peut-être par la petitesse des écailles. Les uns, comme les espadons, n'ont de plus que les carènes des côtés de la queue; les autres, comme les sérioles, que la petite nageoire en avant de l'anale, etc.

Nous nous sommes efforcés de présenter ces diverses combinaisons de caractères aussi nettement que nous l'avons pu dans le tableau ci-joint.

PREMIÈRE GRANDE TRIBU.

LES SCOMBÉROÏDES A FAUSSES PINNULES ET SANS ARMURE A LA LIGNE LATÉRALE.

C'est à cette tribu qu'appartiennent les poissons les plus connus et les plus utiles de la famille, les thons, les germons, les maquereaux, tous ceux qui, parcourant les mers en troupes nombreuses, et réunissant une taille souvent considérable à une chair excellente et susceptible d'être conservée par divers moyens, donnent lieu à de grandes pêches, qui occupent beaucoup de bras et de capitaux. Leur corps en forme de fuseau, leur caudale grande et vigoureuse, leur queue fort rétrécie et plus ou moins carénée, en font des nageurs très-puissans, et toutes leurs habitudes sont conformes à cette organisation.

CHAPITRE PREMIER.

Des Maquereaux (Scomber, nob.).

Le premier genre sera pour nous celui des *maquereaux,* parce qu'il comprend l'espèce la plus répandue sur nos côtes et celle qui peut servir le plus commodément d'objet de comparaison.

Outre ses fausses pinnules, ce genre a pour caractères particuliers que sa première dorsale est séparée de la seconde par un grand intervalle, et que sa queue n'a point de carène sur les côtés, mais seulement deux petites crêtes, qui se retrouvent dans les autres genres avec la grande carène elle-même.

L'espèce si répandue dont nous venons de parler, est

Le Maquereau commun,

(Scomber scombrus, Linn. Bl., pl. 54.)

dont nous croyons devoir présenter ici une description très-détaillée, comme type général pour la tribu.

La forme générale du maquereau approche de celle d'un fuseau, sa tête ayant celle d'un cône comprimé, et sa queue se rétrécissant en pointe jusqu'à la racine de la caudale.

Sa tête est quatre fois et demie dans la longueur totale du corps, mesurée depuis le bout du museau jusqu'au bout des lobes de la queue. La plus grande hauteur, prise derrière les ventrales, est près de six fois et deux tiers dans cette même longueur, et sa largeur n'est pas tout-à-fait deux fois dans sa hauteur. La hauteur de la tête à la nuque est des trois cinquièmes de sa longueur, et son épaisseur au même endroit, des trois quarts de sa hauteur.

La ligne du profil supérieur est légèrement convexe; celle du profil inférieur l'est un peu plus. Le crâne est lisse, convexe transversalement. Les côtés de la tête sont à peu près planes et se rapprochent en dessous. La distance du bout du museau à l'œil est à peu près du tiers de la longueur de la tête.

Le diamètre de l'œil est le cinquième de la longueur de la tête et un peu moins de moitié de sa hauteur; car il n'est pas tout-à-fait à la ligne du profil, et il laisse sous lui un espace un peu plus haut que lui-même. Il est recouvert en avant et en arrière par une membrane épaisse, transparente et comme gélatineuse, fendue verticalement, de manière à laisser un vide elliptique, qui ne découvre que le tiers environ du diamètre de l'œil. Le bord de la partie antérieure n'atteint que le bord antérieur du cercle de l'iris, tandis que le bord de la partie postérieure recouvre une partie de la pupille. Cette membrane s'étend sur presque toute la tempe, la partie supérieure de la joue et la partie latérale du museau.

Le premier sous-orbitaire est en forme de large
ruban, posé obliquement, plus large à la partie antérieure et couvrant dans l'état de repos le maxillaire et
même les bords de l'intermaxillaire, excepté la partie
moyenne de ce dernier, qui fait le bout même du
museau. Ce sous-orbitaire est entièrement lisse, sans
épines ni dentelures, et se termine sous l'œil en
arrière de la commissure des mâchoires. Il porte
vers le haut et parallèlement à ses bords les plus
longs, une ligne de huit à neuf pores très-petits.
Deux ou trois pièces plus minces achèvent le contour de l'orbite, mais sans cuirasser toute la joue.

Le préopercule est lisse, à peu près triangulaire,
et sa partie extérieure est extrêmement large. Du reste,
le limbe n'y a point d'arête ni le bord aucune dentelure ou épine. Son bord inférieur monte un peu;
le postérieur descend un peu obliquement en arrière et est à peu près rectiligne. L'angle est arrondi.
Dans l'ouverture de cet angle, près de son sommet,
commence, une ligne courbe de petits pores, qui
se continuent le long du bord inférieur. L'opercule,
à cause de la ligne un peu courbe qui le sépare du
sous-opercule et qui descend obliquement en avant,
a la forme d'un quadrilatère irrégulier, dont l'angle
inférieur serait très-aigu. On n'y voit aucune dentelure, ni pointes, ni pores. L'interopercule s'étend
sous tout le bord inférieur du préopercule. Il est plus
étroit en avant qu'en arrière. Entre lui et l'opercule
est le sous-opercule, qui a la forme d'un triangle,
dont l'angle obtus aboutit à celui du préopercule,
et dont le grand côté sert à compléter la ligne

arrondie du contour de l'ensemble operculaire.

Les ouïes sont fendues jusque sous le bord antérieur de l'œil, où leurs membranes se croisent un
peu. Ces membranes, longues et étroites, sont sou-
tenues chacune par sept rayons de force médiocre.

Les lèvres sont peu charnues. Les dents aux deux
mâchoires sont toutes semblables, situées l'une auprès de l'autre sur un seul rang, et en forme de petits
cônes pointus, un peu courbés en dedans. Dans les
adultes il y en a de trente-huit à quarante de chaque
côté à chaque mâchoire; mais ce nombre est moindre
dans les jeunes, et il y en a de petits où nous n'en
avons pas compté plus de vingt-huit. Une rangée de
petites dents pareilles garnit le bord externe de chaque palatin, et il y en a trois ou quatre à chaque
angle du devant du vomer. La langue est triangulaire, plate, peu libre. Sa surface est très-lisse. Le
premier arceau des branchies est garni de très-longues pectinations ciliées; mais les pharyngiens sont
garnis de dents si longues et si grêles que ce sont
plutôt de véritables soies. La mâchoire inférieure
n'est pas plus courte que la supérieure; elle s'articule sous le milieu de l'œil; mais la fente de la bouche, quand elle est le plus ouverte, ne va qu'aux
deux tiers du museau. Les branches de la mâchoire
inférieure sont lisses, percées d'une série longitudinale de petits pores, quelquefois interrompue.

L'orifice antérieur de la narine est un petit trou
rond et béant, placé près de la ligne du profil, à peu
près à égale distance du bout du museau et de l'œil.
Un peu plus bas, entre ce premier orifice et l'œil,

est l'ouverture postérieure de la narine. C'est une fente verticale peu visible, pratiquée dans la membrane adipeuse qui s'étend du museau sur le devant de l'œil.

La première dorsale commence au tiers antérieur de la longueur du corps. Sa hauteur est des deux tiers de celle du corps sous elle, et elle est plus longue d'un cinquième qu'elle n'est haute. Sa forme est triangulaire; elle peut se cacher complétement dans un sillon du dos; elle a douze rayons médiocrement robustes, dont le second est le plus long. Le premier et le troisième l'égalent presque; le dernier, très-court, se montre à peine hors de son sillon, et il y a des individus qui n'en ont que onze ou même que dix. La distance entre la première et la seconde dorsale est du sixième de la longueur totale. La seconde est moitié moins haute que la première, et sa longueur est double de sa hauteur; elle a aussi douze rayons, dont le premier seul est épineux. Sa membrane est épaisse et garnie de très-petites écailles. L'espace entre elle et la caudale est occupé par cinq fausses nageoires, c'est-à-dire par cinq petits rayons rameux, isolés, sans membrane intermédiaire générale, et dont le bord postérieur s'alonge par un angle aigu. La dernière de ces fausses nageoires est fourchue et semble en présenter deux, unies par une petite membrane particulière. L'anale a à peu près la même forme et la même étendue que la seconde dorsale; elle a de même douze rayons; elle commence et finit vis-à-vis les mêmes points et est suivie de cinq fausses nageoires, semblables à celles que nous avons

décrites sur le dos; mais elle est précédée immédiatement derrière l'anus d'une petite épine libre.

L'anus s'ouvre aux deux tiers postérieurs de la
longueur totale. La queue pénètre en pointe entre
les bases des rayons de la caudale, et y est relevée
de chaque côté par deux petites carènes cutanées
longitudinales, placées l'une au-dessus de l'autre et
garnies de petites écailles imbriquées. La caudale est
fourchue presque jusqu'à la pointe de la queue, à
laquelle elle adhère. Ses rayons entiers sont au
nombre de dix-sept, dont les deux extrêmes à chaque
lobe sont articulés, mais non branchus. Les rayons
qui vont en diminuant à l'une et à l'autre base, sont
également simples et articulés. Il y en a huit ou neuf
en haut et autant en bas. Les pectorales sont petites.
Leur longueur n'est pas tout-à-fait du neuvième de
la longueur totale. On y compte dix-neuf rayons,
dont les deux premiers sont simples. Leur aisselle
est concave et bordée supérieurement d'un léger repli de la peau, qui n'a que le tiers de la longueur
de la nageoire. Les ventrales naissent un peu plus
en arrière que les pectorales; elles sont un peu plus
courtes, très-rapprochées, triangulaires, à six rayons,
dont le premier est épineux. Leur base adhère au
ventre par une petite membrane; au-dessus de chacune d'elles la peau fait un repli long comme la
nageoire, et entre elles est une petite écaille triangulaire. Ainsi on doit exprimer les nombres des
rayons comme il suit :

B. 7; D. 12 — 1/11, et V fausses; A. 1 — 1/11, et V fausses;
C. 17; P. 19; V. 1/5.

La joue est garnie d'écailles singulières, longues et pointues, dirigées en arrière, et qui semblent former des rides plutôt qu'elles n'ont l'air d'écailles. Vers le haut de l'opercule, la tempe et le derrière du crâne en sont quelques autres, petites comme celles du corps; mais le front, le museau, les pièces operculaires, n'en ont aucunes : celles du corps sont très-petites, comme noyées dans la peau, et font plutôt l'effet de petites stries dessinées en quinconce, que de véritables écailles imbriquées. On ne peut guère les compter. La ligne latérale, placée au tiers supérieur de la hauteur, va droit de la tête à la queue, parallèlement au dos, et a quelquefois de légères ondulations, mais sans régularité; elle est un peu relevée sur la peau. Les écailles qui la composent ne sont pas beaucoup plus grandes que les autres; mais leur forme est ronde et leur milieu a une élevure longitudinale.

Les couleurs du maquereau sont, comme on sait, très-brillantes. Son dos est d'un beau bleu d'acier, changeant en vert irisé et glacé d'or et de pourpre, relevé par des rivules ou lignes ondulées noires, qui descendent en serpentant et en se portant obliquement en avant, jusqu'un peu au-dessous de la ligne latérale. Leur nombre est de trente environ. Sur le devant du dos et entre les deux dorsales elles s'unissent irrégulièrement en anneaux ou autrement. Le long du flanc, parallèlement à la ligne latérale, sont une ou quelquefois deux lignes longitudinales noirâtres, diversement interrompues et presque effacées vers la queue. Le dessus de la

tête est bleu comme le dos et rivulé de noir. Tout
le reste du poisson est d'un beau blanc nacré et argenté, irisé de pourpre et d'or. L'anale et souvent
les ventrales sont de couleur de chair. Les pinnules
qui suivent l'anale sont argentées. Toutes les autres
nageoires sont grises.

Le foie du maquereau est d'un rouge pâle et situé
presque entièrement dans le côté gauche, dont il
occupe la moitié antérieure. Le bord interne de cette
partie a deux scissures peu profondes. La partie
droite se réduit à une légère proéminence entre le
diaphragme et l'intestin, qui ne descend pas même
vers la droite; mais la vésicule du fiel est un long
boyau étroit, suspendu à cette partie du foie par le
seul canal hépato-cystique, et se portant en arrière
le long du côté droit de l'intestin jusqu'au tiers de
la longueur de l'abdomen. Le canal cholédoque se
porte en arrière le long du foie, et va s'ouvrir dans
l'intestin, tout près du pylore.

La rate est petite, ovale et cachée derrière l'intestin, un peu en arrière de cette petite partie droite
du foie. Sa couleur est d'un brun noir.

L'œsophage et l'estomac occupent en ligne droite
les deux tiers de la longueur de l'abdomen. Leur
grosseur est médiocre. La seconde branche de l'estomac part du tiers à peu près de leur longueur commune. Leurs parois internes ont de gros sillons
longitudinaux, joints par de petites rides transversales. L'estomac proprement dit se termine en pointe.
Sa face antérieure est garnie d'une multitude de
petits épiploons flottans. Sa seconde branche est un

peu plus grosse, et a des parois un peu plus épaisses ;
elle se reporte en avant vers le diaphragme et se
termine par une valvule ou un sphincter étroit, qui
est le pylore. Aussitôt commencent les appendices
cœcales, qui sont excessivement nombreuses, et qui,
lorsqu'on ouvre l'abdomen, paraissent en occuper
presque toute la moitié antérieure. A partir du pylore, les parois de l'intestin sont minces. A l'intérieur, dans la partie qui est entre les appendices,
elles ont des mailles irrégulières et peu saillantes.
Sur le reste de leur longueur on ne voit plus qu'un
velouté très-ras et très-fin. L'intestin se rend d'abord
en arrière. Arrivé aux quatre cinquièmes de la longueur de l'abdomen, il retourne, parallèlement à
lui-même, jusque près du pylore, et revient ensuite
directement à l'anus, en diminuant graduellement
de diamètre.

Les ovaires sont grands, elliptiques, blancs, roussâtres, remplis d'œufs très-fins, parmi lesquels il y
en a quelques-uns plus pâles, plus transparens et
plus gros. Les laitances ont à peu près la même forme
et la même position.

Il n'y a pas de vessie natatoire.

Les reins occupent toute la longueur de l'abdomen,
excepté un peu vers l'anus, où ils aboutissent à un
canal assez étroit. Ils diminuent graduellement d'avant
en arrière. Le cœur est tétraèdre.

Le cerveau du maquereau est remarquable par
son volume et sa complication. Les lobes antérieurs
sont divisés chacun en trois tubercules placés à la
file. Le premier est le plus petit et se confond pres-

que avec la racine du nerf olfactif. Le dernier est le plus grand. Les lobes moyens sont très-grands. Dans leur intérieur sont deux paires de tubercules : les antérieurs petits et presque réunis ensemble; les postérieurs, de forme oblongue, embrassant et couvrant en partie les antérieurs et divisés sur leur longueur par un sillon profond. Le nerf optique est très-gros et très-plissé.

Dans le squelette le front du maquereau, un peu concave au milieu et diversement strié, se termine en pointe en arrière. Les cinq crêtes longitudinales occupent toute la longueur de son crâne, mais ne s'élèvent point au-dessus du niveau du front. Les os surscapulaires ont leur branche interne très-longue et attachée au crâne tout près de la crête mitoyenne. Les claviculaires sont singulièrement larges et plats, et nullement en forme de stilets. Le cubital est largement échancré en avant. Le radial, à peu près carré, n'a qu'un petit trou au centre. Les os du carpe sont petits. Ceux du bassin ont leurs pointes antérieures écartées en avant pour se fixer aux huméraux; mais en arrière ils se réunissent, et ont à la surface inférieure chacun deux crêtes, dont l'interne se prolonge en apophyse et forme avec celle de l'autre côté une espèce d'Y.

L'épine a trente-une vertèbres, toutes plus longues que larges. Les apophyses transverses forment l'anneau dès la dixième. Elles ont d'abord deux côtes de chaque côté, partant du même point; ensuite ces côtes se séparent un peu. Les supérieures, plus courtes, durent jusqu'à la dix-huitième vertèbre; les

autres, plus longues, cessent dès la treizième. Les
dernières sont un peu aplaties. Le premier interépineux de l'anale s'attache par un ligament oblique à
la quatorzième vertèbre, et même plus avant. Les
interépineux de la première nageoire dorsale s'attachent obliquement depuis l'apophyse épineuse de la
troisième vertèbre jusqu'à celle de la huitième; ceux
de la seconde, depuis la seizième à la dix-neuvième.
La dernière vertèbre, ou la caudale, comprimée verticalement en éventail, a de chaque côté une petite
crête osseuse, en forme de crochet.

Les figures du maquereau sont nombreuses;
mais il n'y en a peut-être aucune qui exprime
parfaitement sa physionomie, ni la beauté de
ses teintes.[1]

Chacun sait que le maquereau est un poisson de passage, et que c'est après le hareng
celui dont on fait, dans les mers qui baignent
le nord-ouest de l'Europe, les pêches les plus
abondantes et les plus lucratives.

Rien n'est plus connu que la marche tracée
par Anderson aux migrations de nos maquereaux. Ce poisson passe, dit-il, l'hiver dans

1. Bélon, p. 202; Rondelet, p. 234; Gesner, p. 842; Aldrovande, p. 270 : celle-ci est très-mauvaise. Salviani, p. 241, est une
des meilleures; Willughby, pl. M, 3, et Klein, *Miss. V*, pl. 4,
fig. 1, sont trop minces; Duhamel, sect. 7, pl. 1, fig. 1, a une
fausse pinnule de trop; Bloch, pl. 54, copié dans l'Encyclopédie
méthodique, fig. 227, a les lignes du dos trop régulières; Ascan,
pl. 3, mauvaise; Donovan, p. 120, un peu trop lourde, etc.

le Nord; vers le printemps il côtoie l'Islande, l'Écosse et l'Irlande, se jette dans l'océan Atlantique, où une colonne, en passant le long du Portugal et de l'Espagne, entre dans la Méditerranée, tandis que l'autre rentre dans la Manche, y paraît en Mai sur les côtes de France et d'Angleterre, et passe de là, en Juin, devant celles de la Hollande et de la Frise. Cette deuxième colonne, étant arrivée en Juillet sur les côtes du Jutland, détache une division, qui, faisant le tour de cette presqu'île, pénètre dans la mer Baltique, et le reste, en passant devant la Norwége, s'en retourne dans le Nord. Mais cet auteur ne contribue pas à accréditer un récit en lui-même si peu vraisemblable, lorsqu'il ajoute que le maquereau n'étant pas propre au commerce et excitant peu l'attention, il n'a pu obtenir ces renseignemens que de deux pêcheurs d'Helgoland. [1]

D'autres pêcheurs, cités par Duhamel, rapportent que les maquereaux passent l'hiver dans différentes baies ou rades de Terre-Neuve, qu'ils s'enfouissent dans la vase, où ils demeurent jusqu'à la fin de Mai, temps où les glaces leur

---

1. Anderson, Histoire naturelle de l'Islande, du Groënland, etc., traduction française, t. I, p. 196 et 197.

8.   2

permettent de se répandre en grand nombre
le long des côtes, et où l'on en prend beaucoup, mais qui ont encore alors un goût de
vase désagréable : ce n'est qu'en Juillet et en
Août qu'ils y sont gras et de bon goût.

L'amiral Pléville-Lepley, vieux marin, qui
avait navigué pendant cinquante ans, avait
communiqué à M. de Lacépède une observation qui confirme assez ce récit. Il assu-
rait qu'au Groënland, dans les petits enfonce-
mens entourés de rochers, qui bordent toutes
ces côtes, où l'eau est toujours calme, et dont
le fond est généralement de vase molle et
de fucus, il avait vu au commencement du
printemps des maquereaux par milliers, la
tête enfoncée de quelques pouces dans la
vase, et laissant verticalement leur queue
élevée au-dessus du niveau, et que ces amas
de poissons étaient tels qu'on pouvait de loin
les prendre pour des espèces d'écueils. Il supposait qu'ils y avaient passé l'hiver engourdis
sous la glace et sous la neige. Il ajoutait que
pendant quinze ou vingt jours après leur réveil,
ces poissons étaient en quelque sorte encore
frappés de cécité, et qu'alors on en prenait
beaucoup au filet; mais que leur aveuglement
venant à se dissiper, le filet ne pouvait plus
servir, et qu'il fallait employer les hameçons.

On trouve aussi quelque chose de semblable dans Schonevelde[1]. Des matelots lui ont
rapporté qu'à la fin de l'automne il naît sur
l'œil des scombres une pellicule semblable
à l'ongle, qui leur fait perdre la vue pendant
l'hiver, et qui tombe ou décroît au printemps ;
ce qui fait qu'on en prend plus tôt dans les
parages méridionaux, et qu'il ne s'en pêche
point en hiver.

Il ne serait pas impossible en effet que cette
peau adipeuse, qui rétrécit en avant et en
arrière l'orbite du maquereau, prît plus de
largeur et plus d'épaisseur pendant l'hiver, et
lui couvrît la plus grande partie de l'œil.

Quant au séjour des maquereaux dans les
criques du Groënland, et à l'espèce de léthar-
gie où ils seraient plongés, il est d'autant plus
permis d'en douter, qu'Othon Fabricius, qui
a séjourné si long-temps dans ce pays, ne les
nomme même pas parmi les poissons qu'on y
voit.

Ce qui est certain, c'est qu'il se montre dès
le mois d'Avril, dans la Manche, des maquereaux petits et non laités, et que l'on nomme
en Normandie *sansonnets*, en Picardie *ro-
blots ;* qu'ils sont pleins vers la fin de Mai,

---

1. *Ichtyol. holsat.*, p. 66.

et que l'on en prend en abondance dans cet
état pendant tout le mois de Juin et une
partie de Juillet, qu'il y en a même assez
avant dans le mois d'Août; mais qu'alors ils
sont vides, ou ce que l'on nomme *chevillés*.
Enfin, vers les derniers jours de Septembre et
en Octobre, on en pêche de petits, qui paraissent avoir pris naissance dans l'année[1];
mais tout cela est fort irrégulier, et il n'est
pas rare d'avoir à Paris des maquereaux pris
à Dieppe dans les mois de Novembre et de
Décembre. On attribue aux tempêtes et aux
gros temps leur apparition à ces époques in-
solites; ce qui prouverait qu'ils ne sont pas
alors retirés aussi avant dans le Nord qu'on
l'a prétendu.

Duhamel prétend, comme Anderson, que
les maquereaux entrent dans la Manche par
l'ouest[2], et suivent une route contraire à celle
des harengs, et cependant il assure dans la
même page que les pêcheurs de Dunkerque
en prennent avant ceux de Dieppe et du
Hâvre, et, un peu plus loin[3], que la pêche qui
s'en fait à Yarmouth précède celles que les
Bretons font vers l'entrée de la Manche.

---

1. Duhamel, Pêches, part. 2, sect. 7, p. 167. — 2. *Ib.*, p. 174.
— 3. P. 177.

Selon Low il en paraît de grandes troupes aux Orcades à la fin de Juillet et au commencement d'Août.[1]

Schonevelde dit que le maquereau est à peu près inconnu sur les côtes occidentales du Holstein, et qu'il s'en prend seulement quelques-uns vers la Saint-Jacques, autour de l'île d'Helgoland ; mais il reconnaît qu'il y en a dans la Baltique. Il y en naît même de jeunes ; car les pêcheurs d'Ecreford, sur la côte orientale du Holstein, nomment les petits maquereaux longs d'une palme, *prieglers*.

Je ne vois pas que l'on en fasse de grandes pêches dans le golfe de Gascogne. Il en arrive peu en Galice, selon Cornide ; ce qui fait, dit-il, qu'on les y a en grande estime.[2]

Ce qui nous dispose le plus à douter des grands voyages qu'Anderson fait faire au maquereau, c'est que la pêche de ce poisson commence dans la Méditerranée en même

---

1. Low, *Fauna orcadensis*, p. 218.
2. *Ensayo, etc.*, p. 62. Il y a quelque obscurité sur le maquereau de Cornide. Il dit que c'est un poisson nommé en espagnol *sarda*, qui a cinq fausses nageoires et une épine libre derrière l'anus, ce qui conviendrait bien au nôtre ; mais il ajoute que c'est le *pelamis sarda* de Rondelet, et que le *cavalla*, qui est le *scomber* de Rondelet, en diffère par l'absence de cette épine. Il faut supposer que ce *cavalla* de Cornide, qui, dit-il, a la chair plus sèche, est le *pneumatophorus* ; mais alors il y aurait une épine libre, comme dans ce prétendu *sarda*.

temps que dans la mer du Nord et dans la
Manche, et même plus tôt.

On en prend à Aiguemortes, depuis le mois
d'Avril jusqu'au mois d'Août[1]. Tout le long
de la côte du Languedoc la pêche s'en fait
en Juin, Juillet et Août. A Saint-Tropès et à
Fréjus en Provence, il y en a dès le mois de
Mai, et quelquefois jusqu'en Octobre[2]. M. Risso
assure qu'on en fait au printemps des pêches
abondantes dans les environs de Nice[3]. Dans
la mer Noire même, le long des côtes de la
Tauride, il s'en montre au printemps et pendant l'été de grandes troupes, dont tous les
individus, même les petits, sont pleins d'œufs
ou de laitances. Ils viennent de l'ouest, et les
oiseaux de mer, attirés par l'éclat de leur
couleur, les suivent et en font leur proie. Il
n'en pénètre point dans la mer d'Azof[4]. Au
reste, le maquereau se porte plus au sud que
le détroit de Gibraltar. Le Muséum en possède
qu'Adanson a rapportés des Canaries. Nous
n'en avons pas vu de plus méridionaux.

Il paraît que le maquereau diffère, pour la
grandeur et pour le goût, non-seulement selon
les saisons, mais aussi selon les lieux où on

1. Duhamel, Pêches, part. 2, sect. 7, p. 187. — 2. *Ib.*, p. 186.
— 3. Risso, Ichtyologie de Nice, p. 171. — 4. Pallas, Zoographie
russo-asiatique, t. III, p. 215 et 216.

le prend. Dans la Baltique, il ne passe pas un pied, et on n'en pêche pas beaucoup[1]; on y en fait peu de cas[2]. Allamand et Lefranc de Berkhey, cités par Duhamel, assurent qu'on l'estime fort peu à Amsterdam[3]. Pennant dit qu'il est peu utile, parce qu'on ne peut le transporter, et même qu'on ne le sale guère que dans le pays de Cornouailles, où il fournit dans cet état un aliment aux pauvres. Selon Anderson, les Islandais le méprisent et ne se donnent pas la peine de le pêcher.

Ces assertions doivent sembler bien étranges aux habitans de Paris, auxquels ce poisson fournit pendant l'été une nourriture si abondante et si agréable. Il paraît en résulter que c'est le long de nos côtes de la Manche que, par des causes peu connues, il arrive à sa perfection.

C'est à l'entrée de la Manche, entre les Sorlingues et l'île de Bas, que se prennent les plus gros maquereaux. Il y en a de près de deux pieds de longueur; mais on les estime moins que les autres pour être mangés frais, et on n'en prend que pour les saler.[4]

En général, dans la Méditerranée le maquereau est petit et sec, et passe pour inférieur à

---

1. Georgii, Description de la Russie, t. III, c. 7, p. 1927. — 2. Fischer, Histoire naturelle de la Livonie, p. 248. — 3. Duhamel, Pêches, sect. 7, p. 171, 186 et 188. — 4. *Ibid.*, p. 170.

celui de l'Océan; mais je soupçonne que cette
mauvaise réputation lui vient en partie de ce
qu'on a pris pour lui les deux espèces à vessie
natatoire, dont nous parlerons bientôt.

M. Risso, qui distingue les deux espèces,
dit que le maquereau a la chair assez agréable;
mais qu'il n'arrive jamais à peser quatre livres.

Cetti assure qu'en Sardaigne, où on le nomme
pisaro, bien que l'on n'en fasse point de
grandes pêches, on le regarde comme un très-
bon poisson (*buonissimo pesce*). [1]

Dans la mer Noire, le maquereau est avec
le muge le poisson dont la pêche a le plus
d'avantage, bien qu'il n'y passe jamais un pied
de longueur. Les Grecs de la Tauride en font
de grandes salaisons. Gardés pendant un an,
ils offrent un mets agréable; mais ils sont durs
quand on les mange plus tôt. [2]

Le nom de *maquereau* (*macarellus*) paraît
déjà dans Albert le grand et dans Arnaud de
Villeneuve. On ne s'accorde point sur son étymologie. Les uns le dérivent de *macularius*
ou de *maculariolus*, à cause de ses taches [3];
d'autres de μακαριος, à cause de sa bonté [4];
mais il n'y a pas d'apparence qu'un mot usité

---

1. Cetti, *Hist. nat. sard.*, t. III, p. 190. — 2. Pallas, *Zoogr.
ross.*, t. III, p. 216. — 3. Ménage, Dictionnaire étymologique,
au mot *Maquereau*. — 4. Scaliger.

de tout temps jusque dans le fond du Nord[1], vienne des langues du Midi, d'autant que dans beaucoup de ports du Midi ce mot n'est pas connu.

Les Languedociens, les Provençaux, les Niçards, les Génois, nomment ce poisson *auriol, auriou*[2], *aurneou*, ce que Rondelet explique par *peis d'aurioul* (poisson d'Avril).[3] Je ne vois guère que Rome, où, selon Salviani, le nom de *macarello* serait encore employé. Les Vénitiens, au dire du même auteur, l'appellent *scombro*, les Napolitains *lacerto*, les Espagnols *cavallo*[4]; dénominations respectivement confirmées par des auteurs plus modernes[5]. Les Sardes le nomment *pisaro*[6]. En Sicile, selon M. Rafinesque, on n'emploie que des dérivés de *scomber: scarmu* ou *scombru* à Palerme, *strumbu* à Messine,

---

1. On le nomme en anglais et en danois *mackrell* ou *macarell* (Willughby, p. 181), en suédois *makrill* (*Faun. suec.*, p. 340). Müller dit que les petits se nomment en Danemarck *geyer*, et les très-grands *stok-aal*. *Makrel* est le nom commun (*Zool. dan. prod.*, p. 47).

2. Risso, 2.ᵉ édit., p. 412; Brünn., p. 68. — 3. Rond., p. 234. — 4. Salviani, p. 241.

5. Pour Venise, Naccari, *Giorn. di fis.*, déc. II, t. V, p. 339. Cependant M. de Martens (Voyage à Venise, t. II, p. 432) pense que *scombro* est le pneumatophore, et que le vrai maquereau se nomme *lanzardo*.

6. Cetti, t. III, p. 190.

scrumiu à Catane, *sgambirri* à Syracuse, etc.[1] Les Grecs et les Russes de la Tauride l'appellent également *scumbro*[2] : mais, selon Forskal (p. xvi), à Constantinople les Grecs le nomment κολιὸς, et les Turcs *kolios-baluk;* on l'y appelle aussi *scombri*[3]. Les Bas-Bretons et les Gallois le nomment *brill, brehel, berhel, bresel.*

Parmi les poissons dont les anciens avaient coutume de faire des salaisons, on en voit de petites espèces qui portaient les noms particuliers de *scomber,* de *colias* et de *cordylla,* et qui étaient compris sous le nom générique de *lacertus.* Il y a tout lieu de croire que c'étaient le maquereau ordinaire et les espèces voisines dont nous allons bientôt parler. Ce qui en est dit, prouve qu'ils étaient communs et de petite taille[4]. On les enveloppait de papier[5], et l'on en menaçait les vers des mauvais

---

1. Rafinesque, *Indice,* p. 19. — 2. Pallas, *Zoogr. ross.,* p. 215. — 3. Hammer, Constantinople et le Bosphore, t. I, p. 45.

4. *Colias sive parianus, sive saxitanus, a patria bœtica,* lacertorum minimi (Pline, l. XXXII, c. 11). *Lacertus* était donc un nom commun à plusieurs espèces.

5. Martial, parlant à son livre III, ép. 2 :

> *Ne nigram cito raptus in culinam*
> Cordillas *madido tegas papyro*
> *Vel thuris piperisve sis cuculus.*

Et livre XIII, ép. 1 :

> *Ne toga* cordyllis, *ne pœnula desit olivis*
> *Aut inopem metuat sordida blatta famem*
> *Perdite niliacos, muscæ, mea damna, papyros.*

poètes, comme on les menace aujourd'hui du poivre ou de la cannelle.

Le *scomber* est celui de ces poissons dont il est le plus souvent question dans les auteurs anciens.

Aristote le range parmi les poissons qui vivent en troupe[1], et parmi les poissons voyageurs qui sortaient du Pont-Euxin[2] et y rentraient; il l'associe aux thons, aux pélamides, aux colias[3]; mais il le dit inférieur à eux pour la force[4]. Vu dans l'eau, il paraissait couleur de soufre[5] : on en faisait de grandes pêches dans la Bétique et dans la Mauritanie, où il arrivait par les Colonnes d'Hercule[6]. Il dédommageait ces côtes du thon, lorsque celui-ci n'y arrivait pas[7]. Une île voisine de Carthagène, et qui couvre l'entrée de la baie de cette ville, se nommait *Scombraria,* d'après l'abondance de ces poissons[8]. Ce nom passa ensuite au cap qui est à l'est de Carthagène,

---

Et livre IV, ép. 86 :
   Nec scombris tunicas dabis molestas.
Perse, sat. 1, v. 43 :
   Et cedro digne locutus
   Linquere nec scombros metuentia carmina nec thus.

1. Aristote, l. IX, c. 2. — 2. *Id.*, l. VIII, c. 13. — 3. *Id.*, l. IX, c. 2. — 4. *Id.*, l. VIII, c. 2. — 5. Pline, l. IX, c. 13. — 6. *Id.*, l. XXXI, c. 8. — 7. *Id.* l. XXXII, c. 2. *Hispaniœ cetarias scombris replent thynnis non commeantibus.* — 8. Strabon, t. III, p. m. 159.

et qui s'appelle aujourd'hui Capo-di-Palos.[1] Ces divers traits peuvent être rapportés au maquereau avec d'autant plus de vraisemblance, qu'il porte encore aujourd'hui son ancien nom, peu altéré, en certains cantons de l'Italie et de la Grèce.

Quant au nom de *colias,* il semble qu'il ait désigné tantôt une espèce, tantôt une autre. D'une part Pline nous dit qu'il était le plus petit du genre *lacertus*[2]; d'autre part Hicésius, dans Athénée, le fait plus grand que le scombre[3]; il était moins estimé comme aliment[4]. On le considérait comme plus glutineux et plus âcre[5]. On en pêchait et on en préparait beaucoup à Parium sur l'Hellespont[6], dans une des villes nommées *Amyclée,* mais surtout à Sex, sur la côte de la Bétique (aujourd'hui Almunecar), lieu célèbre par toute sorte de salaisons.

Ce *colias* pouvait donc être l'une des es-

---

1. Ptolémée, *Geogr.*, et Mannert, p. 422.
2. Pline, l. XXXII, c. 11. Colias *sive parianus sive saxitanus, a patria bœtica, lacertorum minimi; ab iis meotici.*
3. Athénée, t. VII, p. 321.
4. Martial, l. VII, p. 78 :
    Cum saxetani ponatur cauda lacerti
    Sumen, aprum, leporem, boletos, ostrea, mullos
    Mittis. Habes nec cor Papile nec genium.
5. Athénée, l. III, p. 121. — 6. *Id.*, l. III, p. 116.

pèces voisines du maquereau que produit la Méditerranée, et que nous allons décrire : soit le *coigniol* des Marseillais, dont le nom semble offrir encore la trace de cette étymologie, soit le *pneumatophore* ou *lacerto* de Sardaigne, qui ne garde que le nom générique. Ces deux espèces, non moins abondantes que le maquereau, lui sont inférieures pour la taille et pour le goût.

Quant au *cordyla* en particulier, on sait, par Pline, que c'était proprement une petite pélamide [1], et par conséquent un synonyme du σκορδυλος d'Aristote, c'est-à-dire une pélamide ou un thon naissant, tel par exemple qu'il sortait du Palus-Méotide ; mais il y a de ces thons naissans sur les côtes d'Italie comme dans la mer d'Azof. Rien ne prouve d'ailleurs qu'on n'ait pas détourné ce nom de son sens primitif, et qu'on ne l'ait pas appliqué à quelque espèce constamment de petite taille.

C'est ici le lieu de dire quelques mots du garum, cette préparation si célèbre parmi les gourmands de l'ancienne Rome, et qui se fabriquait surtout avec les intestins et le sang du scombre. Selon Pline, c'était une invention

---

1. Pline, l. XXXII, c. 11. *Cordyla, et hœc pelamis pusilla; quum in Pontum e Mœotide exit hoc nomen habet.*

des Grecs, qui le faisaient avec un poisson
auquel ils donnaient aussi le nom de *garon*.[1]
En effet, on en trouve le nom dans un vers de
Sophocle, cité par Julius Pollux (l. VI).

Les Géoponiques en ont conservé diverses
recettes. Selon l'une, on salait jusqu'à un certain point les intestins des poissons óu même
plusieurs petits poissons, tels qu'athérines,
anchois, petits mulles, etc. On les mettait
dans un vase; on les exposait au soleil; on
les y retournait plusieurs fois, et l'on y exci-
tait ainsi une certaine décomposition. Quand
le moment convenable était venu, on faisait
entrer dans le vase qui contenait ces matières
à demi corrompues, un panier long et d'un
tissu serré; la portion liquide du mélange
traversait les mailles du panier; c'était le garum : ce qui restait en dehors, à cause de sa
consistance plus ferme, portait le nom d'*alec*.[2]

En Bithynie on suivait une recette un peu
différente. On mettait les poissons avec de la
farine dans un vase, où l'on ajoutait pour
chaque modium deux mesures de sel. Après
qu'ils y avaient passé une nuit, on plaçait le
mélange dans un vase de terre ouvert, qu'on
exposait au soleil pendant deux ou trois mois,

---

1. Pline, l. XXX, c. 7. — 2. *Geopon.*, l. XX, c. 46.

ayant soin de le remuer avec des baguettes,
et on le couvrait ensuite. Quelques-uns ver-
saient dessus une quantité double de vieux
vin. Il y avait aussi une manière de jouir plus
tôt de ce garum, en le faisant cuire au lieu
de l'exposer au soleil. Pour cet effet on prenait une saumure assez forte pour qu'un œuf
y surnageât; on y mettait le poisson avec un
peu d'origan, et après l'avoir fait bouillir et
refroidir, on passait ce liquide plusieurs fois
à la chausse, jusqu'à ce qu'il fût clair.

Enfin il y avait un garum meilleur que
ceux-là, qui se faisait en enfermant dans un
vase des intestins et du sang de thon, avec
du sel, en laissant reposer ce mélange pendant près de deux mois, après lesquels on
perçait le vase. Le liquide qui s'en écoulait
était le garum sanguinolent (αἱμάτιον).

On aura peine à concevoir que des opéra-
tions si dégoûtantes pussent produire une
substance agréable au goût; mais le témoignage unanime des anciens ne nous permet
de douter ni de leur nature ni de leur résultat. *Aliud etiamnum liquoris exquisiti genus*
(dit Pline), *quod garon vocavere, intestinis
piscium cæterisque quæ abjicienda essent,
sale maceratis, ut sit illa putrescentium
sanies.* Apparemment ce garum, semblable à

ces liquides demi-putrides et demi-salés qui
s'écoulent de certains fromages, jouissait de
la faculté de réveiller l'appétit et d'exciter la
digestion ; mais il paraît que c'était une substance très-âcre. Sénèque en parle comme d'une
des causes qui altéraient le plus la santé des
riches de son temps. *Pretiosam malorum piscium saniem, non credis urere salsa tabe præ-
cordia? quid? illa purulenta et quæ tantum
non ab ipso igne in os transferuntur judicas
in ipsis visceribus extingui.*

Son odeur était détestable, à en juger par
ce trait de Martial (l. VII, ép. 94) :

> *Unguentum fuerat quod onyx modo parva gerebat,*
> *Olfecit postquam Papilus ecce garum est.*

Mais ce n'en était pas moins un assaison-
nement cher et recherché [1]. Il servait de sauce
aux huîtres [2]. Apicius avait imaginé d'y noyer
les mulles, pour les manger dans toute leur
perfection. [3]

---

[1]. Martial, l. XIII, ép. 102 :
> *Expirantis adhuc scombri de sanguine primo*
> *Accipe fastosum munera cara garum.*

[2]. Martial, l. XIII, ép. 82 :
> *Ebria bajano veni modo concha lucrino*
> *Nobile nunc sitio luxuriosa garum.*

[3]. Pline, l. IX, c. 17. *Mullos Apicius, ad omne luxus ingenium
mirus, in suciorum garo (nam ea quoque res cognomen invenit) necari
eos præcellens putavit.*

On fabriquait du garum estimé à Clazo-
mène, à Pompéia et à Leptes; mais le plus
célèbre était celui de Carthagène. Il se faisait
avec les scombres qui arrivaient de l'Océan
le long des côtes de la Bétique et de la Mauritanie, et que l'on ne pêchait qu'à cette in-
tention[1]. On le nommait *garum sociorum,*
désignation dont la raison n'est pas bien connue, et c'était, après les parfums, la plus chère
de toutes les liqueurs; on en payait deux
conges (onze litres) mille sesterces (près de 180
francs)[2]. Il se faisait aussi à Antibes, avec les
intestins du thon, un autre garum, nommé
muria, mais de beaucoup inférieur à celui du
scombre.[3]

Rondelet (p. 141) parle encore d'une espèce
de garum que l'on préparait de son temps, en
laissant fondre des picarels dans la saumure, et
dont il avait goûté d'excellent chez le célèbre

---

1. Pline, l. XXXII, c. 11. *Scombros et Mauritania, Bœticœque
Carteia ex Oceano intrantes capiunt ad nihil aliud (quam ad garum
faciendum) utiles.*

2. Pline, l. XXXI, c. 11. *Nunc, e scombro pisce, laudatissimum
in Carthaginis spartariœ cetariis : sociorum id apellatur, singulis
millibus nummùm permutantibus congios pene binos. Nec liquor
ullus pene prœter unguenta majore in pretio esse cœpit, nobilitatis
etiam gentibus.*

3. Martial, l. XIII, ép. 103 :

　　　Antipolitani fateor sum filia thynni
　　　Essem si scombri non tibi missa forem.

évêque de Montpellier, Guillaume Pélicier ;
mais je ne trouve pas qu'il en soit question
dans les auteurs plus modernes, et je n'ai
point appris que l'usage s'en soit conservé.

Bélon prétend aussi *que le garum était de
son temps en Turquie en aussi grand cours
qu'il fût jamais, et qu'il n'y avait boutique
de poissonnier qui n'en eût à vendre à Constantinople.* On le fabriquait avec les intestins
des maquereaux et des saurels [1]; mais je ne
trouve pas non plus que les voyageurs plus
récens en aient parlé.

Des Maquereaux à vessie natatoire
de la Méditerranée.

Un des faits les plus curieux de l'ichtyologie et des plus inexplicables de l'anatomie
comparée, c'est bien celui de poissons de
même genre, et tellement semblables par tous
les détails de leur organisation, qu'il faut une
grande attention pour en distinguer les espèces, dont les uns ont une vessie natatoire,
et même assez grande, tandis que les autres
en sont dépourvus. Quelle nécessité de nature

------

4. Bélon, Observations de plusieurs singularités, etc., p. 161.

a pu exiger cet organe dans les uns et non dans les autres? quelle cause a pu le produire? Ce sont là certainement de grands problèmes, soit pour la téléologie, ou l'étude des fins de la providence, soit pour la philosophie de la nature.

Ce fait, qui se reproduit dans plus d'un genre de poissons, a été découvert dans celui des maquereaux par feu M. de Laroche, observateur plein de sagacité, enlevé trop tôt à la science.

Cette observation intéressante s'offrit à lui dans un voyage qu'il fit à Iviça, en 1808, en compagnie avec M. Biot, et dont l'ichtyologie a beaucoup profité. Il rapporta au Muséum d'histoire naturelle quelques-uns de ces maquereaux à vessie, en même temps que des maquereaux ordinaires, pris dans les mêmes parages, et décrivit le fait dans un mémoire sur les poissons qu'il avait recueillis dans ce voyage.[1]

Depuis lors MM. Delalande, Risso et Savigny nous ont procuré non-seulement l'espèce observée par M. de Laroche, mais une seconde, très-voisine, également originaire de la Méditerranée, et l'on verra qu'il en existe de sembla-

---

1. Annales du Muséum d'histoire naturelle, t. XIII, p. 335.

bles sur les côtes de l'Amérique septentrionale
et méridionale, et toutes dépourvues de·ves-
sie; mais nous n'en avons de telles ni de la
Manche ni du golfe de Gascogne. M. de Laroche
soupçonnait que son espèce pouvait être le
sansonnet de nos marchés de Paris; mais nous
sommes assurés que le *sansonnet* n'est qu'un
maquereau ordinaire dans un âge moins avancé.

Le MAQUEREAU PNEUMATOPHORE.

(*Scomber pneumatophorus*, Laroche.)

Un individu de la première espèce de ces
maquereaux à vessie natatoire, de celle qu'a
observée M. de Laroche, placé à côté d'un maquereau commun, absolument de même grandeur, étonne par la ressemblance de ses formes
et des proportions de toutes ses parties. Cependant, en le considérant avec attention, il
présente des différences qui suffiraient pour le
caractériser, quand même on ne connaîtrait
pas sa structure intérieure.

La plus facile à saisir est celle des rayons de sa
première dorsale, qui, comptés sur beaucoup d'individus, se sont trouvés constamment au nombre de
neuf apparens, auxquels s'en ajoute un dixième, à
peu près perdu dans les chairs. Le nombre normal
du maquereau commun est de douze, quoiqu'il en
ait quelquefois treize ou onze, ou même dix, et que

nous en ayons vu un de la Méditerranée qui en avait quatorze. Ses autres nombres sont les mêmes.

B. 7 [1]; D. 10 — 1/11 — 5 fausses; A. 1 — 1/11 — 5 fausses; C. 17; P. 19; V. 1/5.

En outre le maquereau à vessie a l'œil notablement plus grand; son diamètre est du quart de la longueur de la tête : dans le commun il n'en est que le cinquième. Il a sur le front, entre les yeux, et plus en avant, un espace blanchâtre, qu'on ne voit pas dans le maquereau ordinaire. Ses dents sont plus fines, plus serrées et plus nombreuses. On en compte cinquante ou cinquante-deux de chaque côté à chaque mâchoire. Son opercule est plus étroit d'avant en arrière. Il n'a dans ce sens que le cinquième de la longueur de la tête. Celui du maquereau commun n'y va que quatre fois et demie. La partie osseuse de l'opercule a vis-à-vis du bord supérieur de la pectorale une échancrure arrondie, que remplace à peine dans le maquereau commun une légère sinuosité. Le bord inférieur de son préopercule est presque droit, et non pas arqué comme dans le maquereau commun. La ligne qui sépare son opercule de son sous-opercule est plus droite et approche plus de la verticale. Le sous-opercule est plus étroit d'avant en arrière, et son bord légèrement concave dans sa moitié supérieure. Les écailles de la ligne latérale sont un peu plus larges, et celles de l'opercule plus marquées. La langue est plus longue que dans le maquereau, et le premier arceau des branchies s'articule un peu plus en arrière.

---

1. Laroche dit 5 ; mais c'est une erreur.

M. de Laroche[1], qui a vu à l'état frais, et à
côté l'un de l'autre, le maquereau commun et
le maquereau à vessie natatoire, ajoute que
celui-ci

est d'une teinte plus décidément verte et qui ne
tire point sur le bleu ; que ses bandes transversales
présentent de chaque côté une double courbure, et
sont proportionnellement plus étroites ; mais cette
dernière circonstance nous a peu frappés, et nous
doutons qu'elle soit constante. Nos individus ont
leurs bandes en chevron brisé, comme dans le maquereau commun, mais un peu plus serrées et plus
nombreuses.

La plupart de ceux que nous avons sous les yeux
n'ont que huit ou dix pouces, et l'espèce ne passe
guère cette dimension.

Ce maquereau pneumatophore de M. de Laroche a
le foie petit, réduit presque à un seul lobe triangulaire, situé dans l'hypocondre gauche. L'œsophage
est long et large. Le cardia est fortement marqué
par un étranglement qui sépare l'œsophage de l'estomac. Ce dernier viscère est très-grand, en cône
alongé, et descend jusqu'auprès de l'anus. La branche
montante naît auprès du cardia ; elle est courte,
mais ses parois sont très-épaisses. Le pylore, qui est
placé à la crosse que fait le premier repli de l'intestin, est muni d'une grande quantité de cœcums,
en nombre moindre cependant qu'au maquereau
commun ; ils sont aussi plus courts.

---

1. Annales du Muséum, t. XIII, p. 335.

L'intestin fait deux replis avant de se rendre à
l'anus. Son diamètre est à peu près égal sur toute
la longueur.

La vessie natatoire est oblongue, terminée en une
pointe aiguë, qui se porte à peine au-delà de la
moitié de l'abdomen. Ses parois sont minces et argentées. Le péritoine est grisâtre.

Le squelette ressemble presque de tout point à
celui du maquereau commun. J'y trouve seulement
des côtes un peu plus plates et plus larges.

Selon M. de Laroche, cette espèce est commune sur les côtes des îles Baléares[1]; elle vit
par troupes près du rivage. On la désigne à
Iviça sous le nom de *cavallo*.

Le MAQUEREAU COLIAS.

(*Scomber colias*, Gm.?)

Outre ce premier petit maquereau à vessie
natatoire, il y en a dans la Méditerranée un
autre plus grand, qui n'en semblera peut-être
à quelques-uns qu'un âge plus avancé, et qui
paraît offrir cependant quelques caractères
assez marqués.

Ils consistent principalement dans des écailles plus
grandes, surtout dans la région pectorale, où elles
forment une espèce de corselet, mais qui tranche

---

1. Annales du Muséum, t. XIII, p. 315.

beaucoup moins avec les écailles du reste du corps que celui du thon. Nous lui comptons de soixante à soixante-six dents de chaque côté aux mâchoires.

La distribution des traits noirs sur le bleu du dos n'est pas non plus aussi semblable à celle du maquereau commun; ils forment des mailles et des labyrinthes, et dans le milieu des mailles il y a souvent de petites taches. La série longitudinale qui sépare le bleu de l'argenté du ventre est beaucoup moins marquée que dans le maquereau, et il y a sur cet argenté de petites taches grises assez nombreuses, qui ne paraissent que sous certains jours. On voit sur le museau le même espace blanchâtre que dans le premier pneumatophore, et toutes les pièces operculaires sont à peu près coupées de même. Les écailles, prises près de la pectorale, sont minces, aussi larges que longues, arrondies à leur bord externe, tronquées à l'interne, sans éventail ni crénelure; à la loupe, elles paraissent finement et un peu irrégulièrement striées en travers.

Nous ne trouvons pas de différences sensibles entre ses viscères digestifs et ceux du pneumatophore. Le foie nous a présenté le même volume, et est placé du même côté. Le canal intestinal fait les mêmes replis, et le pylore a de même quantité d'appendices cœcales; mais la vessie natatoire est plus grande, elle occupe presque toute la longueur de l'abdomen. Assez large et dilatée vers l'avant de cette cavité, elle se prolonge en arrière en un canal conique, qui se termine par un tube capillaire. Les parois de cette vessie, quoique minces, nous ont paru plus épaisses que celles du pneumatophore.

Le squelette de ce colias est aussi très-semblable
à celui du pneumatophore.

Cette espèce nous est venue de Naples par
M. Savigny, et de Messine par M. Biberon.
Elle nous a été envoyée aussi de Marseille
par M. Polydore Roux, comme étant l'espèce
à vessie de cette côte. On la nomme actuel-
lement à Marseille *aourneou-bias*. Elle s'y
montre au printemps. Sa taille paraît égaler
celle du maquereau commun : nous en avons
de quinze pouces.

C'est elle que M. Risso a considérée comme
le *scomber colias* de Gmelin, et qu'il dit s'appeler à Nice *cavaluco*. Les traits brunâtres
qu'il lui attribue sur l'abdomen la font aisément reconnaître. On en prend des légions
nombreuses dans ce parage en Mai et en Novembre. Son poids parvient à peine à quatre
livres, et sa chair est blanchâtre et de beaucoup inférieure à celle du maquereau commun, qui à Nice se nomme *auriou*.[1]

Il n'y a point à douter que ce ne soit
aussi le *scomber macrophtalmus* ou *scurmu
grand'occhi* de Rafinesque[2]. Tous ses caractères s'accordent : seulement cet auteur lui

---

1. Risso, 2.ᵉ éd., p. 413 et 414. — 2. *Ind. d'ittiol. sic.*, p. 20 et 53.

trouve six fausses nageoires en dessus; erreur
dans laquelle on tombe aisément quand on
sépare le dernier rayon de la seconde dorsale,
ou que l'on compte la dernière fausse nageoire
pour deux.

Dès le seizième siècle les ichtyologistes
avaient distingué dans la Méditerranée, outre
le maquereau commun , qu'ils regardent
comme le *scomber* des anciens, une ou deux
espèces voisines, dans lesquelles ils ont cru
voir le *colias.*

On ne peut douter que ce ne soient celles
dont nous venons de parler; mais il n'est pas
facile de les reconnaître dans les descriptions
incomplètes que ces auteurs nous ont laissées.

Bélon (p. 202) nous apprend que les Lemniens nomment *colias* une sorte plus petite
de maquereau, dans laquelle il n'a pu découvrir d'autre différence que celle de la taille, et
dit que les Marseillais la nomment *cogniol.*
Un peu plus loin il ajoute que les Génois
nomment *lacerto* une certaine sorte de maquereau, dont le dos est beaucoup plus vert
que celui du maquereau commun, et que c'est
celle-là qui lui paraît le vrai *colias.* Il semble
donc avoir connu deux espèces distinctes de
l'ordinaire.

Rondelet (p. 235) croit aussi que le *cogniol* des Marseillais est le *colias;* mais il le dit plus grand, plus épais que le maquereau, et que ses lignes du dos sont courtes et marquées de points noirs. Il ajoute que son crâne est si transparent que l'on voit le cerveau et les nerfs optiques au travers, et il lui accorde de petites écailles, tandis qu'il les refuse au maquereau.

Selon Salvien, le *colias* a le corps un peu plus gros que le maquereau, et paraît avoir quelques petites écailles ; le maquereau a sur le dos des marques bleues et ondoyantes ; le *colias,* des lignes obliques et livides sur les flancs. [1]

Cetti dit qu'en Sardaigne on vend avec le maquereau une autre espèce, coloriée plus vivement de vert et d'azur [2], qui est appelée *lacerto ,* tandis que le vrai maquereau se nomme *pisaro,* et juge que c'est ce *lacerto* qui est le *colias;* mais il avoue n'en avoir pas fait un examen particulier.

Gmelin [3], Bloch [4] et M. de Lacépède (t. IV, p. 39 et 40) se sont fait la besogne facile : les deux premiers, en réunissant indistinctement ces notices sous cette espèce du *scomber colias*

---

1. Salviani, fol. 242, recto et verso. — 2. Cetti, *Hist. nat. sard.*, t. III, p. 190. — 3. *Syst. nat. Linn.*, p. 1329. — 4. *Syst. ichtyol.*, édit. de Schn., p. 22.

établie d'après le *lacerto* de Cetti; le dernier, en considérant tous ces scombres, *colias* ou autres, comme des variétés du maquereau ordinaire.

Il nous paraît plus probable que le *colias* de Rondelet et le *lacerto* ou *colias* de Cetti sont précisément nos deux maquereaux à vessie natatoire : ce dernier, la petite espèce verte, décrite par Laroche; l'autre, l'espèce plus grande et à plus grandes écailles, représentée par Rondelet.

Ce *colias* ou *lacerto* de Cetti, ce *pneumatophore* de Laroche, sera aussi le *lacerto* de Bélon.

Le *colias* de Rondelet, au contraire, avec ses grandes écailles, ses petites lignes et ses taches, le *cogniol* des Marseillais de son temps, sera le *colias* des Lemniens, cité par Bélon, que ce dernier ne pouvait distinguer du maquereau. Mais de dire lequel des deux était le *colias* des anciens, c'est ce qui est à peu près impossible aujourd'hui, ainsi que nous l'avons déjà fait remarquer à l'article du maquereau commun.

Nous devons ajouter qu'à présent les noms de *cogniol* ou de *coigol* sont inconnus à Marseille. M. Polydore Roux, savant naturaliste et conservateur du Musée de cette

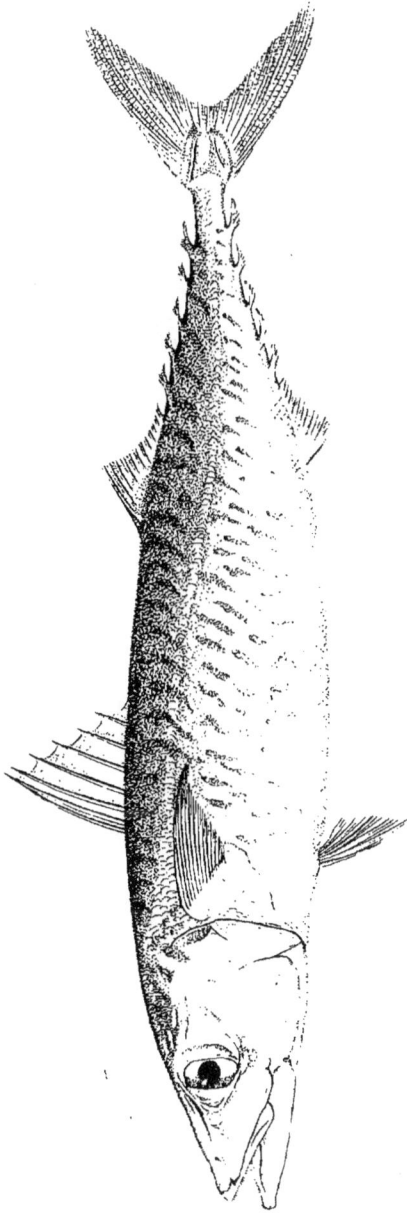

MAQUEREAU colias.

SCOMBER colias. tim.

Berner del.

Imp.r de Langlois.

Roueveau sculp.

ville, à qui nous nous sommes adressés pour avoir à cet égard des renseignemens positifs, nous écrit que l'on n'y connaît que deux maquereaux : l'ordinaire, qui s'y nomme *aourneou,* et une espèce à vessie, que l'on y appelle *aourneou-bias.*

M. Risso n'en reconnaît aussi que deux, même dans sa seconde édition, le maquereau ordinaire, *auriou* des Niçards, et un maquereau à vessie natatoire, leur *cavaluca* ou *cavaluco.*

Des Maquereaux étrangers.

Le PETIT MAQUEREAU DE L'ATLANTIQUE.

(*Scomber grex,* Mitch.)

Un maquereau qui ressemble étonnamment au *pneumatophore* de Laroche, a été décrit par M. Mitchill à New-York sous le nom de *scomber grex.* Nous avons examiné avec le plus grand soin nombre d'individus envoyés de ce pays par M. Milbert, comparativement avec nos pneumatophores de la Méditerranée, sans pouvoir y remarquer la moindre différence dans les formes et le nombre des parties [1], et nous nous

---

1. Mitchill ne lui donne que cinq rayons branchiaux, comme M. de Laroche à son *pneumatophore,* et tout aussi mal à propos.

sommes assurés qu'il a aussi une vessie natatoire.
Il nous a semblé seulement que les lignes foncées du dos sont moins régulières, plus tor-
tueuses et plus mêlées les unes aux autres;
mais c'est à peine si nous oserions faire d'une
différence si légère un caractère spécifique, si
nous ne le trouvions confirmé par quelques
différences dans l'anatomie. M. Mitchill décrit
la teinte naturelle de ce poisson comme d'un
vert pâle avec des raies d'un vert plus foncé,
et dit que sa longueur ordinaire est de dix
pouces. Il assure qu'il arrive en certaines circonstances sur la côte de New-York en nombre prodigieux : c'est ce qui eut lieu surtout
en 1781 et en 1813; les baies, les criques en
étaient littéralement combles, et tous les marchés du pays en furent couverts pendant plusieurs jours.[1]

La même espèce nous a aussi été apportée
du Brésil par M. Delalande, et de Sainte-Hélène par MM. Lesson et Garnot, et le Cabinet
du Roi en a depuis long-temps un individu,
envoyé du Canada en 1752 par M. Bert.

Plumier l'avait dessinée à la Martinique, et
l'avait intitulée *scomber minimus americanus*.
On trouve son dessin dans ses manuscrits con-

---

1. Mitchill, *Mémoires de New-York*, t. I, p. 423.

servés à la Bibliothèque du Roi. Bloch n'en a pas fait usage. M. de Lacépède (t. IV, p. 47) l'a rapporté au *scombre doré* du Japon, de Houttuyn; mais il n'y a nulle vraisemblance dans ce rapprochement.

Cette espèce, sans aucune différence, est très-commune dans la mer du Cap. Nous en avons reçu des individus nombreux par MM. Quoy et Gaimard, et Lesson et Garnot. On peut donc dire qu'elle habite toute l'étendue de l'Atlantique, mais principalement les côtes occidentales.

Le nombre des dents est sujet à quelque variété. Il y avait cinquante-cinq dents dans un individu du Brésil de onze pouces, et cinquante-huit dans un de huit. Il y en a de cinq à dix pouces à quarante et quarante-quatre dents, et d'un pied qui en ont de cinquante-huit à soixante, et d'autres beaucoup plus grands de dix-huit pouces, où l'on en compte jusqu'à soixante-quatorze.

Son estomac est beaucoup plus petit, moins alongé que dans le *pneumatophorus*. Il ne passe pas beaucoup la moitié de la longueur de l'abdomen. Les cœcums qui entourent le pylore, sont plus nombreux et plus longs. La vessie natatoire est courte, comme celle du *pneumatophore;* mais ses parois sont plus minces.

Son squelette, comparé à celui du *pneumato-*

phore, n'a point offert de différence sensible, si ce n'est que son crâne est un peu plus large à proportion.

Le MAQUEREAU PRINTANIER.

(*Scomber vernalis*, Mitch.)

Nous ne pouvons pas non plus distinguer de notre *pneumatophore*, par les formes, certains scombres de New-York, longs de dix-sept à dix-huit pouces, qui nous paraissent de ceux que M. Mitchill a décrits sous le nom de *scomber vernalis*.

Les nombres des parties et leurs rapports sont exactement les mêmes, et d'après nos individus, tant secs que conservés dans la liqueur, nous les aurions crus identiques pour l'espèce avec les précédens; mais le naturaliste américain, qui les a vus frais, dit leur dos d'un bleu pâle, nuancé de brun rougeâtre, et les lignes qui le traversent d'un bleu foncé. Il insiste aussi sur des taches noires près de la base des pectorales et des ventrales, que nous croyons en effet encore apercevoir dans nos individus. Nous ajouterons que la première dorsale a quelquefois jusqu'à onze rayons, en comptant les deux derniers, qui sont presque perdus dans les chairs. Nous comptons quarante-six dents de chaque côté à chaque mâchoire dans un individu de dix-sept pouces.

On prend beaucoup de ces poissons avec des haims à Sandyhook, et ils abondent au marché de New-York.

Le MAQUEREAU DE LA NOUVELLE-HOLLANDE.

(*Scomber australasicus*, nob.)

Nous trouvons jusqu'à la Nouvelle-Hollande de ces maquereaux semblables au *pneumatophorus*. MM. Quoy et Garnot nous en ont envoyé un du port du Roi-George. `

Il a le limbe du préopercule autour de l'angle marqué de stries en rayons. Son dos est plombé et ne paraît pas avoir eu de taches. Ses flancs et son ventre sont argentés. Sa tête est quatre fois dans sa longueur totale. Il a les dents un peu plus fortes à proportion que le *pneumatophore*, mais aussi nombreuses, et formées et disposées de même. Ses pièces operculaires ont les mêmes contours.

D. 9 — 1/12 — V; A. 2/11 — V, etc.

Notre individu est long de sept pouces et mal conservé, en sorte que la description ci-dessus aura peut-être besoin d'être rectifiée.

Il a une vessie natatoire.

Le MAQUEREAU KANAGURTA.

(*Scomber kanagurta*, nob.)

La mer des Indes a d'autres maquereaux, bien plus faciles à caractériser. Le premier est le *kanagurta* de Russel (pl. 136).

Sonnerat et M. Leschenault nous l'ont envoyé de Pondichéry, où il se nomme *kanan-*

8.   4

kajouté. M. Ehrenberg l'a rapporté de la mer Rouge, et M. Dussumier de la côte de Malabar. M. Ruppel l'a vu en quantité à Gomfod en Octobre.

On le pêche abondamment pendant toute l'année dans la rade de Pondichéry, et il est bon à manger.

Il est plus court et plus haut à proportion que le commun. Sa hauteur n'est que quatre fois dans sa longueur. Sa tête est aussi plus haute et plus courte, et la longueur n'en surpasse la hauteur que d'un cinquième. Son opercule et surtout son subopercule sont beaucoup plus étroits d'avant en arrière, et le bord montant de son préopercule est plus vertical que dans le *pneumatophorus* et le *colias*. Le bord de son sous-opercule est en ligne légèrement concave, comme dans le *colias*; l'échancrure de son opercule est presque demi-circulaire. Ses dents sont à peu près imperceptibles à l'œil, et c'est à peine si on sent avec le doigt quelque âpreté au bord tranchant des mâchoires. Ses écailles sont plus grandes même qu'au *colias*. Les deux petites crêtes de sa queue sont les mêmes que dans les espèces d'Europe. La pointe écailleuse d'entre les ventrales est un peu plus grande qu'au maquereau.

D. 9 — 1/11 et V; A. 2/11 et V; C. 17 et 14; P. 21; V. 1/5.

Sa couleur paraît aussi un peu différer de celle de nos espèces d'Europe. Russel la dit verte sur le dos, changeant en or et en bleu, et semblable à la perle sur les flancs et sur le ventre. Les dorsales et les caudales

ont une teinte jaune; les autres nageoires sont transparentes. Les indications de M. Leschenault sont à peu
près semblables; il n'est point question de bandes
noires. Nos individus, même les mieux conservés,
n'en offrent aussi aucunes traces.

La taille ordinaire de ce poisson est de dix pouces.

Il a les râtelures de ses premières branchies si longues que, lorsqu'on lui ouvre la bouche, elles dépassent la commissure des mâchoires et ressemblent à
de petites plumes qu'il aurait dans le gosier.

Son canal intestinal se replie un bien plus grand
nombre de fois sur lui-même que dans les autres
maquereaux. Il fait six replis avant de se rendre à
l'anus. L'estomac est petit, et le pylore a un très-
grand nombre de cœcums très-grêles et très-courts.
Il y a une vessie aérienne qui occupe à peu près les
trois quarts de la longueur de l'abdomen; elle est
étroite, et ses parois sont minces et argentées.

Le péritoine est noir comme de l'encre.

Son squelette a quatorze vertèbres abdominales
et seize caudales. Ses côtes, un peu aplaties en lame
d'épée, se portent obliquement en arrière, de façon
que les dernières se rapprochent les unes des autres,
et vont se terminer sur le haut du premier interépineux de l'anale. Les interépineux sont en général
fort petits. Les crêtes du crâne sont très-basses.

Le MAQUEREAU LOO.

(*Scomber loo*, nob.)

MM. Lesson et Garnot ont apporté de Praslin, à la Nouvelle-Irlande, et de l'île de Waigiou, un maquereau très-semblable au *kanagurta*

> pour les proportions, pour la coupe des pièces operculaires, pour les écailles, pour l'absence de toutes dents sensibles et pour le nombre des rayons, mais qui devient plus grand, qui surpasse même le maquereau ordinaire d'Europe, et dont le dos est vert, nuancé d'une suite de taches et de deux lignes jaunes, brillant de l'éclat de l'or, avec des reflets irisés. Ses flancs et son ventre sont de couleur d'argent, légèrement glacé de rose. Ses nageoires supérieures sont brunes, les inférieures argentées. Il ressemble aussi au *kanagurta* par les intestins. Sa vessie natatoire est assez grande et a des parois assez épaisses.

Ce poisson vit en bandes nombreuses dans la baie du port Praslin. Les habitans de Waigiou le nomment *loo*.

MM. Quoy et Gaimard ont retrouvé la même espèce au Havre-Dorey de la Nouvelle-Guinée.

Le Maquereau du Fort-Dauphin.

(*Scomber delphinalis*, Comm.)

Je trouve sous ce nom, dans la Faune de Madagascar de Commerson, la description d'un maquereau pris au Fort-Dauphin, et qui doit avoir singulièrement ressemblé au *loo* et au *kanagurta*.

Il ressemble, dit l'auteur, au maquereau commun par la taille et la couleur; mais il est un peu plus gros et moins long. A la base de la première dorsale se voient cinq taches ou gouttes noires, et il y en a un plus grand nombre et de plus petites à celle de la seconde. Les fausses pinnules en ont aussi chacune une. Les nageoires supérieures sont du bleuâtre du dos; les inférieures du blanc argenté du ventre. Lorsqu'on ouvre fortement la bouche de ce poisson, on y découvre à la base de la mâchoire inférieure une tache noire en forme de cœur.

D. 9 — 1/11 — V; A. 12 — V; C. 17; P. 18; V. 1/5.

Sa longueur était de dix pouces, son poids d'une livre.

M. de Lacépède n'a pu faire usage de cette description, attendu qu'il ne connaissait pas cette portion des manuscrits de Commerson, qui se trouvait entre les mains d'Hermann.

Houttuyn a décrit, dans les Mémoires de Harlem, deux scombres du Japon, qui paraissent appartenir au sous-genre des maquereaux; mais il est difficile de s'en assurer sur des descriptions aussi superficielles que les siennes.

Le Maquereau du Japon.

(*Scomber japonicus*, Houtt. [1])

Le premier a été désigné sous le nom de *maquereau du Japon*.

Il ressemble beaucoup à un hareng, surtout par sa couleur bleuâtre; c'est à peine s'il a des écailles, et sa tête semble enveloppée d'une pellicule argentée. Ses dents sont petites et semblables à des cils.

D. 8 — 8 — V; A. 11 — V; C. 20; P. 18; V. 6.

Sa longueur est de huit pouces.

Je trouve dans notre imprimé japonais (p. 3o) la figure d'un maquereau qui me paraît répondre à cette description,

et qui est peint de bleu clair sur le ventre et de bleu noirâtre sur le dos. Ses nageoires paraissent jaunâtres.

Il ne serait pas impossible qu'il fût le même que le *kanagurta*. On peut d'autant

---

1. Mémoires de Harlem, t. XX, part. 2, p. 33i.

moins le regarder comme une variété d'une des espèces à dos rayé, qu'on voit aussi la figure d'une de ces espèces dans le même recueil (p. 43).

Le MAQUEREAU DORÉ.

(*Scomber auratus*, Houtt.[1])

Le second des maquereaux de Houttuyn est nommé le *maquereau doré*.

Sa forme est la même que dans le *japonicus*, et il a aussi cinq fausses nageoires dessus et autant dessous; mais sa couleur brun-jaunâtre ou dorée le distingue suffisamment.

D. 9 —...; A. 9; P. 18; V. 6.

Il est long de dix pouces.

———

La seconde figure du livre japonais dont nous venons de parler (p. 43), annonce qu'il existe aussi dans les mers de la Chine et du Japon un maquereau bariolé comme les nôtres, mais dont nous ne pouvons rien dire de plus. Ceux qui l'observeront en nature, pourront seuls nous apprendre si c'est un maquereau commun, ou s'il appartient à la série des maquereaux à vessie natatoire.

———

1. Mémoires de Harlem, t. XX, part. 2, p. 331.

Le Maquereau du Cap.

(*Scomber capensis*, nob.)

Nous recommandons aussi aux voyageurs l'examen des maquereaux du cap de Bonne-Espérance. Outre le *scomber grex*, il y en existe un

de la taille et de la forme du commun, mais différant par des dents plus menues, plus nombreuses et plus serrées, et par des côtes plus larges.

Nous n'en avons malheureusement que le squelette, préparé par Delalande, qui a négligé d'y joindre le poisson entier, probablement parce qu'il le croyait le même que le maquereau d'Europe.

CHAPITRE II.

Des Thons (*Thynnus*, nob.).

Le genre des thons, qui comprend aussi les thonines, les germons et les bonites à ventre rayé, diffère de celui des maquereaux par une disposition remarquable de ses écailles du thorax, qui sont plus grandes et plus mattes que les autres, et forment autour de cette partie du tronc une espèce de corselet, qui se partage en arrière en plusieurs pointes. Un autre caractère consiste en ce que la première dorsale se prolonge de manière à ne finir que très-près de la seconde. Les fausses nageoires sont en nombre plus considérable que dans les maquereaux; mais il n'y a point d'épine libre en avant de l'anale. La queue a de chaque côté de sa partie la plus amincie, outre les deux petites crêtes déjà observées dans les maquereaux, et plus en avant, une saillie cartilagineuse horizontale, longitudinale et tranchante, en forme de carène, beaucoup plus proéminente que ces crêtes.

Le Thon commun.

(*Thynnus vulgaris*, nob.; *Scomber thynnus*, Linn.)

Le thon commun est un poisson aussi grand et aussi beau qu'agréable et utile. Nous croyons devoir commencer son article par une description exacte.

Sa forme générale est à peu près celle du maquereau, si ce n'est qu'il est plus gros et plus rond au thorax, et que son museau est plus court.

En prenant pour terme de sa longueur totale une ligne verticale tirée de la pointe d'un lobe de sa queue à l'autre, cette longueur contient quatre fois et un quart sa hauteur aux pectorales, et son épaisseur au même endroit est d'un tiers moindre que sa hauteur.

La longueur de sa tête n'est qu'un peu moindre du quart de la longueur totale, et surpasse d'un quart sa hauteur à la nuque; laquelle est à peine supérieure à son épaisseur. Le profil descend par une courbe légèrement convexe, et se termine promptement en un museau médiocrement pointu. La distance du bout du museau à l'œil fait le tiers de la longueur de la tête. Le diamètre de l'œil est du septième.

La mâchoire inférieure dépasse un peu l'autre. La bouche n'est pas tout-à-fait fendue jusque sous l'œil. Le maxillaire dépasse un peu la commissure; il s'élargit en arrière au moyen d'une pièce qui s'y surajoute.

Chaque mâchoire a son bord tranchant armé d'une rangée de petites dents, aiguës comme des pointes d'épingles, légèrement arquées en dedans et en arrière. Il peut y en avoir une quarantaine de chaque côté à chaque mâchoire. Celles d'en bas sont un peu plus fortes. On en aperçoit quelques-unes en velours au bord externe des palatins sur le devant, et quelques autres au milieu de la partie antérieure du vomer.

La langue est assez grande, libre et plate. Sa pointe est mince et arrondie. Vers sa base, ses bords se relèvent en une sorte de carène charnue. Sa couleur, ainsi que celle de tout l'intérieur de la bouche, est noirâtre.

Une paupière adipeuse, mais dont l'ouverture est ronde, recouvre une grande partie du disque de l'œil. Le sous-orbitaire est triangulaire, à bord supérieur très-oblique, et se termine vis-à-vis la fin du maxillaire en pointe obtuse. Il recouvre en avant l'inter-maxillaire et toute la racine du maxillaire.

L'orifice antérieur de la narine est très-petit, comme un pore, et placé au milieu de l'intervalle qui est entre l'œil et le bout du museau; le postérieur est une fente verticale, placée entre l'antérieur et l'œil, et dont la hauteur fait près de moitié de celle de l'œil.

Le préopercule est large et a son bord arrondi presque également. Celui de l'ensemble operculaire l'est de même. Sa distance du bord du préopercule est du cinquième de la longueur de la tête. La séparation du subopercule et de l'interopercule se fait par une ligne qui part du point où l'autre a abouti pour descendre un peu plus verticalement en arrière; en sorte que ce qui paraît du sous-opercule, est un triangle presque isocèle, dont l'angle au sommet est en avant et très-obtus. Dans le frais ces lignes sont bien peu apparentes. L'opercule n'a point d'échancrure; sa séparation du subopercule se fait par une ligne peu marquée, qui de la hauteur du bord supérieur de la pectorale descend obliquement en avant jusqu'à la hauteur de son bord inférieur.

La joue est couverte d'écailles longues, étroites et pointues, qui la font paraître ridée plutôt qu'écailleuse. Les pièces operculaires sont nues, ainsi que tout le reste de la tête.

La pectorale est en forme de faux. Sa longueur est cinq fois et demie dans la longueur totale. Sa pointe ne se porte pas au-delà de l'aplomb de la onzième épine dorsale. La hauteur de sa base est du quart de sa longueur. On y compte trente-un rayons.

Les ventrales n'ont guère plus de moitié des pectorales. Leur épine est forte et va presque jusqu'à la pointe; elles peuvent se loger chacune dans une fossette, bordée extérieurement par un repli de la peau du corselet et au bord interne par une lame intermédiaire, légèrement saillante, mais non écailleuse.

La première dorsale naît à peu près vis-à-vis la base de la pectorale, à une distance du bout du museau qui est trois fois et deux tiers dans la longueur totale.

Sa longueur y est près de quatre fois.

Elle a quatorze épines assez fortes. La première, qui est la plus longue, a sa hauteur comprise deux fois et demie dans celle du corps. Elles diminuent assez vite jusqu'à la cinquième et à la sixième, qui

n'a pas moitié de la hauteur de la première; ensuite elles diminuent lentement. La quatorzième,
très-petite, qui paraît séparée des précédentes, est
près de la deuxième dorsale. Toutes peuvent se
coucher dans une rainure du dos. La deuxième dorsale a d'abord une petite épine cachée, puis des
rayons mous, dont les premiers s'élèvent en pointe
et aussi haut que la première épine de la dorsale
antérieure; elle décroît très-vite jusqu'au dixième
rayon, qui n'a que le quart du deuxième et qui est
suivi de trois encore plus petits. La longueur de
cette nageoire est d'un sixième moindre que sa
hauteur. Ses rayons sont unis si fermement qu'elle
ne peut s'abaisser. A sa suite viennent neuf petits
rayons isolés ou fausses nageoires, espacés également
sur la queue dans une longueur qui égale le quart
du total. On peut aussi en compter dix, quand le
dernier rayon est plus détaché.

L'anale commence à peu près vis-à-vis le commencement de la deuxième dorsale; elle est de même en
pointe décroissant très-vite et sur une base très-courte.
Deux épines sont cachées dans son bord antérieur, et
elle a douze rayons mous. Il y a aussi neuf fausses
nageoires derrière elle; mais la première pourrait être
regardée comme son dernier rayon.

La caudale est en croissant, et a deux grandes
pointes, écartées l'une de l'autre en ligne droite
d'une distance qui est trois fois et demie ou quatre
fois dans la longueur totale.

Les rayons allant jusqu'au bout, ceux que nous
appelons entiers, sont au nombre de dix-neuf; mais

ils sont accompagnés en dessus et en dessous d'autres rayons très-forts, qui ne se raccourcissent que graduellement, et dont on peut compter sur chaque tranchant huit ou neuf : c'est en tout trente-cinq ou trente-six. Ainsi les nombres du thon sont comme il suit :

B. 7; D. 14 — 1/13 — IX; A. 2/12 — VIII; C. 19 et 16 ou 17; P. 31; V. 1/5.

De chaque côté du bout de la queue, à compter de l'intervalle des deux pénultièmes fausses nageoires, il y a une carène longitudinale membraneuse, saillant horizontalement en arc de cercle, et de plus, entre les racines des rayons de la caudale, les deux petites crêtes déjà observées dans les maquereaux.

Le corselet, c'est-à-dire cette portion du tronc couverte d'écailles plus grandes et moins absorbées dans la peau, est considérable. Il donne supérieurement une pointe, qui s'étend jusqu'au bout de la deuxième dorsale. Son échancrure d'au-dessus de la ligne latérale ne se porte en avant que jusque vis-à-vis la pénultième ou l'antépénultième épine de la première, tout au plus jusqu'à celle qui les précède. La pointe dont il accompagne la ligne latérale est obtuse, et ne va que jusque vis-à-vis le milieu de la deuxième dorsale. Au-dessous de cette ligne il est coupé obliquement jusques entre les bases de la pectorale et de la ventrale. Enfin, en dessous il donne une large pointe, dans laquelle sont implantées les ventrales, et qui se termine vis-à-vis l'extrémité des pectorales.

Il y a de chaque côté un long sillon, dans lequel se loge le bord supérieur de la pectorale.

La ligne latérale est irrégulièrement et légèrement flexueuse; elle a sur toute sa longueur des écailles semblables à celles du corselet, et sur le corselet même elle se marque par des pores : elle y fait deux angles presque droits; le premier dirigé vers le bas, et le second vers le haut.

Toute la partie supérieure du corps du thon est d'un noir bleuâtre. Les parties du corselet dont les écailles se marquent le plus, tirent davantage au blanchâtre. Les côtés de la tête sont blanchâtres. Tout le ventre est grisâtre, semé de taches serrées d'un blanchâtre argenté. Dans la partie qui est sous les pectorales, ces taches s'alongent et se rangent en rubans presque verticaux; plus loin elles sont ovales ou presque rondes, et vers la queue elles s'alongent en rubans longitudinaux.

La première dorsale, les pectorales, les ventrales, sont noirâtres. La caudale est un peu plus pâle. La deuxième dorsale et l'anale tirent au couleur de chair, avec des reflets argentés. Les fausses pinnules, tant supérieures qu'inférieures, sont d'un jaune de soufre, et bordées de noir.

L'anatomie du thon donne lieu à plusieurs observations intéressantes.

Son encéphale est remarquable par l'étendue du cervelet et par la complication des tubercules intérieurs. Les lobes olfactifs sont petits et ovales; les lobes creux sont trois fois plus grands et à peu près sphériques, avec une échancrure latérale en dessous. En les ouvrant, on voit de chaque côté, au lieu des tubercules si ordinaires dans les poissons, une masse divisée en trois lobes, qui eux-mêmes ont chacun un sillon; en sorte qu'elle représente comme un cylindre ou un cordon qui aurait six replis; douze en tout. Le cervelet est plus grand que le reste de l'encéphale, et, partant du dessus de la moëlle alongée, il se porte en avant, couché sur les lobes creux et les lobes olfactifs, jusque sur l'extrémité antérieure de ceux-ci; sa largeur est un peu moindre que la moitié de sa longueur, et il est dépassé latéralement par les lobes creux. A sa base postérieure il a de chaque côté une protubérance arrondie, différente des renflemens qui se voient comme d'ordinaire sur la moëlle alongée en arrière du cervelet.

La cavité nasale est grande et divisée en deux loges, dont l'inférieure se prolonge en arrière le long du maxillaire sous le sous-orbitaire : c'est la membrane du palais qui la sépare de la bouche. La loge supérieure est elle-même subdivisée en plusieurs autres par des cloisons charnues, diversement situées. Une cavité antérieure est placée verticalement sous l'orifice antérieur de la narine, et c'est dans celle-là que flottent les peignes ou lames de la pituitaire. Ces lames sont petites et peu nombreuses. Derrière cette cavité en est une autre, plus creuse, qui reçoit un tubercule charnu, assez gros, adhérant à la peau, et derrière ce tubercule est une autre cloison verticale, qui sépare en deux la chambre qui répond à la narine postérieure.

Lorsqu'on a levé la peau du thon, on trouve sous la ligne latérale un grand vaisseau, qui donne de sa face externe, en dessus et en dessous, beaucoup de branches dans les muscles voisins. Sa face interne est criblée d'un nombre infini d'orifices d'autres branches, qui vont se perdre sur une membrane glanduleuse, épaisse. C'est à plus d'un pouce de profondeur, entre les deux faisceaux du muscle médian, que l'on découvre enfin le rameau de la huitième paire, qui, dans un si grand nombre d'autres poissons, se voit superficiellement dès qu'on a enlevé la peau. Ce nerf est petit et donne quelques rameaux aux muscles supérieurs, peu après qu'il a pénétré dans l'épaisseur du muscle médian du corps.

L'œsophage du thon est court, large, à parois charnues et fortement plissées en dedans. Plus en arrière il se dilate en un vaste estomac conique, dont la pointe atteint au-delà des quatre cinquièmes de la distance du diaphragme à l'anus. Les parois de ce viscère sont fort épaisses. On voit à la surface externe de nombreux faisceaux de fibres charnues, disposés longitudinalement. Très-près du cardia, sous la face inférieure de l'estomac, s'ouvre le pylore. Il n'y a pas de branche montante de l'estomac. Le duodénum se porte vers le diaphragme, et fait sous le foie une courbure très-ouverte. L'intestin descend vers l'anus jusqu'auprès de la pointe de l'estomac; il remonte vers le diaphragme, se replie avant d'atteindre au premier repli, et va droit déboucher à l'anus. Il conserve dans toute sa longueur un diamètre à peu près égal.

Le duodénum reçoit auprès du pylore les orifices de cinq cœcums, qui se divisent chacun en plusieurs

troncs principaux, donnant eux-mêmes plusieurs
branches, que l'on voit encore se subdiviser et finir
par ne plus former que des faisceaux de huit à dix
cœcums capillaires, longs d'un pouce. Tous ces
cœcums si fins sont réunis en une masse assez so-
lide par un tissu cellulaire et vasculaire très-dense;
de façon à présenter a l'apparence d'une grosse
glande, lorsque l'on n'a pas encore détruit par la
dissection le tissu cellulaire qui retenait les appendices cœcales.

Le foie est assez volumineux et composé de trois
lobes; un mitoyen, immédiatement placé sous la
masse des appendices cœcales, dont il ne diffère au
premier aspect que par sa couleur plus brune. Son
bord libre est mince et arrondi : les deux autres
sont trièdres et terminés en pointe; celui de gauche
se porte un peu plus en arrière que le droit. La
vésicule du fiel est très-longue et étroite, et appliquée le long du canal intestinal.

La rate est oblongue, étroite, mince, noirâtre et
placée sous l'intestin.

Les laitances, dans le sujet que nous avons disséqué, étaient vides et formaient deux rubans étroits.

Nous avons trouvé des poissons dans l'estomac,
mais si digérés que nous n'avons pas pu en reconnaître l'espèce.

Le crâne du thon est d'une forme assez remarquable. Sa face supérieure forme un triangle isocèle
tronqué en avant, dont la base ou la crête occipitale
égale la longueur. Sa crête mitoyenne se prolonge
en avant sur les frontaux et entre les orbites jusqu'à

l'ethmoïde. Toute sa partie frontale est fendue longitudinalement, et le fond de la fente en arrière percé
de façon à laisser pénétrer dans le crâne. Plus en
arrière il y a aussi de chaque côté, entre la crête
mitoyenne et l'intermédiaire, et entre le frontal et le
pariétal, un grand trou oblong, qui pénètre dans le
crâne.

L'os maxillaire a une pièce particulière et triangulaire à son extrémité postérieure et élargie. Du
reste, si l'on excepte les différences de forme sensibles à l'extérieur, l'ostéologie de la tête ressemble
assez à celle du maquereau.

La principale pierre de l'oreille est très-petite,
étroite, alongée, aplatie supérieurement. Sur l'arrière
de sa face inférieure il s'élève un petit talon, qui est
creusé par un sillon longitudinal. Les bords de cette
pierre ne sont pas dentelés; elle est logée dans une
cavité oblongue de chaque côté de la base du crâne,
beaucoup plus grande qu'il n'est nécessaire pour la
recevoir.

L'épine dorsale a trente-neuf vertèbres. Les quatre
premières, plus larges que longues, sont creusées
en dessous de trois fossettes, et en ont une de chaque côté pour l'articulation de leurs côtes respec-
tives. Leurs apophyses épineuses, comprimées et dilatées, se touchent presque. La cinquième et la
sixième ont déjà de petites apophyses transverses
et une apophyse épineuse plus grêle et plus haute.
La septième n'a plus qu'une fossette en dessous.
La huitième en a déjà deux de chaque côté, dont
l'inférieure est derrière une apophyse transverse un

peu plus saillante. L'apophyse transverse de la neuvième est déjà dirigée vers le bas. Toutes sont ensuite comprimées, plus hautes que longues et plus
longues que larges, et ont deux fossettes profondes
de chaque côté, et des apophyses transverses descendantes, qui s'unissent pour former en dessous un
anneau, de la partie inférieure duquel naît une apophyse épineuse inférieure. Ces apophyses s'alongent de plus en plus jusqu'à la dix-neuvième vertèbre, où commence la queue. Il y a aussi à toutes des
apophyses épineuses supérieures. A compter de la
dixième, l'apophyse qui forme l'anneau donne de
sa base un petit crochet, qui s'unit à un petit crochet du bord postérieur de la vertèbre précédente;
mais ces parties, peu considérables, ne compliquent
pas autant ce canal subvertébral, qu'elles le font
dans les thonines. Les apophyses épineuses de la
queue, tant supérieures qu'inférieures, vont en diminuant jusqu'à la trente-deuxième vertèbre. Les
trois suivantes n'ont, au lieu d'apophyses, que des
lames plates, qui se couchent d'une vertèbre sur
l'autre; elles se relèvent et s'aiguisent ensuite jusqu'à la trente-huitième, pour contribuer à former
l'éventail vertical qui porte la caudale. La crête
latérale de la queue est soutenue par des crêtes latérales osseuses, qui tiennent de la trente-deuxième
vertèbre jusqu'à la trente-sixième. Les trente-sep-
tième et trente-huitième ont le corps très-court.
La trente-neuvième est celle qui se dilate pour la
caudale; elle a encore de chaque côté une petite
apophyse.

Il y a deux ordres de côtes. Les supérieures, grêles et demeurant horizontales, mais se portant obliquement en arrière dans l'épaisseur des muscles, adhèrent au corps des vertèbres, au-dessus de leurs apophyses transverses : il s'en voit aux côtés de la queue jusqu'à la vingt-neuvième ou à la trentième vertèbre. Les inférieures tiennent à l'extrémité des apophyses transverses, et lorsque ces apophyses forment un anneau, elles tiennent au bas de l'apophyse épineuse qui en descend. Ces côtes inférieures ne commencent qu'à la troisième vertèbre, et sont aussi presque horizontales jusqu'à la dixième ; elles se dilatent de leurs deux tiers inférieurs comme des lames de sabre. A compter de la neuvième, celles de chaque paire s'attachent tout près l'une de l'autre à l'extrémité de l'apophyse descendante, et même, à compter de la treizième, elles se collent l'une à l'autre sur une partie de leur longueur, de manière à faire croire qu'il n'y a sous chaque vertèbre qu'une seule côte fourchue en arrière.

Les os coracoïdiens sont larges et forts. Le trou du radial est petit, et cet os lui-même peu étendu. L'échancrure du cubital est au contraire alongée et pointue. Les os du bassin sont chacun fourchu en avant, et ont en arrière une apophyse entre les ventrales.

Aristote[1] prétend que la femelle du thon diffère de son mâle par une nageoire qu'elle a de plus sous le ventre, et qui est nommée

---

1. *Hist. an.*, l. V, c. 9.

aphareus. Il est impossible d'entendre ce qu'il a voulu dire. Cette différence de sexe n'existe certainement point.

Le thon est un des grands poissons de la mer. Aristote parle d'un vieux individu qui pesait quinze talens ou douze cents livres, et qui avait deux coudées et une palme d'une pointe à l'autre de la nageoire de la queue [1]; encore cette mesure est-elle une correction faite par Gaza dans ses premières éditions, et d'après Pline [2]. La plupart des manuscrits d'Aristote disent cinq coudées, et Hardouin, toujours enclin aux paradoxes, a cru que c'était Pline qu'il fallait corriger. Cinq coudées pour cette partie, quelque valeur que l'on attribue à cette mesure, donneraient au poisson une taille au moins de vingt à vingt-deux pieds.

En Sardaigne, quand il pèse moins de cent livres, on ne l'appelle que du nom de *scampirro*, dérivé de *scomber;* de cent à trois cents livres, ce n'est encore qu'un *demi-thon* (*mezzo-tonno*) : ceux de mille livres ne sont pas très-rares. Cetti prétend qu'on en a pris quelquefois de dix-huit cents livres, et il ajoute que les plus grands sont toujours des

---

1. *Hist. an.*, l. VIII, c. 3o.
2. Pline, l. IX, c. 15. *Invenimus talenta quindecim pependisse ejusdem caudæ latitudinem duo cubita et palmum.*

mâles, ce qui, selon sa propre remarque,
serait contraire à ce que l'on observe dans la
plupart des autres poissons.[1]

Il ne paraît pas devenir si grand sur nos
côtes. Duhamel parle de thons de cinq pieds
de longueur qui pesaient plusieurs quintaux;
mais il n'en a point vu de semblables. Celui
qu'il décrit n'avait que trois pieds quatre
pouces. Notre description est prise d'un individu de trois pieds.

La pêche du thon date de la plus haute
antiquité. Enthidème attribuait même à Hé-
siode des vers où l'on en décrit le commerce
et le transport[2]; mais Athénée, qui les rapporte, prouve en même temps qu'ils étaient
nécessairement d'un poète bien postérieur.

C'était surtout aux deux extrémités de la
Méditerranée, aux endroits où elle se rétrécit
et où les poissons voyageurs sont obligés de
se rapprocher, que l'on en faisait de grandes
pêches.

A l'Orient la mer Noire leur offrait une
nourriture abondante, à cause de la quantité
de fleuves qui s'y déchargent : ils s'y portaient
en foule au printemps pour frayer[3], et Aris-

---

1. Cetti, Histoire naturelle de Sardaigne, t. III, p. 134 et 135.
— 2. Athénée, l. III, p. 116. — 3. Pline, l. IX, c. 15.

tote croyait même qu'ils ne se multipliaient
pas ailleurs [1]; ils y demeuraient l'été [2], et
c'était à leur passage au Bosphore qu'on en
faisait de riches captures [3]. Selon le récit
très-détaillé de Strabon [4], leur reproduction
avait lieu dans le Palus-Méotide; ils suivaient
la côte de l'Asie-Mineure, et les premiers se
prenaient à Trébisonde et à Pharnacie; mais
ils y étaient encore petits : à Sinope ils
avaient déjà atteint une taille suffisante pour
être salés, et cette ville, bâtie sur un isthme
et admirablement placée pour cette pêche, en
tirait de grands profits. [5]

Mais c'était surtout la ville de Byzance que
ce poisson enrichissait. Les bancs arrivés aux
îles Cyanées entraient dans le Bosphore, et
près de Calcédoine ils rencontraient une roche
blanche, qui les effrayait, et les forçait de se
détourner du côté de Byzance et d'entrer
dans ce golfe, qui est aujourd'hui le port de
Constantinople; en sorte que tout l'avantage
de cette pêche était pour les Byzantins, et
que les Calcédoniens en profitaient fort peu.
C'était à cause de cette abondance de thons

---

1. *Hist. an.*, l. V, c. 10. — 2. *Id.*, l. VIII, c. 13.
3. Pline prétend qu'on n'en prenait à Byzance que lors de leur
entrée; mais Strabon dit tout le contraire.
4. *Geogr.*, l. VII, p. 320, A. — 5. L. XII, p. 545, D.

que le golfe en question avait pris le nom de *Corne-Dorée,* et Apollon avait appelé Calcédoine *la ville des aveugles,* parce que ses fondateurs n'avaient pas su reconnaître cette infériorité du lieu qu'ils avaient choisi.

Néanmoins c'étaient les pélamides ou jeunes thons de Calcédoine qui, au rapport d'Aulu-Gelle [1], étaient les plus estimés de l'espèce.

Cette quantité prodigieuse de poissons arrive aujourd'hui à Constantinople comme du temps des anciens. Gyllius en parle dans des termes faits pour étonner.

« Ils y abondent, dit-il, plus qu'à Marseille,
« à Venise et à Tarente. D'un seul coup de
« filet on remplirait vingt navires : on peut
« en prendre sans filets et avec la main [2]; on
« peut, lorsqu'ils remontent vers le port en
« troupes serrées, les tuer à coups de pierre.
« Les femmes en prennent seulement en sus-
« pendant de leurs fenêtres dans l'eau un pa-
« nier avec une corde ; enfin, sans avoir be-
« soin d'amorcer les haims, on y pêcherait
« des pélamides de quoi approvisionner la
« Grèce entière et une grande partie de l'Eu-
« rope et de l'Asie. [3] »

---

1. *Noct. attic.*, l. VII, c. 16.
2. Strabon le dit aussi (l. VII, p. 320).
3. Gyllius, *De Constantinopoleos topographia, in præfat.*

Dapper, dans sa Description de l'Archipel (p. 5o6 de l'édit. franç.), et tout récemment M. de Hammer, dans celle de Constantinople, confirment ce récit de Gyllius. « La marée de « Constantinople, dit M. de Hammer, est la « première du monde; le Bosphore en four- « mille : c'est pourquoi l'on voit sur les mé- « dailles de Byzance un dauphin accompagné « de deux autres poissons. [1] » Qu'il est malheureux que de tant d'Européens qui passent une partie de leur vie dans cette grande capitale, aucun ne s'occupe de déterminer avec précision ces nombreuses espèces, et de nous faire connaître les époques et les directions de leurs passages !

La pêche des thons était encore plus ancienne à l'Occident. Les Phéniciens l'avaient établie de très-bonne heure du côté de l'Espagne, et lui avaient donné une grande activité en dehors et en dedans des Colonnes d'Hercule; aussi le thon paraît-il sur les médailles phéniciennes de Cadix et de Carteia.

Ce genre d'industrie se propagea dès-lors sur ces côtes. Les salaisons d'Espagne, ainsi que celles de Sardaigne, passaient du temps des Romains pour être beaucoup plus tendres

---

1. Hammer, Constantinople et le Bosphore, t. I, p. 46.

et d'un goût plus agréable que celles de Byzance. On les payait plus cher. Elles étaient
connues en général sous le nom de *salsamentum sardicum*[1]. Leur qualité savoureuse
était attribuée à la quantité de glands qui
tombaient d'une petite espèce de chêne fort
commune sur ces côtes[2], et l'on en était venu
à croire que c'était dans le fond même de la
mer que croissaient les chênes qui produi-
saient ces glands, et qui n'étaient peut-être
réellement que des fucus[3]. Les thons qui s'é-
loignaient davantage vers les Colonnes d'Hercule, devenaient de plus en plus maigres,
parce qu'ils n'y trouvaient plus cet aliment.[4]

Le milieu de la Méditerranée, à l'endroit
où elle se rétrécit entre l'Italie et l'Afrique,
avait aussi des pêches très-abondantes de ces
poissons.

Ælien parle de celles qu'exécutaient les
Gaulois et les habitans de Marseille avec de
forts hameçons de fer, et des grands appareils de filets qu'y employaient les Italiens et
les Siciliens.[5]

Archestrate, dans Athénée, vante les thons

---

1. Galien, *De alim.*, fasc. 3, c. 31. — 2. Strabon, *Geogr.*,
l. III, p. 145. — 3. Polybius, *ap. Athen.*, l. VII, p. 301. —
4. Strabon, *loc. cit.* — 5. Ælien, *Hist. an.*, l. XIII, c. 16.

des bouches du Metaurus, dans l'Adriatique, et ceux des côtes de la Laconie. [1]

Strabon marque avec soin dans sa Géographie les lieux où il se tenait des hommes pour avertir de l'arrivée de ces poissons, absolument comme on le fait de nos jours : Populonium ou Piombino [2] et Porto-Ercole, sur la côte d'Étrurie, où ils étaient attirés par des coquillages [3], et le cap d'Ammon, sur la côte d'Afrique [4]. Ces espèces de guérites se nommaient *thynnoscopes* (Θυννοσκοπεῖον).

Cette pêche s'exécutait à peu près comme de nos jours. La description que nous donne Ælien (l. XV, c. 5) de celle qu'on faisait le long des côtes du Pont-Euxin, ressemble entièrement à ce que Duhamel rapporte de la pêche à la thonaire, telle qu'on la pratique à Collioure.

On donnait des noms particuliers aux thons de différens âges. Le *scordyle*, ou, comme on l'appelait à Byzance, l'*auxide*, était le jeune thon, lors de sa première sortie du Pont-Euxin en automne [5]; la *pélamide*, le thon plus âgé, lorsqu'il retourne dans le Pont au printemps. [6]

---

1. Athénée, l. VII, p. 122. — 2. Strabon, *Geogr.*, t. V, p. 223. — 3. *Id.*, *ib.*, t. V, p. 225. — 4. *Id.*, *ib.*, t. XVII, p. 834. — 5. Aristote, *Hist. anim.*, l. VI, c. 17. — 6. *Id.*, *ibid.*, et Pline, l. IX, c. 15.

Les très-grands thons portaient le nom d'*orcynus*[1], et il y en avait d'assez gigantesques pour que l'on crût devoir les ranger parmi les cétacés.[2]

Ces grands *orcynus,* selon Dorion, dans Athénée, passaient pour venir de l'Océan ; c'est pourquoi il y en avait davantage près des côtes d'Espagne et dans la mer de Toscane[3], et l'on ne supposait point qu'il en retournât dans les mers plus orientales.[4]

Le thon occupait une telle place dans la diète des anciens, que l'on avait aussi des noms particuliers pour en désigner les différens morceaux ou les différentes préparations qu'on lui faisait subir.

Le grand thon coupé en tranches minces séchées, et semblables à des planchettes de chêne, s'appelait *melandrys*[5] (chêne noir).

Du thon plus jeune ou de la pélamide, coupée en petits morceaux cubiques, s'appelait *cybium*[6] (petit cube). On servait ce *cybium* avec des œufs durs coupés, comme au-

---

1. Pline, l. XXXII. *Orcynus hic est pelamidum generis maximus, neque redit in Mœotin.*

2. Ælien, l. I, c. 40. — 3. Athénée, l. VII, p. 315.

4. Pline, l. XXXII, c. 11. *Orcynus neque redit in Mœotin.*

5. Pline, l. IX, c. 15; Athénée, l. VII, p. 315.

6. Pline, l. XXXII, c. 11. *Cybium ita vocatur concisa pelamys, quæ post nonaginta dies a Ponto in Mœotin revertitur.*

jourd'hui nous servons les anchois[1]. Ce n'était pas d'ailleurs un mets de grand prix.[2]

Les parties voisines de l'épaule formaient le *clidium;* l'*auchenia* était la partie de la nuque, et plusieurs croient que l'*horeum,* qu'ils écrivent *ureum,* était la queue. On estimait surtout la nuque, le ventre et le clidium[3]. On préparait à Cadix les clidiums des très-grands thons nommés *orcynus,* et Hicesius, dans Athénée, préfère ces morceaux aux abdomens pour le goût.[4]

Mais toute cette nomenclature n'était pas tellement fixée, que le sens de chaque expression ne variât selon les temps et les lieux.

Ainsi dans Strabon[5] *pélamide* est pris non-seulement pour un jeune thon, mais pour l'espèce du thon en général. Dans Pline c'est le genre tout entier.[6]

De *salsamentum sardicum,* qui désignait toutes les salaisons de l'occident de la Médi-

---

1. Martial, l. V, ép. 78. *Divisis cybium latebit ovis.*

2. Martial (l. XI, ép. 27), reprochant à son ami d'avoir une maîtresse qui se prisait elle-même trop peu, lui dit : *Vel duo frusta rogat cybii, tenuemque lacertum.*

3. Pline, l. IX, c. 15. *Hi membratim cæsi cervice et abdomine commendantur atque clidio.*

4. Athénée, l. VII, p. 315. — 5. *Geogr.*, t. III, p. 320.

6. Pline, l. XXXII, c. 11. *Orcynus hic est pelamidum generis maximus. Sarda ita vocatur pelamis longa.*

terranée, on avait fait le nom de *sarda*, que l'on se figurait être celui d'une espèce particulière. *Sarda* (dit Pline) *vocatur pelamys longa ex Oceano veniens*[1], et dans Athénée la *sarde* est comparée au *colias* pour la grandeur.[2]

Cybium, dans Pline et dans Athénée, était le nom des fragmens de pélamides taillés en carré, séchés et salés[3]. Mais dans Varron[4], dans Festus[5], c'est le poisson lui-même.

Il en était de même de *melandrys* ou *melandrya* (chêne noir). Selon Pline (l. IX, c. 15), selon Hicesius, dans Athénée (l. VII, p. 315), le *melandrya* consistait en portions salées de grands thons, coupés de manière à ressembler à de petites planchettes de chêne ; mais selon Pamphile, dans le même Athénée (l. III, p. 121), c'est une espèce de très-grands thons (μελάνδρυς δὲ τῶν μεγίϛων θύννων εἶδος ἐϛίν).

Il faut toujours avoir égard à cette mobilité propre à toute nomenclature populaire, si l'on veut porter quelque lumière sur les passages des anciens où il est question d'histoire naturelle.

---

1. Pline, l. XXXII, c. 11. — 2. Athénée, l. III, p. 120. — 3. *Id.*, l. III, p. 120, E, et Pline, l. XXXII, c. 11, *voce* Cybium.

4. Varron, *De ling. lat.*, l. IV. *Aquatilium vocabula animalium partim sunt vernacula partim peregrina. Foris* muræna cybium, thynnus.

5. Festus, *voce* κύβιον. *Genus piscis quia piscantes id genus piscium velut aleum ludant.*

Dans les temps modernes la pêche du thon, sans avoir diminué de produit, s'est presque concentrée dans l'intérieur de la Méditerranée. On ne l'exerce plus en grand à Constantinople, ni sur la mer Noire, depuis l'établissement des Turcs dans ces belles contrées. Les pêcheries des côtes d'Espagne en dehors du détroit se sont maintenues plus long-temps ; celles de Conil, près de Cadix, et du château de Sara, près du cap Spartel, étaient surtout célèbres, et donnaient de grands revenus aux ducs de Medina-Sidonia, leurs propriétaires privilégiés : on y employait plus de cinq cents hommes[1] ; mais elles sont tombées en partie par mauvaise administration, et en partie, dit-on, parce que le tremblement de terre qui détruisit Lisbonne en 1755[2], a changé la nature de la côte et déterminé les thons à se jeter de préférence sur celle de l'Afrique.

Aujourd'hui c'est en Catalogne, en Provence, en Ligurie, en Sardaigne et en Sicile que cette pêche a le plus d'activité et donne les résultats les plus abondans : elle se fait principalement de deux manières, à la thonaire et à la madrague.

Pour la pêche à la thonaire, lorsque la sen-

1. Duhamel, p. 200. — 2. Cetti, p. 187.

tinelle postée sur un lieu élevé a fait le signal
qu'elle voit la troupe des thons s'approcher, et
de quel côté elle arrive, des bateaux nombreux partent sous le commandement d'un
chef, se rangent sur une courbe, et forment,
en joignant leurs filets, une enceinte, qui ef-
fraie les thons, et que l'on resserre de plus
en plus, en ajoutant de nouveaux filets en
dedans des premiers, de manière à ramener
toujours les poissons vers la plage. Quand il
n'y a plus que quelques brasses d'eau, on tend
un grand et dernier filet, qui a une manche,
c'est-à-dire un fond prolongé en cône, et que
l'on tire vers la terre, y amenant ainsi tous les
thons : on prend alors les petits à bras, les
grands après les avoir tués avec des crocs.
Cette pêche, pratiquée sur nos côtes de Languedoc, donne quelquefois en un seul coup
deux ou trois mille quintaux de ces poissons.[1]

La madrague, que les Italiens appellent
tonnaro, est un engin beaucoup plus com-
pliqué : c'est, comme le dit Brydone, une
espèce de château aquatique construit à grands
frais[2]. De grands et longs filets, tenus verti-
lement par des liéges à leur bord supérieur,

---

1. Duhamel, Pêches, part. 2, sect. 7, c. 2, p. 193.
2. Voyage en Sicile et à Malte, trad. franç., t. II, p. 259.

et par des plombs et des pierres à l'inférieur,
sont fixés par des ancres de manière à former
une enceinte parallèle à la côte de plusieurs
centaines de toises, quelquefois d'un mille
d'Italie [1] en longueur, divisée en plusieurs
chambres par des filets transverses, et ouverte
du côté de la terre par une espèce de porte.
Les thons, qui dans leur marche longent toujours la côte, passent entre elle et la madrague ; arrivés à l'extrémité de celle-ci, ils
rencontrent un grand filet placé en travers,
qui leur ferme le passage et les force d'entrer dans la madrague par l'ouverture qui y
est pratiquée ; une fois qu'ils y ont pénétré,
on les contraint par divers moyens de passer
de chambre en chambre jusqu'à la dernière,
qui est nommée *corpou* (chambre de la mort).
Un filet horizontal y forme une espèce de
plancher, qu'un grand nombre de matelots, arrivés dans des barques, soulèvent de manière
à élever avec lui les poissons jusqu'auprès de
la surface. C'est alors que de toute part on
leur livre combat, en les frappant avec des
crocs et toute sorte d'armes semblables; spec-
tacle imposant, et qui attire souvent un grand
nombre de curieux. C'est un des plus grands

---

1. Duhamel, sect. 7, p. 199.

amusemens des riches Siciliens, en même
temps qu'une des premières branches du commerce de leur île. [1]

Les madragues sont des espèces de propriétés ou des concessions du souverain pro-
tégées par les lois; il y a même des pays où
l'on ne permet de les établir qu'à une distance
déterminée les unes des autres, et de façon
à ne pas se nuire.

L'utilité de cette législation a cependant
été mise en question, et l'on a fait à ce sujet
des recherches, qui, si elles avaient eu la ri-
gueur requise, auraient contribué à éclaircir
l'histoire naturelle de l'espèce. [2]

Les partisans du système qui veut que le
nombre et la distance des madragues soient
fixés, prétendent que les thons ne sont que
de passage dans la Méditerranée; qu'ils y entrent par le détroit de Gibraltar; qu'ils suivent
à l'arrivée une certaine direction; qu'ils marchent au retour dans un sens contraire, et
que les madragues placées en avant des au-

1. Brydone, *loc. cit.*

2. On peut voir le détail de cette discussion dans l'ouvrage de
l'avocat François de Paule Avolio, *sur les lois de la Sicile relatives
à la pêche*, imprimé en italien, à Palerme, en 1805, p. 75 et suiv.,
et dans celui que lui a opposé le duc d'Ossada, intitulé : *Observations pratiques sur la pêche, la course et les routes des thons*, imprimé aussi en italien, à Messine, en 1816.

tres, relativement à chaque direction et à une trop grande proximité, interceptent le poisson qui pourrait arriver à celles-ci.

Les partisans du système contraire soutiennent que les thons vivent, se propagent et meurent dans la Méditerranée; qu'ils se tiennent l'hiver dans la profondeur; qu'au printemps, et lorsque le moment du frai est arrivé, ils s'approchent des rivages pour y déposer leurs œufs; qu'ils passent une partie de l'été à la surface, et qu'en automne ils retournent dans leur premier asile; que toute restriction à l'établissement et à la multiplication des madragues ne sert qu'à empêcher ce genre d'industrie d'être aussi productif que la nature voulait qu'il fût.

Il est certain que les thons fraient dans la Méditerranée, que les petits y éclosent en abondance et y croissent avec une étonnante rapidité.

Un seigneur sicilien, don Charle d'Amico, duc d'Ossada, a fait à ce sujet des observations curieuses, et qui paraissent assez précises. Les thons que l'on prend au commencement de la pêche d'arrivée, en Avril et dans les premiers jours de Mai, n'ont point d'œufs développés : en peu de jours leurs ovaires grossissent; de quinze onces qu'ils pesaient d'abord, ils prennent un poids de douze livres et demie. Après le 15 de Juin, animés du désir de la reproduction, on les voit dans un mouvement continuel, sautant dans les golfes et les baies, et jetant leurs œufs dans l'algue, où les mâles les fécondent. Au mois de Juillet les thons nouveau-nés ne pèsent encore qu'une once et demie, et se nomment *nunzintuli* ; au mois d'Août ils pèsent déjà près de quatre onces ; au mois d'Octobre ils en pèsent trente.

Des lois de 1796 et de 1801 ont même défendu en Sicile la pêche de ces jeunes thons, qui en plusieurs endroits avait fait manquer celle des grands.

Il est certain aussi que dans presque tous les points de cette mer les thons se montrent à peu près en même temps, et sans que l'on puisse dire qu'ils passent d'abord par certains parages pour arriver ensuite à d'autres. Mais d'un autre côté on ne conteste pas que sur chaque côte les thons ne suivent une certaine direction à l'arrivée et une autre au départ, et que les madragues, disposées pour l'une et pour l'autre de ces pêches, ne doivent être regardées comme plus ou moins favorables, selon qu'elles peuvent recevoir le poisson plus tôt ou plus tard.

C'est ce fait qui a pu donner aux anciens l'idée d'attribuer aux thons ces grandes migrations d'une mer dans l'autre, qu'il faudra réduire à des voyages beaucoup plus limités.

Nous croyons que l'exposé que nous allons faire des époques et des circonstances de la pêche dans chacune des régions où elle s'exerce, achèveront de rendre ces grandes courses invraisemblables. Sur plusieurs côtes d'Espagne les thons arrivent en trois flottes : la première, formée des gros thons, pesant de quatre à cinq quintaux; la deuxième, de deux à trois; la troisième, de petits qui ne pèsent que de quarante à cent cinquante livres.[1]

A Cadix la pêche du retour n'est pas connue. A Tariffa et à Gibraltar on a des pêches d'arrivée et de retour. Les poissons de la première sont plus gros et meilleurs. Ils sont devenus rares à Ceuta. Le peu qu'on en prend est à l'arrivée : il n'y en a point au retour.

En Catalogne on commence, selon Duhamel, à prendre des thons au mois d'Août jusqu'au commencement d'Octobre; mais ce sont apparemment les thons de retour, car le même auteur dit dans un autre endroit, qu'en Corse, en Sardaigne, en Catalogne, en Sicile, ils ar-

---

1. Duhamel, p. 201.

rivent au commencement de Mai, et y restent jusqu'à la fin de Juin [1]. Il entend les thons d'arrivée ou de course. Ceux de la côte de Gênes, ajoute-t-il, y demeurent jusqu'au mois d'Octobre ; mais ici encore il ne veut sans doute parler que des thons de retour.

A Agde on fait la pêche du thon avec la thonaire, par les nuits obscures, depuis le mois d'Avril jusqu'en Septembre.

La pêche du thon à la madrague sur les côtes de Provence, se fait depuis le mois de Juin jusqu'au mois de Septembre. [2]

A la Ciotat on fait deux pêches : celle de l'arrivée, depuis le mois de Mars jusqu'au 15 Juillet, qui d'ordinaire est médiocre, et celle du retour, depuis le 15 Juillet jusqu'à la fin d'Octobre ; celle-ci est plus avantageuse, surtout depuis la mi-Août jusqu'à la fin de Septembre. On lève le poisson chaque jour deux fois, de grand matin et à quatre heures après-midi. [3]

Il y a trois madragues aux environs de Toulon ; on les établit au mois d'Avril, et elles restent tendues jusqu'au mois d'Octobre. [4]

C'est dans les mois d'Août et de Septembre

---

1. Duhamel, p. 199. — 2. *Idem*, p. 192. — 3. *Idem*, p. 199. — 4. *Idem*, sect. 7, p. 198.

que le thon y donne avec plus d'abondance. On l'y lève alors presque constamment trois fois par jour.

A Cassis on commence la pêche du thon en Novembre, et elle continue jusqu'à la fin de Décembre. Ce ne peuvent guère être que de ces thons de golfe qui passent l'hiver dans les profondeurs.

En Sardaigne, selon Cetti[1], le thon apparaît subitement vers la fin d'Avril en quantité immense. Après huit mois d'absence, on en trouve en hiver un grand nombre dans les parties les plus profondes des golfes, et on les nomme *golfitani*. Cependant il y en a aussi, selon cet auteur, qui sont voyageurs, et qu'il croit venir de l'Océan ; ce sont les *tonni di Corsa*.

C'est là surtout que l'on a fait l'observation que les madragues influent l'une sur l'autre, et que celles qu'on nomme *sous le vent* ne reçoivent plus tant de poisson quand il s'en établit sur le vent par rapport à elles ; au contraire, lorsque les madragues sur le vent sont détruites par un ouragan ou par quelques espadons, tout le poisson va à celles qui sont sous le vent et augmente leur profit. On pense même que l'état florissant où sont

---

1. Cetti, *Stor. nat. di Sard.*, t. III, p. 138.

aujourd'hui les madragues de Sardaigne, est dû à la décadence de celles d'Espagne et de Portugal, où il y en avait autrefois dix-sept, qui ont été abandonnées. Mais peut-être cet abandon des madragues espagnoles a-t-il fait fleurir celles de Sardaigne, non pas en laissant aller vers cette île un plus grand nombre de poissons, mais en les délivrant d'une concurrence nuisible au débit. En effet, il est reconnu que les thons fraient dans la mer de Sardaigne comme dans celle de Sicile, et l'on y trouve souvent de leurs œufs au mois de Mai.

On y prend ces poissons pendant le mois de Mai et une grande partie de Juin.

Ils y sont aussi attirés, comme l'ont remarqué les anciens, par les glands, dont la mer est quelquefois couverte sur les bords.

On estime que la plupart y arrivent après avoir longé les côtes de la Ligurie et de la Corse; mais il y en a qui passent pour y venir directement d'Espagne et de France, ce qui en d'autres termes veut dire qu'on les voit arriver dans plusieurs directions, les uns du nord, les autres de l'ouest.

Malgré leur abondance, malgré la réputation qu'ils avaient du temps des Romains, la pêche ne s'en établit en Sardaigne, dans les temps modernes, qu'au commencement du dix-septième siècle, où un nommé Pierre Porta fit connaître la marche de ces poissons et les époques de leur apparition et de leur départ. On y construisit alors six madragues; le nombre en était porté à douze en 1778, dont cinq, affermées en argent, rapportaient à leurs propriétaires soixante-quatre mille piastres. Les fermiers des autres comptaient de clerc à maître, et rendaient cinq pour cent du produit. L'on peut juger par là de l'énorme valeur de ce genre de récolte et du nombre d'hommes qu'il doit entretenir.

Toutes ces madragues sont d'arrivée. La Sardaigne n'en a qu'une de retour à Pulla.

De grands chiens de mer qui se montrent à cette époque, rendent cette seconde pêche très-peu productive.

Il y a aussi des madragues sur la côte de l'Italie, dans le canal de Piombino, à Maricana et à Porto-Ferraio; dans le royaume de Naples à Tarentello; mais c'est en Sicile que les thons trouvent le plus de ces embûches, surtout à la côte septentrionale, depuis Melazzo jusqu'à Trapani[1]. Le nombre total des madragues de cette île était en 1805 de trente-

---

1. Cetti, *loc. cit.*

six[1]: il y en avait eu plusieurs d'abandonnées.

La pêche d'arrivée commence avec le mois de Mai, et dure jusqu'à la fin de Juin[2]. La pêche de retour a lieu depuis la mi-Juin jusqu'à la mi-Août : on y prend encore beaucoup de poissons ; mais ils sont maigres et faibles.[3]

La mer Adriatique a des thons, comme tous les autre golfes de la Méditerranée. On les pêche à la thonaire sur les côtes d'Istrie et de Dalmatie. On en prend surtout abondamment à Bucariza, dans la Croatie[4]. Ils arrivent à Venise depuis le mois d'Août jusqu'au mois d'Octobre, et l'on y en prend qui pèsent jusqu'à cinq cents livres ; mais les plus communs ont de dix à quarante livres.

Les bancs sont ordinairement précédés par des sardines, et il arrive souvent que des dauphins les poursuivent et les forcent en quelque sorte d'entrer dans les thonaires : les pêcheurs se figurent que c'est par amitié pour eux ; ils disent même que le dauphin attire les thons dans les filets, qu'il y entre avant eux pour mieux les tromper, et lorsqu'ils en aperçoivent un, ils crient *fora dolphin*, pour qu'il se hâte d'en sortir[5]. Les anciens faisaient

1. Avolio, p. 70. — 2. Duhamel, p. 203. — 3. Cetti, p. 155; Avolio, p. 95. — 4. Duhamel. — 5. Martens, Voyage à Venise, t. II, p. 433.

des contes tout semblables sur la pêche des muges.

Sur les côtes de l'Océan le thon paraît moins régulièrement et en beaucoup moindre abondance.

Cornide (p. 65) assure que l'on prend quelquefois sur la côte de Gallice des thons qui pèsent de douze à quatorze arrobes.

Duhamel (sect. 7, c. 2, p. 191) en a mangé à Brest; mais il y est très-rare. La seule pêche un peu considérable qui s'en fasse, selon lui, sur les côtes occidentales de France, est dans le pays des Basques, où l'on en prend avec des haims depuis le commencement de Mai jusqu'à la fin de Juillet, et encore a-t-il peut-être confondu le germon avec le thon.

Les thons fréquentent, selon Pennant[1], les côtes de la Grande-Bretagne, mais non pas en grandes troupes comme celles de la Méditerranée. Ils ne sont pas très-rares dans les petits golfes de la côte occidentale de l'Écosse, où ils poursuivent les harengs, et déchirent souvent les filets. Sitôt qu'on s'en aperçoit, on leur tend un hameçon amorcé d'un hareng. Le thon pris fait peu de résistance.

On en prit un à Moérary, en 1769, long

---

1. *Brit. zool.*, t. III, p. 235.

de sept pieds dix pouces, et qui pesait quatre cent soixante livres. Les pêcheurs écos-
sais les nomment *makrel-sture* (grand maquereau), de *stor*, qui en danois signifie *grand*.
En Angleterre on les appelle *maquereaux
d'Espagne.*

Schonevelde dit que le thon était autrefois
assez commun dans la baie d'Ekeford, sur la
Baltique[1]. En 1605, au mois de Novembre, on
en prit un de huit pieds et demi de longueur et
de six de tour. Ils poursuivent les maquereaux,
qu'ils forcent d'entrer dans cette baie d'Ekeford. Depuis que l'on en voit moins, les maquereaux y deviennent aussi plus rares.

Les Holstenois nomment le thon *springer*
(sauteur).

Müller cite le thon dans son Prodrome de la
Zoologie danoise (p. 47), et nous apprend que
les Danois l'appellent *tanteie* et les Norwégiens
makrel-stœrie (grand maquereau). Il est décrit
sous ce même nom de *makrel-stœrie* par Strœm,
dans les Mémoires de Drontheim[2]; mais il n'en
est pas question dans la Faune du Groënland.

Je n'ai pu trouver encore de renseignement
bien positif sur les thons qui habitent dans

---

1. Schonevelde, Ichtyologie, p. 75.
2. *Nov. act. nidros.*, t. II, p. 341.

les parties chaudes de l'Océan. Celui que
Pernetti[1] y a dessiné, en supposant sa figure
exacte, ne peut être le même que le nôtre,
puisqu'il lui donne jusqu'à quinze fausses nageoires en dessus et douze en dessous.

Le thon est en général un animal timide :
tout ce qu'il rencontre d'extraordinaire l'ef-
fraie. Le bruit produit le même effet : on se
sert quelquefois d'un cor de chasse pour le
faire donner dans les filets.[2]

Sa chair crue ressemble à celle du bœuf;
cuite elle est plus pâle.[3]

On a peine à croire, selon Cetti (t. III,
p. 137), la variété du goût des différentes
parties du thon. A chaque endroit, à chaque
profondeur il diffère : ici, semblable au veau;
là, au porc. Les pêcheurs sardes emploient,
pour désigner ces différens morceaux, une
foule de mots, qui surchargeraient la mémoire.
La chair du ventre, qui est la partie la plus
délicieuse, se nomme *sorra;* elle se paie le
double de la *netta,* chair de la seconde qualité.

Il en est de même en Sicile. La chair du
ventre, plus estimée, se sale à part dans des
barils particuliers.

---

1. Voyage aux îles Malouines, t. II, p. 78, pl. 15, fig. 1. —
2. Duhamel, *loc. cit.*, p. 291. — 3. Pennant, *loc. cit.*

On observe également cette règle en Provence. Le ventre s'appelle *panse de thon,* et les barils où on le met se vendent mieux que ceux qui contiennent les grosses chairs, dites *dos de thon.*[1]

La préparation dans ce pays consiste à vider le poisson, à le laver avec de la saumure, et à le couper par tranches, que l'on couvre de sel broyé, et que l'on arrange par lits dans les barils avec les couches de sel entre les lits. Pour les transporter, on les paque avec de nouveau sel dans des barils plus petits.

A Gênes on prépare le thon de trois manières : coupé par tranches, frit, et mis dans des barils avec de l'huile ; les grosses chairs mises avec du sel concassé dans des barils percés de trous, pour que l'humidité s'écoule ; les morceaux retirés de ces barils, un peu séchés et salés de nouveau sel.

Les œufs salés font de la boutargue, comme ceux des muges.

La chair du ventre, soit fraîche, soit salée, se vend toujours plus cher que celle du reste du corps. Ainsi tout ce que les anciens avaient dit à ce sujet, se trouve confirmé.

Il est bon toutefois de remarquer qu'autant

---

1. Duhamel, sect. 7, p. 197. — 2. *Ibid.*, sect. 7, p. 204.

le thon frais ou salé en temps utile est salubre et agréable, autant il peut devenir nuisible pour peu qu'il approche de la putridité;
ses arêtes deviennent alors rouges; la chair
voisine prend un goût âcre, comme si elle était
poivrée, et elle occasionne des inflammations
d'œsophage, des douleurs d'estomac, des diarrhées, et même la mort lorsqu'on en a beaucoup pris. La police de Venise examine avec
soin les barques qui en amènent, surtout lorsque le siroco en a retardé l'arrivée, et pour
peu qu'ils soient avancés, elle les fait jeter à
la mer. Les plus frais doivent être vendus
dans les vingt-quatre heures.[1]

Qui croirait que le thon, ce poisson si connu, qui occupe chaque année tant de milliers
de pêcheurs, n'a jamais été décrit clairement
ni correctement figuré? Cependant la chose
est certaine.

C'est lui que Rondelet a voulu représenter
(p. 249) sous le nom d'*orcynus;* mais les
ventrales et la caudale en sont beaucoup trop
grandes, et on ne lui voit que six fausses nageoires en dessus et sept en dessous.

Bélon (p. 108) le fait trop gros au milieu,
lui donne l'œil trop petit, le place trop en ar-

1. M. de Martens, Voyage à Venise. t. II, p. 432 et 433.

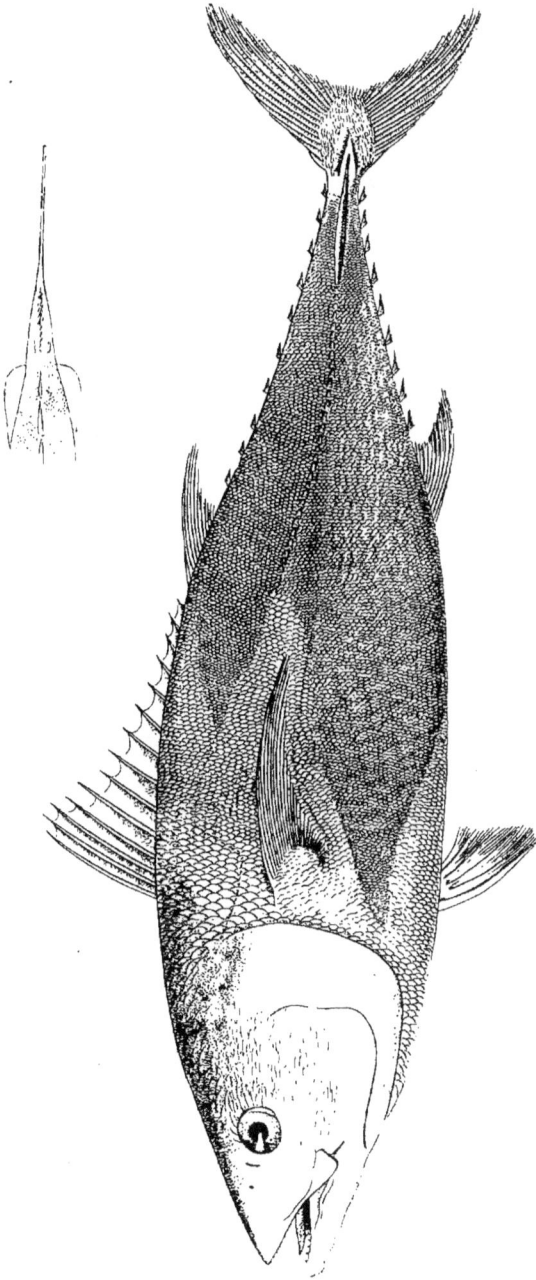

THYNNUS vulgaris. n.
Dequevauviller sculp.

Impr.r de Langlois.

THON commun.
Werner del.

rière, dessine la carène latérale de la queue comme si elle était soutenue par des rayons, etc.

Salvien ne l'a point du tout.

La figure de Gesner (p. 967), copiée par Willughby (pl. M. j.), a la bouche beaucoup trop grande, l'œil trop petit; il y manque les deux tiers de la première dorsale et trois ou quatre fausses nageoires.

Duhamel en donne deux qui ne se ressemblent point; ni l'une ni l'autre n'a de dents. La première (sect. 7, pl. 5) a les écailles toutes égales et les pièces operculaires confusément dessinées; l'œil y est trop petit : à en juger par le nombre des rayons de la première dorsale, ce serait plutôt d'après la thonine que d'après le thon qu'elle aurait été faite; mais sa seconde dorsale et son anale sont du thon plutôt que de la thonine. La seconde (pl. 6) a les pectorales beaucoup trop longues et la tête trop petite. Cette figure, faite en 1680 par Lahire[1], sur un individu pris dans la Manche, n'est autre chose qu'une mauvaise image de germon, et les intestins dessinés à côté le prouvent suffisamment. Nous verrons qu'ils sont de germon à n'en pas douter.

---

1. L'original se trouve dans le recueil de dessins faits par La-hire sous les yeux de Duverney, qui est dans la bibliothèque de M. Huzzard.

8.   7

Bloch (pl. 55) fait sa pectorale beaucoup
trop longue, et toutes ses écailles égales, né-
gligeant ordinairement le corselet. Les dents
sont trop grosses, trop peu nombreuses ; la
courbure du préopercule mal dessinée. Je
soupçonne sa figure de n'être qu'une copie
altérée de celle du germon laissée par Plumier.

La figure de Pennant[1] est trop grosse, n'a
point de corselet, et porte onze fausses nageoires en dessus et sept seulement en dessous, etc.

Le THON A PECTORALES COURTES.

(*Thynnus brachypterus*, nob.[2])

La Méditerranée a un thon, appelé *alicorti*[3], semblable au thon ordinaire par les
détails et le nombre des rayons, qui a surtout la même coupe de préopercule, mais dont
les pectorales sont beaucoup plus courtes,
la seconde dorsale et l'anale plus basses, et
dont le corselet est beaucoup moins étendu.
Malgré ces différences, qui nous paraissent

---

1. *Brit. zool.*, t. III, p. 234, n.° 63.
2. *Alicorti*, Duhamel, sect. 7, p. 205?
3. Duhamel dit *ancicoti* ; mais je crois que c'est une faute
d'impression.

évidemment spécifiques, et qui sont accompagnées de plusieurs autres dans les couleurs, les pêcheurs confondent souvent cette espèce avec le thon commun.

La longueur de sa pectorale est plus de sept fois et même près de huit fois dans la longueur totale.

Son corselet, du côté du dos, est non pas échancré, mais presque coupé net ou du moins par un arc concave très-ouvert, vis-à-vis du quatrième ou du cinquième rayon de la première dorsale. La pointe latérale ou mitoyenne est obtuse et ne se porte pas plus en arrière que la première dorsale, pas même tout-à-fait autant. L'échancrure inférieure s'avance jusque très-près de l'ouïe.

B. 7; D. 13 — 1 — 2/13 — IX; A. 2/12 — VIII; C. 19 ou 35; P. 31; V. 1/5.

Le fond de la couleur est, comme dans le thon ordinaire, bleu d'acier sur le dos, argenté sur les côtés et sous le corps. Dans le bleu-noir du dos il y a des taches d'un bleu plus clair. De chaque côté du dos on voit douze ou treize bandes verticales noirâtres, séparées par des intervalles plus étroits; sur chaque bande est une série de taches rondes de la teinte du fond. En d'autres termes, on pourrait dire que le fond est d'un bleu ou d'un plombé foncé, avec des lignes et des séries verticales de taches plus claires. Ces lignes et ces taches se marquent mieux sur les jeunes sujets; mais il en reste fort long-temps des traces : nous les voyons clairement sur des individus de dix-huit pouces. Toutes les nageoires et les fausses nageoires sont grises et un peu teintes de rougeâtre.

Le foie du thon aux pectorales courtes est petit et composé de deux lobes triangulaires placés à droite et à gauche de l'œsophage. Cette portion du canal intestinal est très-courte et se dilate en un estomac fort long, assez large et plissé à l'intérieur par de grosses rides longitudinales sinueuses.

Entre les deux lobes du foie, presque sous le diaphragme, on voit sortir la branche latérale de l'estomac; elle est courte, assez grosse, et se recourbe pour donner naissance au duodénum, qui remonte jusqu'auprès du diaphragme sous le lobe droit du foie. A l'endroit où se fait le repli de cette partie de l'intestin, il y a un étranglement très-fort qui indique la place du pylore. Le long du duodénum il y a cinq appendices ou plutôt cinq paquets d'appendices cœcales, très-courtes, et se ramifiant en une infinité de petits arbuscules, qui forment ainsi des houppes assez grosses. L'intestin se rétrécit après s'être courbé sous le diaphragme, pour se porter jusqu'auprès de l'anus, d'où il remonte jusque vers la moitié de la longueur de l'abdomen : il y fait un nouveau repli, et se rend droit à l'anus. A peu près au milieu de la longueur de cette dernière portion il y a un petit étranglement.

Ce thon a une petite vessie aérienne ovale, dont la longueur n'est pas du tiers de celle de la cavité abdominale. Ses parois sont très-minces et argentées. Cette petite vessie commence à la hauteur du cardia. Le péritoine est mince, peu argenté sur les côtés du

THONINE à pectorales courtes.

Werner del.

Impr.^e de Langlois.

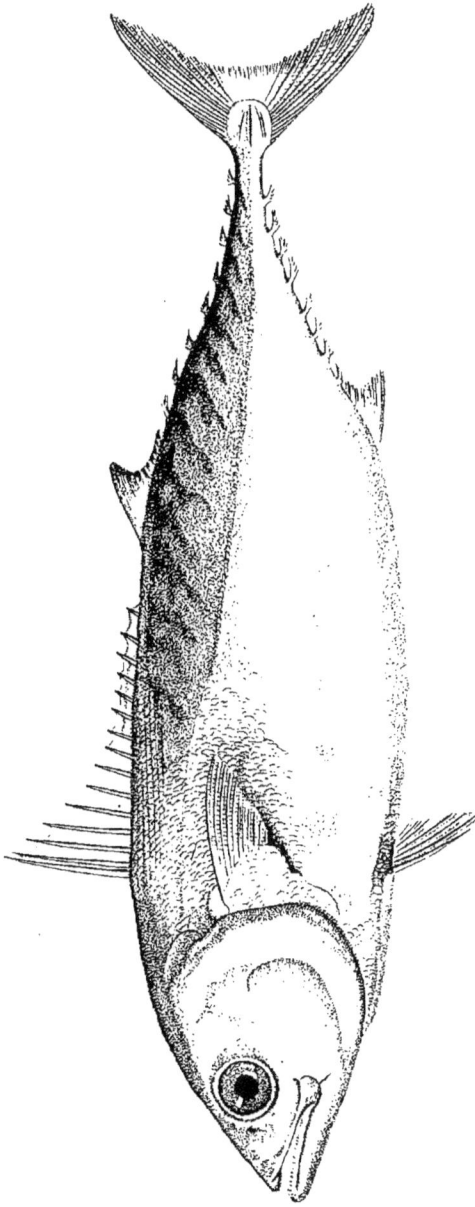

THYNNUS brevipinnis. nv.

Rousseau sculp.

ventre; mais le long de l'épine il prend une épaisseur et un éclat très-remarquables.

Son squelette a trente-neuf vertèbres, et ressemble en général à celui du thon, à l'exception des différences qui se montrent déjà à l'extérieur.

C'est un jeune de cette espèce à pectorales courtes que Rondelet représente (p. 245) et qu'il nomme *pelamys vera*, seu *thunnus Aristotelis*; mais lorsqu'il veut le caractériser par la nudité absolue et par l'absence d'écailles même dans la région pectorale, il y a lieu de croire qu'il ne décrit que des individus où les écailles du corselet étaient tombées : nous ne connaissons du moins aucun thon qui en soit dépourvu.

C'est aussi à cette espèce que nous rapportons la figure 5, pl. 7, de Duhamel, intitulée *thonin, sorte de pélamide.*

Les auteurs italiens ou provençaux n'en parlent point, et nous ne le trouvons pas même dans les ouvrages de M. Rafinesque; mais nous soupçonnons que c'est le poisson dont parle Duhamel comme d'une espèce particulière de thon, qui se prend quelquefois avec les germons ou *alilonghi* dans les madragues de Sicile. Il le nomme *ancicoti*; mais c'est probablement un nom estropié, qu'il faut lire *alicorti*.

Les pêcheurs de Nice ne paraissent pas le

distinguer non plus; ils lui donnent le nom
de *thon*, et M. Laurillard, qui a passé un printemps à Nice, n'y a pas vu prendre le vrai
thon de notre premier article.

La taille ordinaire de l'espèce est de trois
pieds.

Le Thon d'Amérique.

(*Thynnus coretta*, nob.)

La mer des Antilles possède un thon qui
semble intermédiaire entre le thon à pectorales courtes et le thon commun.

Ses pectorales sont en forme de faux et, comme
dans le thon commun, à peu près du cinquième de
la longueur totale; mais sa deuxième dorsale et son
anale sont basses, comme dans le thon à pectorales
courtes. Son corselet est aussi taillé comme dans ce
dernier. Je ne lui trouve que huit fausses nageoires
dessus et sept dessous; celles qu'on pourrait y ajouter tiennent de si près à la nageoire qui les précède,
qu'on n'a guère le droit de les compter.

B. 7; D. 13 — 1 — 2/12 — VIII; A. 2/12 — VII; C. 35; P. 31;
V. 1/5.

La couleur dans la liqueur paraît plombée en
dessus, argentée en dessous, sans taches ni bandes.

Ce poisson nous a été envoyé de la Martinique par M. Plée. Nos colons le nomment
bonite, et ont transféré le nom de *thon* à une
autre espèce, dont nous parlerons bientôt au

chapitre des *auxides*. L'individu n'a que onze pouces; mais le voyageur qui nous l'a adressé nous assure que l'espèce devient aussi grande que le thon d'Europe.

Il y a grande apparence que c'est cette espèce qui est le *scombrus major torosus* de Sloane [1], bien que les nombres des rayons et ceux des fausses nageoires ne s'accordent pas. A cette époque on faisait peu d'attention à ces détails. Mais qui pourrait comprendre comment Bloch, dans son Système posthume, a imaginé de faire de cette figure de Sloane un synonyme du *scomber pelagicus* de Linnæus, qui est notre coryphène à tête oblongue, et surtout comment il a mis le tout dans son genre des *cichles* [2] ?

Ce thon américain, ou cette *bonite* de nos îles, est probablement aussi le *bonito* ou *thynnus corpore crassiori et breviori pinnulis superioribus novem, inferioribus octo* de Brown [3]; car ce ne peut être que par erreur qu'il ne lui compte que quatre rayons aux ouïes. Cet auteur en parle comme d'un poisson dont la chair est sèche et peu estimée, quoique nourrissante et salubre.

---

1. *Jamaic.*, t. 1, pl. 1, fig. 3. — 2. Bl. Schn., p. 341, n.° 20. — 3. *Jamaic.*, p. 451.

Il doit y avoir aussi des thons dans la mer
des Indes, car j'en vois un, et même assez bien
représenté, dans le *dangiri-mangelang* de Renard (l. I, pl. 36, fig. 189). L'original, dans le
recueil de Corneille de Vlaming (pl. 2), est
encore bien mieux fait et ne laisse aucun
doute sur son sous-genre. La deuxième dorsale et l'anale y sont plus élevées que dans le
thon commun; mais les pectorales y ont à peu
près la même longueur. Il y a neuf fausses nageoires. Sa couleur est bleue en dessus, argentée en dessous, comme dans le thon vulgaire.

Le *dondieuw* de Renard (pl. 23, fig. 124)
paraît également être un thon, bien que sa
première dorsale y soit coupée comme dans
un maquereau; mais l'original de Corneille de
Vlaming la prolonge et la rapproche de la
seconde, comme dans les thons. Cet original
n'a que neuf fausses nageoires dessus et huit
dessous. Renard, en le copiant, les a trop
multipliées.

La Thonine, *ou* Touna.

(*Thynnus thunnina*, nob.)

Outre le thon commun et le thon à pectorales courtes, la Méditerranée possède plusieurs poissons fort semblables à ces deux-là,

parmi lesquels il en est un qui nous a été apporté de Marseille par feu Delalande, sous le nom de *tonnine;* dénomination que nous ne trouvons point comme celle d'une espèce dans les auteurs du seizième siècle, ni dans leurs successeurs. Rondelet (p. 249) l'emploie seulement comme signifiant le thon salé : *Membratim et in assulas dissectus sale conditur et in cadis asservatur. Nostri tonnine appellant; Itali tarantella.* Mais il est arrivé chez les modernes ce dont nous avons plus d'un exemple chez les anciens, c'est que du nom d'une préparation on a fini par faire celui d'une espèce de poisson.

Indépendamment de sa grandeur, ce poisson est très-remarquable par les lignes noires, contournées et anguleuses qui couvrent son dos, et qui sont le caractère le plus apparent par lequel il se distingue des deux espèces de thons; et cependant je ne vois que M. Risso[1] qui l'ait encore décrit distinctement. Il en a très-bien parlé sous le nom de *touna,* qu'il porte à Nice; mais il a eu, dans sa première édition, l'idée malheureuse de le croire le même que l'espèce des Indes que M. de Lacépède a fait graver d'après un dessin de Com-

---

1. Ichtyologie de Nice, p. 163.

crure au-dessus de la ligne latérale pénètre en avant
jusque vis-à-vis le septième ou le huitième rayon
de la première dorsale; et sa pointe latérale ne va
en arrière que jusque vers le douzième ou le treizième.

Dans la partie lisse on aperçoit beaucoup moins
l'existence des écailles, et il semble même à l'œil
qu'il n'y en ait aucunes.

Cette partie lisse est sur le dos d'un bleu brillant,
avec de larges lignes noires, ondulées et repliées de
diverses manières, et dans les intervalles par-ci par-
là un ou deux points ou taches rondes. Vers la
queue ces lignes deviennent un peu plus parallèles
et vont en montant obliquement en arrière, mais
elles sont toujours ondulées et quelquefois branchues. Il y en a aussi quelque peu au-dessous de la
ligne latérale sur le devant. Les côtés de la tête, les
flancs et le ventre sont argentés; quelques taches
noires y sont semées irrégulièrement.

Cette thonine devient fort grande; nous en
avons de deux pieds dix pouces de longueur.

M. Risso (p. 165) lui attribue à peu près
la même taille, et dit qu'elle pèse quelquefois
plus de trente livres. Il ajoute que sa chair est
d'un beau rouge et d'un bon goût, et qu'on
en prend en Mai, en Juillet et en Octobre
dans la madrague de Nice.

Selon M. Rafinesque[1], l'*allitteratus* est plus

---

1. Rafinesque, *Caratteri*, p. 46.

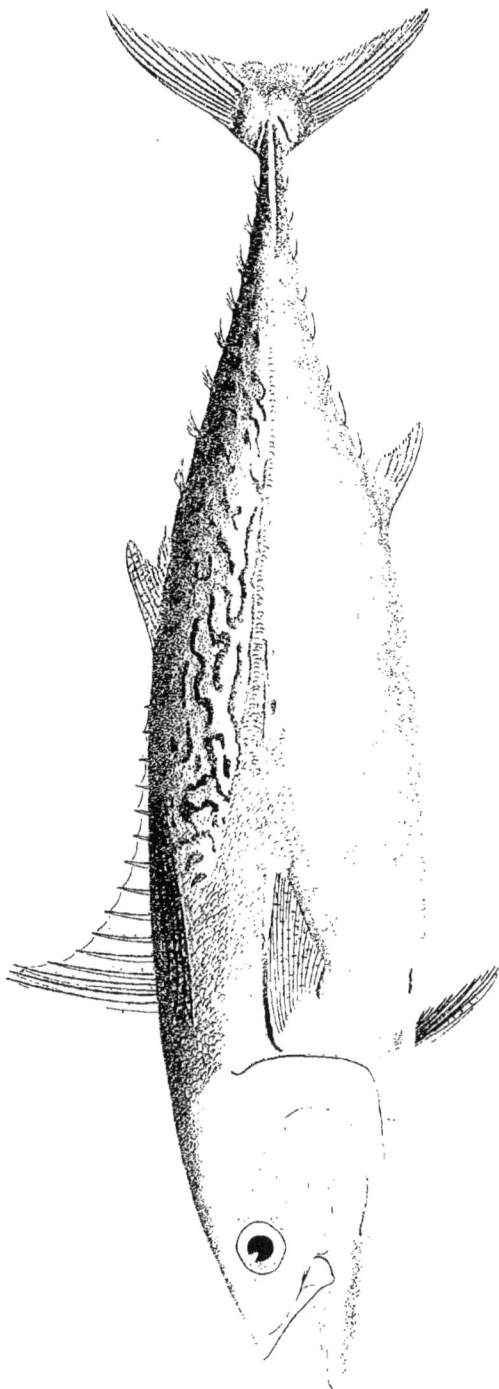

LA THONINE.

Werner del.

THYNNUS thunnina. n.

Pedretti sculp.

Impr.e de Langlois

rare en Sicile que les autres espèces de scombres : on ne le sale point ; ceux que l'on prend se mangent frais et sont peu estimés. D'ordinaire il n'a pas deux pieds ; mais on en prend aussi dans les madragues de trois ou de quatre pieds. Son corps est plus comprimé que dans les autres. *Alletteratu* ou *litteratu* est son nom vulgaire dans le val de Mazara ; à Messine, à Catane, à Syracuse on le nomme *covaritu*. [1]

Nous n'avons du squelette de la thonine que la tête ; comparée à la tête osseuse du thon, elle présente plusieurs différences. L'ensemble du crâne est plus large à proportion. La crête mitoyenne n'est pas fendue dans sa longueur, mais seulement percée dans son milieu. L'orbite est plus petit à proportion. Les crêtes intermédiaires ne se portent que jusque sur son tiers postérieur ; dans le thon elles vont plus avant et jusque sur son tiers postérieur. Le trou d'entre le frontal et le pariétal est beaucoup plus petit, etc.

Aristote et quelques autres auteurs parlent de la thynnide comme d'un poisson différent du thon. [2]

Nous trouvons que les Athéniens appelaient *thon* ce que les autres nommaient *thynnide*. [3]

---

1. Rafinesque, *Indice*, p. 20 — 2. Aristote, *Hist. an.*, l. VIII, c. 13, et l. IX, c. 2 ; Speusippe, *ap. Athen.* ; t. VII, p. 303. — 3. Athénée, *ib.*

Et d'un autre côté, Héracléon d'Éphèse rapporte que les Athéniens appelaient *orcynus* le thon ordinaire. Or, *orcynus* en général était le thon le plus grand.

La thynnide était donc probablement une espèce inférieure, et tout nous porte à croire que c'était précisément notre *thonine* ou *touna*. Cette terminaison féminine des deux noms nous semble donner de la vraisemblance à cette idée. On a pu remarquer dans tout le cours de cette histoire combien il s'est conservé dans la Méditerranée de traces de la nomenclature des anciens.

Selon M. Isidore Geoffroy, le *scomber quadro-punctatus* de son père, qui est notre thonine, se nomme *tenn* à Alexandrie. C'est sans doute une corruption du mot *thon*.

La Thonine du Brésil.

(*Thynnus brasiliensis*, nob.)

Nous avons reçu du Brésil par feu Delalande une thonine qu'il nous est presque impossible de distinguer de celle de la Méditerranée.

Son préopercule est un peu plus court, plus également arrondi, et elle a les derniers rayons de sa dorsale plus bas et plus grêles; mais du reste même taille, même corselet, même nombre de rayons

(D. 15—11—VIII; A. 11—VII; C. 25; P. 25; V. 1/5)
et mêmes couleurs, sauf quelques différences dans
les linéamens noirs du dos, qui probablement varient d'un individu à l'autre.

Delalande nous a aussi procuré un squelette
de cette thonine du Brésil.

Il est long de dix-huit pouces, et la structure
de ses vertèbres dans leur partie inférieure est très-
différente de celle des thons et des maquereaux. A
compter de la huitième, leurs apophyses épineuses
inférieures se bifurquent, et les branches se bifurquent encore, de manière à former un long canal
entouré comme d'une espèce de réseau, qui va en
se rétrécissant jusque dans la queue, où il se ferme,
et où il y a des pointes inférieures simples pour
porter les interosseux de l'anale. Les vertèbres y
sont en totalité au nombre de trente-huit. Les neuf
ou dix premières paires de côtes y sont comprimées
et tranchantes comme des fers de faux ; ensuite
elles deviennent grêles, et se rapprochent les unes
des autres, pour finir par s'attacher aux premiers
interosseux de l'anale.

La tête de ce squelette, comparée à celle de la
thonine de la Méditerranée, offre aussi quelques différences : le crâne en est plus étroit; ses crêtes mitoyennes s'avancent encore moins sur l'orbite.

La THONINE A PECTORALES COURTES.

(*Thynnus brevipinnis*, nob.)

La Méditerranée produit une thonine très-semblable à la *commune* par tous les détails et même par les couleurs; mais dont les pectorales sont beaucoup plus courtes.

> Leur longueur est comprise près de neuf fois dans celle du corps. La seconde dorsale et l'anale sont aussi sensiblement plus petites.
>
> B. 7; D. 15 — 2/12 — VIII; A. 2/12 — VII; C. 35; P. 26; V. 1/5.

Cette thonine se comporte vis-à-vis de l'*ordinaire* comme le thon à nageoires courtes vis-a-vis du thon commun. Son squelette est fort semblable à celui de la thonine du Brésil; néanmoins il se distingue et de cette espèce et de celle d'Europe par un trait bien caractéristique. Quoique pris d'un petit individu, il n'a point à la tête les trous latéraux entre les frontaux et les pariétaux.

On ne peut donc douter que ce poisson ne soit d'une espèce particulière.

Il y a aussi des thonines dans la mer Rouge, car M. Valenciennes en a vu une tête parmi les poissons rapportés de cette mer par M. Ehrenberg.

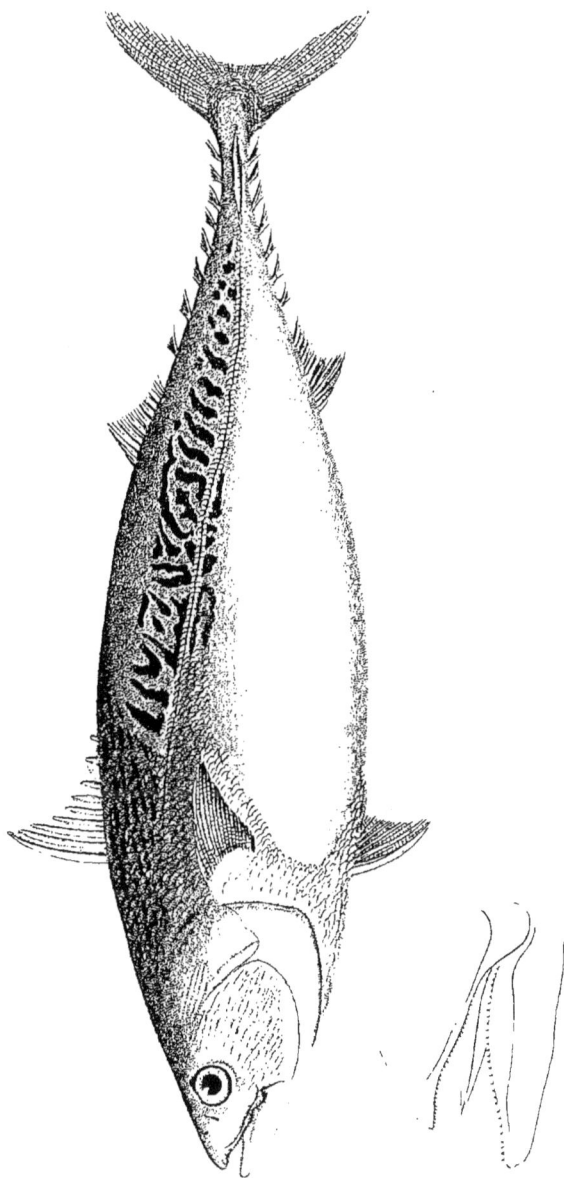

AUXIDE commune.

Werner del.

Impr.e de Langlois.

AUXIS vulgaris. n.

François sculp.

La BONITE A VENTRE RAYÉ.

(*Thynnus pelamys*, nob.; *Scomber pelamys*, Linn.)

La *bonite à ventre rayé*, très-différente de celle à *dos rayé*, dont nous parlerons plus bas, et qui est une pélamide, tient beaucoup de la thonine pour les formes;

néanmoins sa tête est plus longue, son museau plus pointu et son corselet plus étendu; mais ses dents sont comme dans le thon et dans la thonine. Sa hauteur aux pectorales est quatre fois dans sa longueur. Sa tête n'y est guère que trois fois et quelque chose, et a à la nuque en hauteur un peu plus des deux tiers de sa longueur. La première épine de sa dorsale est encore un peu plus forte et plus haute que dans la thonine. Son corselet est aussi plus étendu, sans l'être autant que dans le thon. Son échancrure supérieure ne va que jusque vis-à-vis la huitième épine de la dorsale, et elle est fort étroite. Les écailles qui en forment la partie supérieure, le long de la dorsale, sont plus fortes, ont leur partie apparente à peu près carrée, et forment ainsi quatre ou cinq rangées régulières; mais au fait elles sont deux fois plus longues que larges. La longueur de sa pectorale est six fois et demie dans la longueur totale; l'étendue de sa caudale d'une pointe à l'autre n'y est guère plus de trois fois.

D. 15 — 1/12 — VIII; A. 2/12 — VII; C. 35; P. 27; V. 1/5.

La couleur de ce poisson le fait aisément distinguer. Son dos et ses flancs sont d'un bleu brillant

d'acier, avec des reflets verts et roses. Son abdomen
est argenté, avec huit bandes longitudinales brunes,
quatre de chaque côté, qui s'étendent depuis la gorge
jusqu'à la caudale, ou ne se perdent du moins que
sous la partie mince de la queue.

Nous avons un individu de cette espèce,
long de deux pieds et demi, de Rio-Janéiro,
d'où il a été rapporté par M. le duc de Ri-
voli, et deux autres de deux pieds, de la mer
des Indes, donnés par M. Dussumier. Comme
ils sont desséchés ou vides, nous n'avons pas
pu en faire l'anatomie, et Commerson, qui
l'avait faite, dit avoir perdu les notes qu'il en
avait prises : il se souvient seulement qu'elle
était assez différente du germon. Nous trouvons du moins dans Osbeck qu'elle a une
vessie natatoire.

C'est ici la bonite des tropiques dont presque tous les navigateurs parlent, et qui est si
célèbre par la chasse qu'elle donne en grandes
troupes aux poissons volans. Osbeck l'a très-
bien décrite dans son Voyage (n.° 67, p. 87,
de l'édition allemande); et c'est sur sa description et sur celle de Lœfling, qu'il avait reçue en
manuscrit, que Linnæus a établi son *scomber
pelamis.*[1]

---

1. Dixième édition, p. 297, et les éditions suivantes.

Osbeck avait vu ce poisson en quittant les
Canaries. Pernetty l'a vu en revenant des Malouines en France, et en donne une figure[1]
reconnaissable, quoique mauvaise, et dont je
ne parle que parce que Bloch l'a rapportée mal
à propos à son *scomber sarda* ou bonite à dos
rayé (notre *pelamis sarda*). Commerson l'a-
vait aussi très-bien reconnu, et en avait laissé
une description parfaitement détaillée, ainsi
que plusieurs dessins; mais il eut le malheur
de confondre l'espèce avec celle de la bonite
à dos rayé, poisson si différent qu'il appartient
même à un autre sous-genre : il a été fidèle-
ment copié sur ce point, comme sur tout le
reste, par M. de Lacépède (t. III, p. 14), qui
même, pour représenter la bonite en général,
et par conséquent l'espèce à dos rayé comme
celle à ventre rayé, n'a fait graver qu'une des
figures laissées par Commerson et la moins
correcte de toutes (t. II, pl. 20, fig. 2).

Brünnich, de son côté, avait commis une
faute inverse; il avait regardé la bonite ou
palamide de Marseille, qui est l'espèce à dos
rayé, comme le *scomber pelamis* de Linnæus[2],
qui est notre espèce actuelle, et Bloch lui-

---

1. Pernetty, Voyage, t. II, pl. 3, 1. 6.
2. *Pisc. massil.*, p. 68 et 69.

même n'a rétabli que dans son Système posthume la distinction de ces deux espèces.

Cette bonite à ventre rayé a, comme on
voit, été surtout observée dans l'Océan. Nous
n'oserions ni affirmer ni nier qu'elle se trouve
dans la Méditerranée. Ce qui est certain, c'est
qu'aucune des descriptions ni des figures faites
dans cette mer ne la représente, et que nous
ne l'en avons jamais reçue.

M. de Laroche [1] croit que la pélamide
d'Iviça pourrait être le *scomber pelamis* de
Linnæus ; mais ce n'est que notre *pelamis
sarda*, ou l'adulte de son *scomber mediterraneus*. Plus loin il nomme et décrit les deux
bonites comme habitantes de la Méditerranée ;
mais je crains que ces descriptions ne soient
tirées de M. de Lacépède et de Bloch plutôt
que faites sur la nature. Cependant on pourrait croire qu'il a pour lui Forskal, qui, parlant des *pelamides* des Grecs modernes, ou
palamit des Turcs de Constantinople, ne leur
donne que quatre lignes latérales peu apparentes : *Lineæ quatuor nigræ corporis non
manifestæ* [2], indication qui semble mieux convenir à l'espèce dont nous parlons qu'au *sarda*,

1. Annales du Muséum, t. XIII.
2. Forskal, *Faun. arab.*, p. 16.

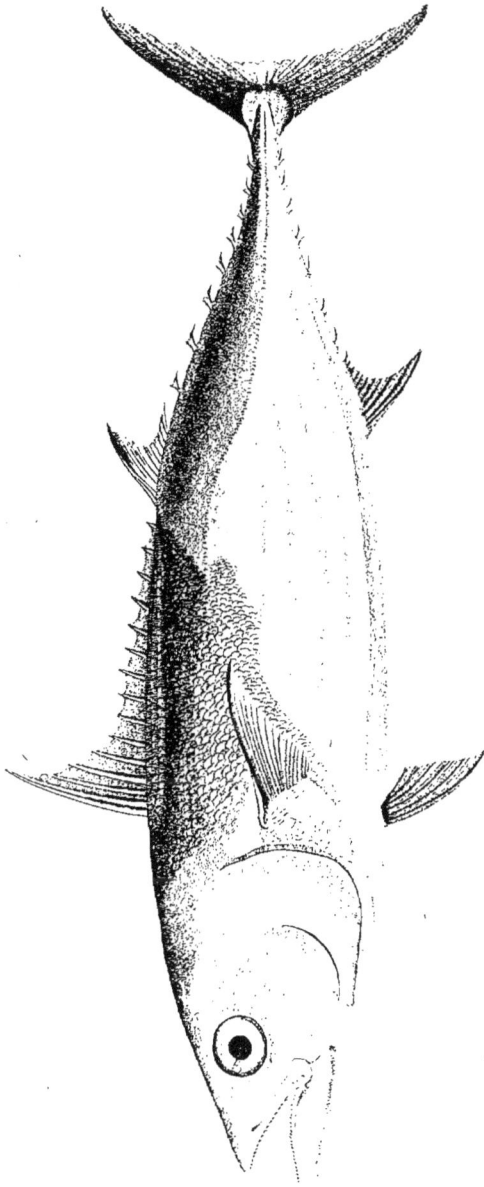

BONITE à ventre ravé.

Impr. de Langlois.

THYNNUS pelamys. r. n.

Pedretti sculp.

mais qui n'est malheureusement accompagnée
d'aucun autre détail, pas même du nombre
des rayons, qui aurait tout décidé. C'est donc
une question sur laquelle nous appelons encore l'attention des naturalistes.

Commerson, qui connaissait bien la bonite
à ventre rayé, et qui l'avait vue en grand nombre dans la mer Atlantique entre les tropiques,
croyait avoir retrouvé la même espèce dans
la mer Pacifique. Effectivement, je trouve la
figure d'un poisson très-semblable dans notre
imprimé japonais sur les poissons, et il y en
a aussi une autre dans le recueil de Renard
(t. I, pl. 20, fig. 3). L'original de celle-ci, dans
le recueil de Corneille de Vlaming, porte que
le poisson fut pris le 24 Janvier 1623 par les
7° 3' de latitude sud et par les 116° 34' de
longitude, c'est-à-dire assez près du détroit de
la Sonde. Son nom malais y est marqué *dombo*.
J'en trouve aussi un dessin parmi ceux de
Forster, et M. Lesson en a décrit et dessiné à
Otaïti et dans l'archipel Dangereux, où les
indigènes connaissent l'espèce sous le nom de
laïé : il en a vu des troupes nombreuses par
les 131° de longitude et 16° de latitude sud.
M. de Humboldt[1] décrit sous le nom de *va-*

---

1. Observations de zoologie, t. II, p. 190.

riletta un poisson de la côte d'Amérique sur la mer du Sud, qui ne peut être qu'une bonite à ventre rayé[1]; enfin, M. Dussumier vient d'en rapporter deux individus, pris entre la côte d'Afrique et les Maldives, par les 85° de longitude orientale.

Cette bonite se nourrit surtout de poissons volans et de calmars[2]; mais elle ne refuse pas les autres poissons : M. Lesson[3] a trouvé un scombrésoce dans son estomac, et Commerson y a vu de petites coquilles et jusqu'à des herbes marines. Les matelots ont une façon assez amusante de la prendre, en suspendant à une ligne dans l'air un poisson de plomb, auquel on adapte des plumes pour lui donner quelque ressemblance avec un exocet.[4]

Sa chair, selon Osbeck, bien que mangeable, est sèche et peu agréable[5], et M. Dussumier est du même avis. Commerson dit, au contraire, qu'elle n'est point mauvaise, soit bouillie, soit grillée, et même que le bouillon de sa tête passe parmi les marins pour délicieux. Selon MM. Lesson et Garnot, elle est

---

1. M. de Humboldt lui attribue trente-deux rayons aux ventrales; mais évidemment il aura compté les branches au lieu des tiges.

2. Osbeck, *loc. cit.*; Pernetty, *loc. cit.* — 3. Lesson et Garnot, manuscrits. — 4. Osbeck, *loc. cit.* — 5. *Id., ib.*

ferme et un peu sèche, et parfois elle se trouve vénéneuse. Les officiers de l'équipage de M. Duperrey en furent un jour très-incommodés : les uns se virent couverts de rougeurs exanthémateuses très-vives, suivies de chaleurs, de sueurs et de violens maux de tête ; les autres eurent des coliques et des diarrhées très-fortes.

Déjà l'on trouve dans Merola que la bonite des côtes d'Afrique, colorée en jaune et en vert, est un manger pernicieux qui cause une mort subite.[1]

M. de Humboldt dit de son *variletta* que sa chair est peu estimée, insipide et très-molle.

Cette espèce est plus qu'aucune autre tourmentée par des vers intestinaux de plusieurs sortes. Commerson la représente comme très-misérable sous ce rapport. Il a trouvé dans les intestins des ascarides et des tænia, sous son péritoine des fascioles, dans son estomac des filaria et encore d'autres espèces. Nous trouvons des observations semblables dans les manuscrits de Solander.

---

1. Duhamel, sect. 7 p. 210.

Le Germon. [1]

(*Thynnus alalonga*, nob.; *Scomber alalonga*, **Gm.**)

Après ces divers thons et thonines à pectorales courtes ou médiocres, nous devons placer le thon à très-longues pectorales, appelé
en Italie *alalonga*, et dans le golfe de Gascogne *germon*.

Un des faits les plus singuliers de l'histoire
de l'ichtyologie, c'est que ce poisson de nos
mers, si grand, si remarquable par ses caractères et par la bonté de sa chair, et dont on
fait sur plusieurs des côtes de l'Europe des
pêches considérables, n'ait presque pas été
connu des ichtyologistes. Ceux du seizième
et du dix-septième siècle n'en ont point parlé.
Barbot, le premier, en 1732, en a donné une
figure, exacte à la vérité, et avec ce titre de
germon, mais sans autre explication [2]. Il n'en
est question ni dans Willughby, ni dans Artedi, ni dans Linnæus; et Cetti, étonné de ce

---

1. J'avais dans mon Règne animal distingué le germon comme
sous-genre, sous le nom d'*orcynus*, d'après la longueur de ses
pectorales; mais cette distinction n'est plus admissible d'après les
passages qu'établissent le germon à écharpe et le germon à ventre
rayé.

2. Barbot, dans la Collection des voyages de Churchill, t. V,
pl. 29.

silence, se demande si l'apparition de cette espèce sur les côtes de l'Europe serait nouvelle.[1]

Ce qui paraîtra encore plus étrange, c'est que Cornide ne l'ait pas nommé dans son Histoire des poissons de Galice, tandis que c'est sur les côtes de Galice et de Biscaye qu'on en prend le plus.

Duhamel, qui avait reçu des mémoires fort exacts sur sa pêche, les a placés dans l'histoire de la bonite, et a mis en même temps dans celle du thon sa figure et son anatomie, qu'il empruntait, sans le dire, des manuscrits de Duverney et de Lahire.[2]

Bloch, copiste de Duhamel, a rapporté, comme lui, à la bonite ce qu'il prenait dans son ouvrage[3], tandis qu'il rapportait au thon une figure de germon faite par Plumier[4]. Le germon a disparu ainsi en quelque sorte de l'histoire naturelle, pour ne se remontrer dans M. de Lacépède (t. III, p. 1) que d'après Commerson et comme un poisson de la mer Pacifique.

---

1. Cetti, *Hist. nat. sard.*, t. III, p. 191. — 2. Pêches, part. 2, sect. 7, p. 207. — 3. Bloch, grande Ichtyologie, part. 10, p. 36. — 4. *Idem*, part. 2, p. 87 et 94. Cette figure de Plumier a été gravée par Gauthier (Observ., 1756, pl. 20), mais confondue aussi avec le thon.

Le germon de la Méditerranée a éprouvé un sort non moins bizarre. Duhamel (p. 203) n'en cite que le nom d'*alilonghi* comme d'un poisson qui se prend quelquefois en Sicile avec le thon. Cetti [1] l'a fait connaître plus en détail, et assez tard, en 1778, sous le nom à peu près semblable d'*ala-longa,* qu'il porte en Sardaigne, et qui marque si bien son principal caractère; mais Gmelin, en copiant Cetti, a fait une faute d'impression, et a mis *alatunga.* Dès-lors chacun a fait un scombre *alatunga* [2], que personne ne sait où retrouver, tandis que nos deux mers offraient en abondance l'espèce dont on avait altéré le nom. Bloch même, qui cite quelquefois Cetti dans son Système posthume, n'a rien dit de cette espèce.

C'est feu Noël de la Morinière qui a commencé à débrouiller l'histoire de notre germon de l'Océan, dans un mémoire qu'il présenta à l'Institut en 1813 sur sa pêche, mais où il n'en donna point de description. Pour pouvoir en faire une d'après nature, nous nous sommes adressés à M. d'Orbigny, correspondant du Muséum à la Rochelle, qui a poussé l'obligeance jusqu'à s'embarquer avec les pê-

---

1. *Hist. nat. sard.*, t. III, p. 191.
2. Lacépède, t. III, p. 21; Shaw, t. IV, part. 2, p. 590, etc.

cheurs pour se procurer et pouvoir nous envoyer des individus en meilleur état. C'est
d'après ceux que nous lui devons, que nous
allons traiter de cette espèce intéressante.

Le germon de l'Océan est un beau et grand poisson, qui ressemble au thon par la plupart de ses
détails, mais qui s'en distingue par un trait fort
frappant : des pectorales qui ont en longueur le
tiers de celle du corps, et dont la pointe se porte
jusqu'au-delà de l'anus.

Sa hauteur est quatre fois et demie dans sa longueur, et son épaisseur fait les deux tiers de sa
hauteur. La longueur de sa tête n'est que trois fois
et demie dans celle du corps. Le diamètre de l'œil
est quatre fois et demie dans la longueur de la tête.
Le museau est long d'un diamètre d'œil et demi,
et la partie de la tête derrière l'œil de deux diamètres et quelque chose. La bouche n'est fendue
que jusque sous le bord antérieur de l'œil. Les dents
sont aussi petites et aussi peu serrées que celles du
thon. Il y a à chaque palatin une bande de velours
très-ras, et la langue en est aussi garnie. Le préopercule n'est courbé ni en cercle ni en ellipse, mais
comme tronqué ou cerné de trois lignes dont les angles de rencontre sont arrondis. L'ensemble operculaire est arrondi en demi-cercle. La pectorale, étroite,
longue, pointue et arquée, a exactement la forme
d'un fer de faux; elle s'attache au milieu de la
hauteur du poisson; sa pointe va plus loin que la
deuxième dorsale et que le milieu de l'anale. On

y compte trente-cinq ou trente-six rayons, dont les derniers sont fort courts. Le corselet lui prête un sillon presque aussi long qu'elle, et contre lequel se place son bord supérieur quand elle se rapproche du corps. Ce corselet est presque aussi étendu que dans le thon. Au-dessus de la ligne latérale il n'est échancré que jusque vis-à-vis la dixième épine dorsale. Sa pointe mitoyenne se porte autant en arrière que la pectorale elle-même.

Les ventrales naissent exactement sous la base des pectorales, et n'ont pas le tiers de leur longueur; l'épine de leur bord extrême est grêle et presque aussi longue que le premier rayon mou; elles sont très-rapprochées l'une de l'autre. L'écaille qui est entre elles, se terminant par une double pointe, semble leur donner un rayon de plus qu'à l'ordinaire; mais ce n'est qu'une illusion. Il y a aussi un sillon au ventre, contre lequel se loge leur premier rayon.

La première dorsale occupe presque tout le tiers intermédiaire de la longueur du poisson : elle a quatorze épines assez fortes; les deux ou trois premières sont les plus longues, et ont un peu plus du tiers de la hauteur du corps sous elles; les autres diminuent, et la dernière est fort basse; mais il y en a ensuite trois qui s'alongent par degrés, et sont enveloppées dans le bord de la seconde dorsale. Celle-ci est pointue de l'avant, et à peu près aussi haute que la première, mais fort courte et très-basse de l'arrière; on y découvre au travers des écailles, outre les trois épines, douze rayons mous, dont les derniers sont très-courts : elle est suivie de huit

fausses nageoires. L'anale commence vis-à-vis sa seconde moitié, et est un peu plus haute, mais d'ailleurs de même forme; elle a aussi trois épines et
douze rayons mous; huit fausses nageoires viennent
après elle. La queue, ses carènes et la caudale sont
comme dans tout le genre; d'une pointe à l'autre de
la caudale la distance est de plus du quart de la longueur totale.

Tout le dos et les flancs du germon sont d'un bleu
noirâtre, qui pâlit sous le ventre et s'y change en
argenté. Certains individus ont sous la ligne latérale,
dans le bleu, des lignes argentées, et qui descendent
obliquement en avant, à peu près parallèlement à
la ligne du dessous de la queue, jusqu'à ce qu'elles
rencontrent le corselet. J'en ai compté sept à huit.

Nous avons reçu de M. d'Orbigny des germons
de trente pouces et plus de longueur, mais il y
en a de plus grands : leur poids va souvent à quatre-
vingts livres.

Le foie du germon ne s'étend pas beaucoup dans
la cavité abdominale. Le lobe gauche est déprimé,
aplati, et a la forme d'un cœur de carte; son bord
gauche se prolonge un peu dans le haut de l'hypocondre en une sorte de petit lobule, qui se con-
tourne sur l'œsophage. Le lobe droit est triangulaire, peu épais, et donne attache à une vésicule du
fiel étroite, mais très-longue; elle adhère par du tissu
cellulaire au dernier repli de l'intestin, qu'elle suit
presque jusqu'à l'anus.

L'œsophage est court, et donne dans un grand
estomac pointu, plissé à l'intérieur. La branche qui

va au pylore naît sous le foie; elle se porte en arrière entre les deux lobes du foie, et se rétrécit par un étranglement assez fort qui marque le pylore. Il est muni d'un cœcum assez gros, qui se ramifie en un grand nombre de branches, terminées chacune par une houppe de ramuscules très-fins, qui s'enfoncent dans une sorte de parenchyme propre à chaque branche. Ces corps sont assez fortement réunis entre eux, et forment ainsi une masse, qui a l'apparence d'une forte glande amygdaloïde. Disséqué, cet amas de corps glanduleux ressemble à une grappe de raisins, et c'est dans cet état que Duhamel nous en a laissé une assez bonne figure, prise d'un manuscrit de Duverney.

L'intestin remonte sur le lobe droit du foie, puis il fait un double repli avant de se rendre à l'anus.

La rate est assez grosse, alongée, noirâtre et attachée auprès du premier repli de l'intestin dans la partie postérieure de l'abdomen.

Je n'ai rien pu voir sur les organes génitaux. Il n'y a pas de vessie natatoire. L'épaississement que le péritoine prend dans les thons le long de l'épine, est ici très-considérable et a un éclat d'argent mat.

La tête osseuse du germon ressemble beaucoup à celle du thon, si ce n'est que sa largeur proportionnelle est un peu moindre, et que les trous de son crâne sont un peu plus petits.

Le premier arceau des branchies a de longues pectinations garnies de velours ras à leur tranchant interne; les autres, ainsi que les osselets qui les réunissent, sont couverts de plaques également

garnies de velours ras, et ont à leur face postérieure
de légères proéminences garnies de dents un peu
plus fortes. Les pharyngiens supérieurs sont petits
et isolés, les inférieurs sont très-alongés; tous ont
des dents en velours.

Le squelette du germon a quarante vertèbres,
toutes, excepté les cinq dernières, plus longues
que larges et creusées de deux fosses de chaque
côté : les dix premières ont des apophyses transverses courtes et des côtes doubles, dont les supérieures sont grêles, et les inférieures comprimées,
larges, tranchantes et semblables à des fers de faux
portés sur des manches courts. Les vertèbres suivantes, jusqu'à la dix-huitième, ont en dessous des
anneaux qui produisent une apophyse épineuse, au
bout de laquelle s'attache la paire de côtes inférieures : ces côtes-là sont grêles et longues, et les
dernières se rapprochent en un faisceau qui va aider
à porter les interosseux de l'anale. Il y a de plus,
à compter de la seizième, des apophyses descendantes plus courtes, qui forment de doubles anneaux entre elles et des apophyses semblables de
la vertèbre voisine : ils continuent entre les apophyses épineuses des vertèbres caudales, dont la
première n'est guère, à proprement parler, que la
vingtième ou la vingt-unième. Les côtes supérieures
se continuent au reste sur presque toute la queue,
mais en devenant de plus en plus courtes. Les cinq
premières vertèbres ont leurs apophyses épineuses
dilatées et en partie soudées entre elles. C'est à la
trente-troisième vertèbre que commence la carène

latérale de la queue, et elle se continue jusqu'à la trente-sixième : les trois dernières sont très-courtes et portent les racines des rayons de la caudale.

Le germon passe pour venir du grand Océan dans le golfe de Gascogne. Il y arrive en troupes nombreuses vers le milieu du mois de Juin; quelquefois on en voit dès le mois de Mai, et l'on en rencontre jusqu'en Octobre : son apparition a lieu en général deux mois après celle du thon. Les pêcheurs de Biscaye se livrent à sa pêche dès qu'il se montre dans leurs eaux. Ceux de Saint-Jean-de-Luz vont la faire sur des fonds vis-à-vis de Saint-Sébastien; ils la continuent jusqu'à l'embouchure de l'Adour, et ne s'avancent point au-delà de l'extrémité sud du bassin d'Arcachon. Les pêcheurs de l'île d'Yeu, qui y consacrent plus d'hommes et d'embarcations que ceux de Saint-Jean-de-Luz, se rendent aussi sur les côtes de Biscaye, vis-à-vis de Saint-Sébastien : ils y passent quinze jours, après lesquels ils viennent vis-à-vis du bassin d'Arcachon; puis ils remontent jusqu'aux environs de leur île, et plus au nord jusqu'à Bellisle. Ils prennent d'ordinaire treize à quatorze mille germons dans leur campagne.

Les lignes pour cette pêche ne doivent pas avoir moins de quatre-vingts brasses. La meilleure amorce est de l'anguille salée; mais le germon, qui est très-vorace, se laisse prendre aussi à des appâts factices, tels qu'un morceau de basin blanc, ou de toile bleue, taillé en forme de sardine.

Il donne la chasse à tous les poissons qui vivent en troupes; aux mulets, aux sardines, aux anchois : il poursuit les poissons volans, et même ce furent des exocets que M. d'Orbigny trouva dans l'estomac de ceux dont il a fait lui-même la pêche.

Lorsque les germons s'élèvent à la surface de l'eau, leur présence s'y manifeste par un mouvement assez remarquable; mais alors on en prend peu. C'est dans la profondeur qu'on en fait de grandes pêches, et ce n'est que la connaissance des lieux qui peut faire présumer où on les rencontrera.

L'affluence des oiseaux de mer et des poissons volans s'élançant hors de l'eau, est d'un très-bon augure. La pêche donne alors de grands produits, et les bras suffisent à peine pour tirer les lignes et les rejeter à la mer. Une fois que les pêcheurs sont tombés sur un de ces bancs de poissons, ils le suivent jusqu'à ce que les vents de l'équinoxe d'automne aient déterminé la troupe à retourner vers le grand Océan.

8. 9

Un temps couvert, un vent frais, une mer
doucement agitée, sont favorables à cette
pêche. Elle se fait le mieux par les vents de
sud-ouest et de nord-ouest.

La chair du germon pêché en Juillet et en
Août est plus blanche et plus délicate que
celle du thon; mais dans les mois qui précèdent et qui suivent, elle lui est inférieure.
Le germon frais se vend plus cher que le
thon. On le sale en le coupant par tranches,
que l'on empile avec des lits de sel : il devient ainsi une provision utile pour l'hiver;
mais la consommation ne s'en étend guère
au-delà des endroits dont les habitans en font
la pêche, et il ne paraît pas donner lieu à
un commerce étendu. [1]

On croit que le nom de *germon* est une
corruption de l'anglais *warman* (homme de
guerre); qu'il est en usage à l'île d'Yeu dès
le temps que les Anglais étaient maîtres de la
Guyenne et du Poitou, et qu'il se rapporte,
soit à ses grandes pectorales, qui ont l'air
d'armes offensives, soit à sa manière de voya-
ger en colonnes serrées.

Les Basques nomment ce poisson *hegala-*

1. Toute cette histoire du germon du golfe de Gascogne est
extraite d'un mémoire manuscrit de feu Noël, qui en avait recueilli les matériaux sur les lieux.

louchia (aile longue); quelques-uns de nos marins l'appellent aussi *longue-oreille*.

Ce qui peut confirmer l'idée que le germon vient de l'Océan, c'est que les naturalistes de l'expédition de M. Duperrey paraissent en avoir rencontré de petits sous la ligne, au mois de Septembre 1822. La figure et la description qu'ils en ont faites s'accordent avec ce que nous avons vu de cette espèce; mais leurs individus ne pesaient que huit livres. La chair leur en parut très-bonne, mais ne tarda pas à les fatiguer; elle était de couleur jaunâtre.

Bien que Barbot n'ait pas dit où il a eu son germon, il en place la figure avec celles d'autres espèces prises le long de la côte d'Afrique.[1]

Pernetty parle aussi d'une *longue-oreille* pêchée entre les tropiques, qui devait être le germon.[2]

Nous n'avons pas vu par nous-mêmes l'*ala-longa* de la Méditerranée, en sorte que nous le supposons identique avec le germon, seulement d'après les caractères qu'on lui assigne. Je vois même que Cetti et M. Risso s'accordent

---

1. La dorade, la lune, etc. (Barbot, *ap. Churchill*, t. V, p. 497.)
2. Pernetty, Voyage aux îles Malouines, t. II, p. 81.

à ne lui donner que sept fausses nageoires, tant au-dessus qu'au-dessous de la queue, et nous avons bien constaté que le germon de l'île d'Yeu en a huit.

En Sardaigne l'*ala-longa* est très-connu. c'est un poisson de passage, qui vient avec le thon et marche comme lui en troupes de plusieurs milliers; mais on y en prend beaucoup moins, parce que les mailles des thonaires y sont trop larges et calculées pour le thon seulement.

En Sicile, où les rets à grandes mailles sont doublés de rets à mailles plus étroites, on en fait des pêches abondantes, et on le sale comme le thon.

Sa chair, cuite, est très-blanche, à la différence du thon, dont la chair est toujours plus ou moins rouge.[1]

M. Risso dit que l'on en prend de temps à autre dans la madrague de Nice; qu'il parvient au poids de quatre-vingts livres; que sa chair est moins bonne que celle du thon, et que son foie passe parmi les pêcheurs pour donner la fièvre et pour faire écailler la peau.

---

1. Ces détails sont pris de Cetti, *Hist. nat. sard.*, t. III, p. 192 et 193.

LE GERMON

Werner del.

THYNNUS ala-longa. n.

Dequevanviller sculp.

Impr.ᵉ de Langlois.

Le GERMON DE LA MER PACIFIQUE.

(*Thynnus pacificus,* nob.)

Commerson a laissé une figure et une description très-détaillée d'un germon qu'il a vu dans la mer Pacifique, et c'est d'après ces documens que M. de Lacépède a composé son article du *scombre germon.*

La description de Commerson, comparée scrupuleusement avec nos individus de France, s'y adapterait toute entière. A la vérité, il compte neuf fausses nageoires; mais sa figure montre qu'il a compris dans ce nombre le dernier rayon de la seconde dorsale et de l'anale. Cependant cette figure présente une proportion très-différente de la grosseur à la longueur.

La hauteur du poisson n'est que trois fois et demie dans la longueur. Le museau et surtout la mâchoire inférieure sont plus courts à proportion, et c'est ce qui vient d'être confirmé par un échantillon de ce germon de la mer des Indes, que M. Dussumier a pris sous l'équateur vers la fin de Mars, et qui d'ailleurs ressemble à peu près en toutes choses à nos germons d'Europe.

Commerson raconte qu'une quantité innombrable de ces poissons entoura et suivit son navire pendant plusieurs jours au milieu de Février de 1768, dans la mer Pacifique, par

les 27 et 26° de latitude australe et vers le
103° de longitude. Ils pesaient de vingt à
soixante livres. Celui dont il donne les mesures était long de trois pieds deux pouces sur
neuf pouces de hauteur sous la première dorsale. Ils mouraient au milieu de convulsions et
de tremblemens, mais sans faire entendre le
moindre son. Leur chair, et surtout le bouillon fait avec leur tête, parurent excellens, et
les matelots qui avaient souffert de la disette
s'en nourrirent abondamment et long-temps de
suite, sans en éprouver aucune incommodité.

C'est d'un de ces germons orientaux que
Nieuhof donne une figure, qui a été copiée
dans Willughby (app., pl. 9, fig 1) sous le nom
de *corett seu thynni species.* Nieuhof assure
qu'ils parviennent à six et sept pieds de longueur, qu'on les prend à l'hameçon, et que
leur chair est savoureuse et sans danger.[1]

Le GERMON A VENTRE RAYÉ D'ARGENT.

(*Thynnus argentivittatus,* nob.)

Il y a un thon à longues pectorales que MM.
Quoy et Gaimard ont observé et dessiné dans
la mer Atlantique, et qui vient d'être rapporté

---

1. Nieuhof, *Oost.,* et Willughby, *Icht.,* app., p. 5.

de la mer des Indes par M. Dussumier. Il lie
tout-à-fait les thons ordinaires aux germons.

Ses pectorales sont un peu moins longues que
dans le germon, et vont trois fois et demie dans la
longueur totale; elles sont aussi plus larges à proportion. Leur largeur à la base est quatre fois et demie dans leur longueur; dans le germon d'Europe
elle y est six fois et demie, et dans le germon pacifique plus de cinq fois.

La pointe supérieure de son corselet va jusque
sous le milieu de la deuxième dorsale; l'échancrure
supérieure revient jusque sous les premières épines
de la première dorsale. La pointe latérale est aiguë
et se porte jusqu'à l'aplomb du commencement
de la deuxième dorsale, et l'échancrure inférieure
touche à l'ouïe, etc.

D. 14 — 14 — IX; A. 11 — IX; P. 34, etc.

M. Houssard nous a rapporté de l'Atlantique un
squelette que nous jugeons de cette espèce. La tête
a les crêtes intermédiaires portées presque aussi en
avant que dans le thon commun. Les apophyses descendantes des vertèbres y forment un treillis comme
dans la thonine, mais plus rapproché de l'épine,
parce que leurs racines sont plus courtes. On y
compte en tout quarante et une vertèbres, plus
courtes et plus hautes à proportion que dans la
thonine, etc.

Du reste, ses formes et ses proportions sont à peu
près les mêmes que dans le précédent, mais il est
mieux coloré.

Son dos est d'un bleu d'acier. Aux flancs et au

ventre il a sur un fond plombé des lignes verticales argentées, entre lesquelles il y a des séries
verticales de taches rondes, aussi argentées. Vers
l'arrière, ces lignes se divisent elles-mêmes en taches;
d'abord vers le bas seulement, ensuite sur toute leur
hauteur. Sa dorsale, son anale, ses ventrales, sont
jaunâtres; ses pectorales argentées; sa caudale noirâtre, avec du rose vers le milieu.

L'individu de M. Dussumier est long de vingt pouces; celui de MM. Quoy et Gaimard en a vingt-sept.

C'est, à ce qu'il nous paraît, cette espèce
que Pison (p. 73) a représentée, et même
assez bien, sauf des pectorales un peu trop
courtes, sous le nom de *coorza*.

Le GERMON A ÉCHARPE.
(*Thynnus balteatus*, nob.)

Il y a dans les parties chaudes de l'Atlantique un autre thon à pectorales plus longues
que celles du thon commun, et approchant
un peu de celles du germon.

Leur longueur est du quart de la longueur totale;
mais ses autres nageoires sont à peu près dans la
proportion du thon. Le bord montant du préopercule est presque rectiligne, et celui de l'opercule
est aussi moins arrondi qu'au thon commun et au
thon à ailes courtes.

Cette espèce ne nous est connue que par
un dessin fait par M. Lesson, vis-à-vis la Tri-

nité, du Brésil, par les 20° de latitude australe,
d'après un individu de vingt-huit pouces.

L'on n'y voit point la circonscription du corselet, et les écailles y paraissent plus grandes que
dans le reste du genre.

Son dos était d'un bleu-noir foncé lustré ; son
ventre argenté, glacé d'azur, et entre les deux couleurs, s'étendait, depuis le maxillaire supérieur jusqu'à la queue, une bande de couleur de cuivre doré.

Ce poisson de la Trinité, lorsqu'on le prit,
fit entendre à plusieurs reprises des sons
plaintifs. Je le soupçonne d'être celui que
Pison (p. 73) représente sous le nom d'*alba-
coretta,* d'où est venu celui d'*albacore,* employé par les Anglais pour plusieurs espèces
de ce genre et des genres voisins.

Malheureusement M. Lesson ne l'a point
rapporté et n'a pas noté le nombre de ses
rayons ; sa figure marque seulement quatorze
épines à la première dorsale, et neuf fausses
pinnules à l'arrière de la seconde.

La prétendue figure du thon commun donnée par Bloch (pl. 55), qui couvre le corps
entier d'écailles uniformes, si ce n'était pas,
comme je le crois, une mauvaise copie du
germon de Plumier, pourrait, d'après ses pectorales et la coupe des pièces operculaires,
avoir été faite sur un individu de cette espèce.

CHAPITRE III.

Des Auxides et des Pélamides.

Le premier de ces petits genres, par l'écartement de ses deux dorsales d'une part, et par son corselet, la carène de sa queue et ses nombreuses fausses pinnules de l'autre, tient une sorte de milieu entre les maquereaux et les thons; et le deuxième, par ses dents séparées et pointues, semble conduire des thons aux tassards. Ce sont de ces liens si fréquens dans la nature, qui unissent plus intimement les genres d'une même famille, sans appartenir précisément à aucun d'eux.

DES AUXIDES (*Auxis*, nob.).

Obligés de former un groupe à part de quelques poissons semblables aux thons et aux bonites par la petitesse de leurs dents, par le nombre de leurs fausses nageoires et par le corselet que forment les écailles de leur thorax, mais qui se distinguent par un caractère qui semblerait devoir en faire des maquereaux, l'écartement de leurs deux dorsales, nous usons de la liberté reçue parmi les modernes, et nous leur adaptons le nom d'*auxides* (*auxis*), qui, selon Aristote, était un de ceux que les Byzantins employaient pour désigner de très-jeunes thons.

L'AUXIDE COMMUNE, *ou* BONITOU.

(*Auxis vulgaris*, nob.; *Scomber bisus*, Rafinesque; *Scomber Rochei*, Risso, n.° 165.)

La Méditerranée produit un de ces poissons qui n'avait pas été distingué avant MM. Rafinesque et Risso. Ce dernier dit qu'il se nomme à Nice *bonitou*, et lui a imposé le nom spécifique de *scombre Laroche*.[1]

Sa forme est celle d'une thonine, mais un peu plus grêle; sa hauteur est quatre fois et davantage dans sa longueur; les jeunes individus l'y ont six fois; son épaisseur est des deux tiers de sa hauteur; sa tête est quatre fois, et dans les petits quatre fois et un quart ou un tiers, dans la longueur totale. Son museau est court et pointu, ses deux mâchoires égales. Du bord postérieur de l'œil à l'ouïe il y a trois fois le diamètre de l'œil, et de son bord antérieur au bout du museau une fois et un quart seulement. Les bords de son préopercule ont la courbure d'une demi-ellipse, dont le petit diamètre est de peu supérieur à la moitié du grand, exactement

---

1. Dans sa deuxième édition (p. 417, n.° 335) il le nomme *thynnus rocheanus* et *bounitou*.

comme dans les thonines. L'ensemble de l'opercule et du subopercule est moins courbé dans son bord, et l'interopercule est moins élevé. Les dents sont presque imperceptibles à l'œil nu. La langue, très-libre, ovale, est relevée de chaque côté d'une carène membraneuse, comme dans tous les thons. Sa première dorsale a onze rayons, dont le dixième est déjà extrêmement court, et dont le dernier ne se découvre presque que par la dissection : elle est séparée de la seconde par un intervalle plus long qu'elle-même. La seconde dorsale et l'anale sont aussi petites à proportion que dans la thonine à ailes courtes, et de même très-écailleuses : on a quelque peine à compter leurs rayons, mais on trouve à la fin qu'ils sont au nombre de douze dans l'une et dans l'autre. L'anale ne commence que sous la fin de la deuxième dorsale. Il y a huit fausses nageoires sur la queue et sept dessous. En comptant les petits rayons des bords de la caudale avec les dix-sept rayons entiers, on pourra en trouver jusqu'à trente ou trente-deux dans la nageoire. Les pectorales sont petites, pointues, un peu taillées en faux, du dixième à peu près de la longueur totale ; elles ont vingt et un ou vingt-deux rayons. Les ventrales sont pointues et à peu près égales aux pectorales ; entre elles est une pointe membraneuse de même longueur, formée par un repli de la peau, et qui donne à chacun de ses côtés un sillon dans lequel la ventrale correspondante se retire. Comme dans tout le sous-genre des thons, la disposition des écailles de ce poisson est aussi celle des thons et des thonines, c'est-à-dire que sur la tête et sur la plus grande partie du corps, ainsi que sur la queue, elles sont imperceptibles, mais qu'il y en a d'assez grandes autour du thorax, sur cet espace que nous appelons le *corselet* et qui se prolonge en quatre pointes aiguës, dont l'une suit la ligne du dos, jusque derrière la première dorsale, deux autres chacune la ligne latérale de son côté jusqu'à une assez grande distance derrière la pectorale, la quatrième, enfin, le milieu de la poitrine jusque derrière les pectorales : les écailles de ce corselet sont plus grandes vers le devant, et diminuent par degrés en arrière, pas assez néanmoins pour que l'espace qu'elles recouvrent ne tranche bien sensiblement sur le reste de la peau, qui paraît entièrement lisse. Il est échancré en angle aigu jusque vis-à-vis la quatrième épine dorsale. Sa pointe latérale dépasse la pectorale de toute la longueur de cette nageoire. La ligne latérale est très-mince et peu apparente ; elle se perd même à la partie antérieure du corselet ; aux côtés de la partie la plus amincie de la queue elle saille de chaque côté en petite carène membraneuse. Entre les racines de la caudale on voit aussi les vestiges des deux petites crêtes du maquereau, mais infiniment moins saillans.

Le dos de ce poisson est bleu, avec des lignes irrégulières et des taches d'un bleu noirâtre sur les côtés. Le corselet est en dessus d'un bleu verdâtre; les flancs et le ventre sont argentés, les nageoires grises et l'anale un peu fauve : c'est ce que nous voyons dans une figure faite à Nice par M. Lauril-

lard. M. Risso dit aussi que dans le frais le bleu de
son dos est d'une belle teinte d'indigo ; que ses côtés
passent au bleu céleste, et ont des traits irréguliers
avec des petites taches rondes au milieu : au total
un dessin assez semblable à celui des thonines.

Les viscères de cette espèce, comme on pouvait
s'y attendre d'après son extérieur, ressemblent à
ceux des thons et non à ceux des maquereaux.

Le foie est situé en travers sous l'œsophage, et
l'entoure, ainsi que le repli de l'intestin. Son lobe
gauche est petit, court, coupé carrément à l'extrémité, et relevé en angle sur sa face externe, parce
qu'il se porte ainsi autour de l'œsophage d'un côté,
et autour de l'intestin de l'autre. Le lobe droit est
étroit ; mais il se prolonge sur l'intestin jusqu'auprès
de l'anus. A la moitié de la longueur de ce lobe on
voit la vésicule du fiel, qui a la forme d'un long
boyau fort étroit. Le canal cholédoque reçoit dans
sa longueur un grand nombre de vaisseaux hépato-
cystiques, et n'est lui-même que très-peu libre avant
de déboucher dans l'intestin.

L'œsophage n'a de longueur que le cinquième
de la longueur de l'abdomen ; il est large et plissé
longitudinalement à l'intérieur. Il se prolonge en un
sac conique, très-long, étroit, dont les parois sont
minces, lisses, sans aucuns plis : c'est l'estomac.
Le cardia est bien marqué par une plus grande
épaisseur des parois de l'œsophage à son entrée
dans l'estomac.

Auprès du cardia naît une branche courte, à parois très-épaisses : elle se porte latéralement et obli-

quement vers l'arrière de l'abdomen, au lieu de
remonter vers le diaphragme, ainsi que cela a généralement lieu.

Un étranglement assez fort indique la place du
pylore. Au lieu de cœcums ordinaires, il y a un
canal azsez long, se terminant en pointe, et dont les
parois sont blanches et transparentes. Ce canal reçoit un grand nombre d'autres petits canaux courts,
très-ramifiés à l'extrémité. Ces ramifications sont
cachées et retenues entre elles par une sorte de parenchyme assez fort, d'où il résulte qu'à la couleur
près cet amas singulier d'appendices cœcales ressemble à un lobe du foie. Le bord libre de ce viscère est étroitement uni par un tissu cellulaire
dense, avec ces corps d'une apparence tout-à-fait
glanduleuse. On n'aperçoit rien autre chose à l'ouverture de l'abdomen.

Le duodénum remonte d'abord vers le diaphragme
sur le lobe droit du foie. Cet intestin est gros et
plissé longitudinalement; il ressemble assez à l'œsophage par la grosseur, la longueur et la couleur des
parois. L'intestin se rétrécit ensuite beaucoup après
s'être replié, et va directement se rendre à l'anus.

Il n'y a pas de vessie natatoire.

Le péritoine est argenté, et tout le long de l'épine
il est beaucoup plus épais, beaucoup plus fibreux,
son éclat est plus vif : il faut y faire attention; car
on prendrait facilement cette raie argentée pour une
vessie aérienne affaissée.

Le squelette de ce bonitou a le crâne plus étroit
que celui du thon; les crêtes moins saillantes et

moins portées en avant. Il n'y a point de trous entre
le frontal et le pariétal. L'épine se compose de trente-
neuf vertèbres, qui, à compter de la huitième, ont
des apophyses descendantes simples ou seulement
percées à leur base d'un petit trou. Les côtes des sept
paires antérieures, attachées à des apophyses transverses, sont aplaties en forme de fers de faux; les
suivantes, attachées aux extrémités de ces apophyses
descendantes, sont de plus en plus grêles. L'anale
s'attache sous la vingt et unième vertèbre. A compter
de la trente et unième, il y a des crêtes latérales. La
première dorsale s'étend de la sixième à la onzième;
la deuxième commence sur la vingtième.

Nous avons des individus de quinze pouces,
apportés de Sicile par M. Biberon, de Nice par
M. Laurillard, et de Morée par M. Bory Saint-
Vincent. Il y en a de jeunes, longs de huit
pouces, venus de Nice.

Le poids de l'espèce ne passe pas six livres,
selon M. Risso. La chair de ce poisson, dit
cet observateur, est d'un rouge foncé, d'un
goût aigre, très-indigeste; elle noircit à l'air.
On le prend dans les madragues à thon,
depuis le mois de Mai jusqu'au mois de Septembre. La femelle pond au mois d'Août des
œufs blanchâtres, enveloppés d'un gluten
roussâtre.

Je ne doute point que ce *bonitou* ne soit

TUON à ailes courtes .

Werner del.

Impr.^e de Langlois.

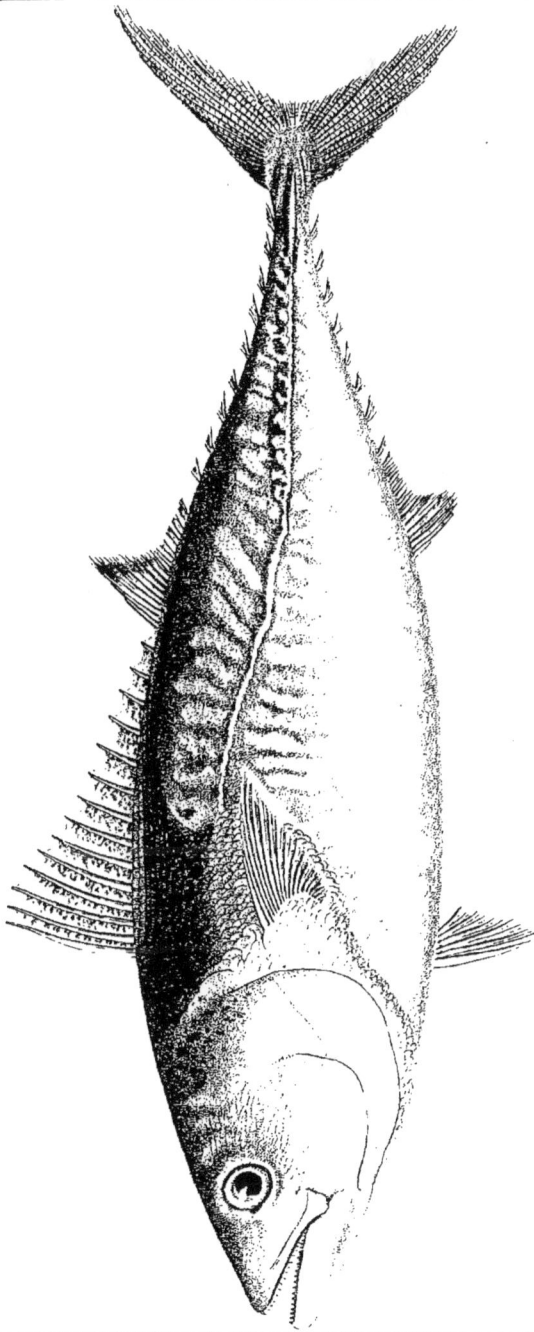

le *scomber bisus* de M. Rafinesque[1]. La figure en est très-semblable, et tous ses caractères sont les mêmes, excepté que le *bisus* n'aurait point de taches ni de lignes; mais parmi nos individus il s'en trouve aussi quelques-uns qui en sont dépourvus.

Il se prend grand nombre de ces *bisus* dans certaines thonaires de Sicile. Sa longueur ordinaire sur cette côte est d'un pied. Il est peu estimé étant frais, et si on ne se hâte de l'apprêter, il se décompose promptement; mais salé, c'est le meilleur de tout le genre.

On le nomme dans le val de Mazzara *bisu*, *mbisu* et *tunnachia;* dans celui de Demona, *appicatu*, et à Catane, ainsi que dans le val de Noto, *sgamiru*[2]. Les pêcheurs de Messine l'ont nommé *presuntune* à M. Biberon.

Ce nom de *bisus* tient à ceux de *bise* et de *biso*, par lesquels les Provençaux et les Espagnols désignent les pélamides ou bonites à dos rayé de la Méditerranée.

M. Laurillard a aussi entendu appeler ce poisson *bonite* à Nice.

C'est un des individus sans taches qui est représenté dans la grande Description de l'Égypte

---

1. *Caratteri, etc.*, p. 45, pl. 2, fig. 1.
2. Rafinesque, *Indice*, p. 20.

8.   1 0

(poissons, pl. 24, fig. 6) sous le nom de *maquereau unicolor*.

La mer Atlantique possède dans ses parties chaudes plusieurs scombres qui portent les mêmes caractères que le bonitou de la Méditerranée. Nous en avons reçu un de la Martinique par M. Plée, qui a les mêmes formes, les mêmes nombres de rayons, le même corselet, la même ligne latérale mince, les mêmes lignes noires sur le dos, que nous ne pouvons, en un mot, en distinguer comme espèce. Ses viscères n'offrent aucune différence.

M. Plée nous écrit que c'est cette espèce que les habitans de la Martinique appellent *thon,* et qu'on en pêche d'une grosseur énorme sur les côtes de cette île.

L'AUXIDE TAZARD.

(*Scomber taso,* Commers.)

Commerson a laissé une excellente description d'un poisson de ce même petit genre, qu'il prit près des côtes de la Nouvelle-Guinée par les 6 et 7° de latitude australe, le 30 Juin 1768. Les matelots lui donnèrent le nom de *tazard,* que M. de Lacépède lui a conservé[1]; mais il

---

1. *Scombre tazard,* Lacépède, t. IV, p. 8.

faut bien se garder de le confondre, comme l'a fait Shaw[1], avec le *tassard* des Antilles de Plumier, qui est devenu le *scomber regalis* de Bloch (p. 333) et est un de nos cybiums.

Ce n'est pas non plus le *tazard* ou *tezard* de Duhamel (sect. 7, pl. 7, fig. 1), lequel pourrait bien ne différer de celui de Plumier que par la faute du dessinateur, qui n'aurait pas représenté la première dorsale dans sa totalité.

Le tazard de Commerson est en tout point semblable à notre bonitou des Antilles.[2]

Mêmes formes, mêmes proportions, mêmes nombres de rayons et de fausses nageoires, seulement il a tout le dessus du corps d'un beau bleu, les côtés et le ventre argentés, avec des reflets dorés et cuivrés, sans aucunes lignes ni taches, si ce n'est une petite, ovale, d'un noir bleuâtre, très-distincte, sous le bord inférieur de l'œil. Les pectorales, argentées extérieurement, sont noirâtres à la face opposée : il en est de même des ventrales. Les dorsales et la caudale sont obscures ; la première dorsale a une teinte bleuâtre. L'anale est blanchâtre.

La taille de ce poisson est intermédiaire entre le maquereau et la bonite à ventre rayé. Il y en avait beaucoup autour du vaisseau,

1. *Gener. zool.*, t. IV, part. 2, p. 583.
2. Nous nous en sommes assurés en le redessinant d'après les dimensions parfaitement détaillées de Commerson.

qui jouaient et sautaient à la surface des ondes.
Le seul qu'on ait pu prendre, long de dix-huit
pouces sur quatre pouces de hauteur sous la
première dorsale, pesait trois livres et demie.
Sa chair égalait pour le goût celle de la bonite;
mais elle était un peu jaunâtre, et celle de la
bonite est d'un blanc éclatant.

L'Auxide de Sloane.

(*Scomber Sloanei,* nob.)

L'*albacore* de Sloane[1], si l'on peut s'en rapporter à une figure grossière, comme toutes
celles qu'a données cet auteur, semble devoir
appartenir à ces thons à dorsales écartées.

Son museau est court; sa bouche, peu fendue,
n'a que de petites dents. Sa première dorsale paraît
avoir peu de rayons, et être séparée par un grand
intervalle de la seconde. Ses pectorales sont courtes.
Il a huit fausses nageoires en dessus, et sept en
dessous de la queue; mais ce qui paraît devoir lui
former un caractère spécifique, c'est que sa seconde
dorsale et son anale sont plus hautes et plus pointues à proportion que dans aucune autre espèce; elles
ont en hauteur plus du cinquième de la longueur totale. Nous n'avons rien vu qui ressemble à cette figure.

---

1. *Hist. nat. of Jamaica,* t. I, pl. 1, fig. 1, p. 28. Lacépède n'a
pris son article du *scombre albacore* que dans Bonnaterre, et en
a copié la fausse citation, tome II, page 11.

DES PÉLAMIDES.

Avant de passer aux thons à longues dents pointues et sans corselet, nous devons parler d'un scombéroïde qui semble unir les deux groupes ; car, bien qu'il ait encore un petit corselet, il commence à s'écarter des thons ordinaires par la force de ses dents, et peut former aussi une petite subdivision, à laquelle nous appliquerons le nom de *pelamys,* qui est donné aujourd'hui à cette espèce dans toute la Méditerranée, bien que chez les anciens, ainsi que nous l'avons vu, ce nom ne désignât que le jeune thon.

La Pélamide commune, *ou* Bonite
a dos rayé.

(*Pelamys sarda,* nob.; *Scomber sarda,* Bl.[1])

C'est un poisson très-différent de la bonite à ventre rayé et à petites dents, dont nous avons parlé précédemment, quoique les ichtyologistes modernes les plus renommés les

---

1. *Scomber sarda,* Bloch, pl. 334, et *Systema,* p. 22, n.° 4 ; *Scomber mediterraneus, ejusd. Syst.,* p. 23 ; *Scombre sarde,* Lacép., t. IV, p. 100 ; *Scomber pelamis,* Brünn.; *Amia,* Rond.; *Pelamys sarda, ejusd ; Pelamys,* Salviani et Bélon ; *Thynnus sardus,* Risso, 2.ᵉ édit., n.° 334.

aient confondus sous une même espèce; d'autant moins excusables, que dès le seizième siècle celle-ci avait été bien connue et bien caractérisée.

Rondelet en a donné une figure médiocre (p. 238), et l'appelle en latin *amia*, en quoi il a mieux qu'aucun autre reconnu son vrai nom ancien; mais il ajoute que les Espagnols et les Languedociens l'appellent, les uns *bisa*, les autres *boniton* : il reproduit la même espèce dans son jeune âge (p. 248) sous le nom latin de *sarda*, en rappelant celui de *bise*, que quelques-uns prononcent *pigo*.

Salvien la représente très-bien (fol. 123); mais il l'appelle *pelamys* en grec, ou *limosa*, qui en est la traduction latine[1], et dit que bien des Italiens la nomment encore *pelamide*.

Bélon dit la même chose et des Italiens et des Marseillois, et en donne aussi une figure passable pour son temps (p. 179).

C'est le premier thon d'Aldrovande, qui en donne aussi une fort bonne figure (p. 313).

Willughby, enfin (p. 180), la caractérise très-bien par les lignes de son dos, et en donne une description faite sur nature; mais il ne la reconnaît qu'avec doute pour l'*amia* de Ron-

1. On a dérivé πηλαμύς de πηλός, *la boue*.

delet, et se trompe tout-à-fait en la prenant pour le *pelamys vera* ou *thunnus* du même auteur, qui est notre *thon à ailes courtes.*

Cette fausse synonymie a commencé à embrouiller l'histoire de ce poisson.

Artedi, toujours fidèle sectateur de Willughby, égaré comme lui par le nom de *pelamys,* qui, selon Aristote, devait être celui d'un jeune thon, et que Rondelet avait appliqué à notre *thon à ailes courtes,* imagina de faire de la *pélamide* de Bélon, de Salvien et de Willughby, une variété du thon.[1]

Linnæus, trouvant ainsi le nom de *pelamys* libre, l'appliqua dans sa dixième édition (p. 297) et dans sa douzième (p. 492), à la *bonite à ventre rayé,* dont il prit la description dans Osbeck; mais Brünnich, guidé par la nomenclature usitée à Marseille, le rendit de nouveau au poisson à dos rayé[2] dont nous parlons. Ce fut son *scomber pelamys* qu'il crut le même que celui de Linnæus, quoiqu'il fût très-différent.

Bloch vint alors, et ne reconnaissant ce poisson dans aucun des méthodistes précédens, il en fit une espèce particulière, à la-

---

1. Artedi, *Synon. pisc.*, p. 5o.
2. *Ichtyol. massil.*, p. 69. Il ne lui donne que quatre raies, ce qui pourrait aussi tromper les autres; mais le nombre des épines dorsales (vingt-trois) lève toute équivoque.

quelle il rapporta les articles de Rondelet et
de Duhamel, qu'il nomma *scomber sarda*[1],
qu'il représenta assez mal, et dont, à l'exemple
de Duhamel, il confondit l'histoire avec celle
du germon, mêlant encore dans ses synoymes
une figure de la bonite à ventre rayé, qu'il
trouva dans Pernetty.

M. de Lacépède (t. IV, p. 14), de son côté,
induit en erreur par Commerson, mêle aussi,
mais à sa manière, les synonymes et l'histoire
des deux poissons, sans faire d'abord aucune
mention du *sarda* de Bloch, qu'il rappelle
ensuite (t. IV, p. 700), mais comme une espèce à part, et uniquement sur la foi de
l'ichtyologiste de Berlin.

M. Rafinesque, perdu dans tout ce dédale,
ne reconnaissant point apparemment la mauvaise figure de Bloch, reproduit encore notre
pélamide sous un nom nouveau ; il l'appelle
scomber palamitus, comme on la nomme en
Sicile.

Bloch, dans son *Systema* (p. 23), remarque
que le *scomber pelamys* de Brünnich n'est
pas le même que celui de Linnæus ; mais il
ne s'aperçoit pas qu'il est le même que son
propre *scomber sarda,* et il en fait une troi-

---

1. Bloch, grande Ichtyologie, part. 10, p. 35.

sième espèce, sous le nom de *scomber mediterraneus*.

Enfin, il n'est pas jusqu'à Pallas, le zoolo-
giste le plus savant de tous ceux de nos jours,
qui, ayant vu ce poisson sur les côtes de la
Tauride, n'ait cru, faute de le reconnaître,
lui devoir donner encore un quatrième nom.
C'est bien sûrement le *scomber ponticus* de
sa Zoographie russe (p. 17).

Une grande partie de ces confusions vient
de ce qu'on a appelé *bonites* deux espèces de
scombéroïdes qui n'avaient de commun que
les raies brunes qui règnent sur leur corps, et
de ce que les nomenclateurs ont voulu caractériser des espèces qu'ils n'avaient pas vues,
sur des descriptions qui n'étaient pas compa-
ratives.

Le poisson dont nous parlons maintenant,
*la bonite à dos rayé et à dents fortes et poin-
tues (scomber sarda*, Bl.), notre pélamide
enfin, qui est très-commun dans la Méditerranée, est proprement celui auquel le nom
de *bonite* a d'abord appartenu, et c'est par
extension que les navigateurs ont appliqué ce
nom à la *bonite à ventre rayé*, qui aujour-
d'hui le porte presque seule. Il vient de l'espagnol *bonito*, qui a le sens d'*assez bon, passable*, ou celui de *joli*.

On l'emploie encore pour notre espèce, en
Espagne et en Languedoc, sous la forme de
boniton[1], à Iviça sous celle de *bonitol*[2]. Selon
la deuxième édition de M. Risso (p. 417), on
l'appellerait à Nice *bounicou*. Mais sur d'autres côtes, à Marseille[3], à Rome[4], en Sicile[5],
on emploie celui de *pelamide,* ou ses altéra-
tions, et l'on y substitue quelquefois celui de
bise.[6]

Cette pélamide, cette bonite à dos rayé, a le
corps plus alongé que le thon, l'œil plus petit, le
museau plus long, plus pointu, et la gueule plus
fendue.

Sa hauteur est à peu près cinq fois dans sa longueur, et son épaisseur une fois et demie dans sa
hauteur. La longueur de sa tête est d'un peu moins
du quart de sa longueur totale. Son œil, un peu
recouvert en avant et en arrière par une production
de la peau, n'a guère en diamètre que le sixième de
la longueur de la tête. Le museau prend deux diamètres d'œil ; et ce qui est derrière l'œil jusqu'à
l'ouïe, en prend trois. La bouche est fendue de
manière que l'extrémité du maxillaire arrive sous
l'aplomb du bord postérieur de l'œil.

Il y a à chaque mâchoire une rangée de dents
coniques, grêles, un peu comprimées, un peu ar-

---

1. Rondelet, p. 238. — 2. Laroche, Ann. du Mus., t. XIII. —
3. Brünnich, p. 69. — 4. Salvien, fol. 123, verso. — 5. Rafinesque, *Caratteri*, p. 44. — 6. Rondelet, *loc. cit.*

quées vers le dedans de la bouche, très-pointues et bien séparées les unes des autres. On en compte environ vingt-cinq de chaque côté à la mâchoire supérieure, et vingt à l'inférieure; la troisième de chaque côté en bas est plus rentrée et plus grande que ses voisines : le palatin en porte une rangée de très-petites le long de son bord externe[1]; mais le vomer n'en a point.

La courbure du préopercule n'est pas en ellipse, mais son bord montant et son bord horizontal font ensemble un angle un peu plus que droit et dont la pointe est arrondie. L'ensemble operculaire est mieux arrondi; sa largeur d'avant en arrière est à peu près le quart de la longueur de la tête. La ligne de séparation de l'opercule et du subopercule, et celle du subopercule et de l'interopercule, sont à peu près droites, et aussi inclinées l'une que l'autre, quoiqu'en sens contraire : elles se rencontrent au bord du préopercule par un angle très-peu obtus.

La pectorale est fort courte, et du dixième seulement de la longueur totale; les ventrales le sont encore un peu plus, et n'ont entre elles qu'une très-petite écaille pointue. La première dorsale commence vis-à-vis la base des pectorales et dépasse le milieu du corps. Ses rayons ne sont pas très-robustes; les antérieurs, qui sont les plus longs, ont à peu près moitié de la hauteur du corps; ils vont en décroissant jusqu'au vingt-deuxième, qui sort à peine de la peau.

---

1. On ne sait ce que veut dire Bloch, quand il prétend n'avoir pas vu ces dents palatines dans d'autres poissons.

Aussitôt commence la seconde dorsale, qui est petite, basse, écailleuse, et a deux épines et treize rayons mous : elle est suivie tantôt de huit, tantôt de neuf fausses nageoires. L'anale commence sous la partie postérieure, et a de même deux épines et treize rayons mous : sept fausses nageoires la suivent. Il n'y a point d'épine libre au-devant de l'anale. La queue et la caudale sont comme dans les thons, savoir, qu'il y a la grande carène du côté de la queue, les deux petites entre les bases de la caudale, et qu'en comptant les petits rayons, l'on en trouverait trente-six et au-delà.

B. 7; D. 22 — 2/13; A. 2/13, etc.

Le corselet est moins étendu que dans aucune espèce du genre des thons; il est échancré jusques en avant de toute la première dorsale, et sa pointe latérale ne dépasse pas celle de la pectorale, sous laquelle il est échancré encore jusqu'à l'ouïe. La pointe inférieure dépasse peu les ventrales; mais sur le dos il accompagne, comme toujours, la première dorsale jusqu'à son extrémité postérieure. La ligne latérale est un peu flexueuse, et garnie d'une rangée de petites écailles, qui grandissent quelque peu à sa partie postérieure. La carène et les petites crêtes des côtés de la queue sont comme dans les thons. Il y en a, comme à l'ordinaire, d'alongées et irrégulières à la joue. Celles du reste du corps sont si fines qu'on n'en aperçoit l'existence que sur des peaux très-desséchées.

La couleur de ce poisson est argentée, et teinte sur le dos de bleu clair. Des lignes noirâtres, qui varient pour le nombre et pour l'étendue, se des-

sinent sur ce fond, en descendant très-obliquement
d'arrière en avant. Leur nombre le plus ordinaire est
de huit ou de dix, et elles descendent généralement
jusqu'au milieu de l'espace qui est au-dessous de la
ligne latérale. Il y a quelquefois des irrégularités :
quelques-unes sont interrompues, d'autres se joignent aux lignes voisines; d'autres fois elles ne passent point la ligne latérale. En général, elles me paraissent moins approchantes de l'horizontale, moins
longues et moins marquées dans les jeunes individus,
et l'on y voit, au contraire, plus distinctement de
larges bandes verticales plus foncées que le fond,
accouplées deux à deux, et séparées par des intervalles clairs, plus étroits, semblables à celles que
nous avons décrites dans le thon à ailes courtes.

C'est d'après quelqu'un de ces jeunes individus à bandes verticales que Rondelet a fait
dessiner son *pelamys sarda*.

La taille de cette pélamide surpasse celle du
maquereau, mais n'égale ni celle du thon,
ni celle de la thonine. Nous en avons des individus de deux pieds et quelques pouces de
longueur.

Son foie est très-grand, profondément divisé en
deux lobes, dont le gauche est large, et occupe plus
du tiers de la longueur de l'abdomen : le droit est
un peu plus mince; mais il atteint à plus de la moitié. La vésicule du fiel a la forme d'un long et gros
cœcum, dont la pointe se porte vers l'anus, à peu

près aux quatre cinquièmes de la longueur de l'abdomen. Le canal cholédoque reçoit un grand nombre de vaisseaux hépato-cystiques, en longeant le foie jusque dans la concavité qu'il fait en passant par-dessus l'intestin. La bile est versée dans l'intestin auprès du pylore, et le canal se renfle à son insertion sur l'intestin.

L'œsophage est court, mais très-large; il se continue en un sac long, étroit, à parois épaisses, plissées longitudinalement à l'intérieur. Du haut de cet estomac sort une branche étroite et courte, dirigée un peu obliquement vers l'arrière; elle se replie bientôt sous le foie et remonte vers le diaphragme. Au coude de ce repli est placé le pylore, et un cœcum assez long et ramifié en plusieurs branches, qui se subdivisent en une infinité de petits cœcums très-fins et courts, réunis entre eux par un tissu cellulaire assez dense, et formant par leur réunion une masse alongée, convexe en dessous comme en dessus, arrondie à sa pointe, qui égale à peu près le volume du lobe gauche du foie.

Le canal intestinal se rend droit à l'anus, sans faire aucun repli, ni sans montrer aucun étranglement.

La rate est très-grande, ovale, pointue en arrière, fort alongée et comprimée de droite à gauche. Sa longueur égale la moitié de celle de l'abdomen.

Les laitances forment deux sacs étroits, alongés, cylindriques, et réunis auprès de l'anus.

La vessie aérienne n'existe pas.

Les reins sont très-gros, et occupent toute la longueur de l'épine abdominale, sans se diviser.

Son squelette a le crâne plus étroit que le thon,
et l'on n'y voit point de trous aux côtés de la crête
mitoyenne, ni de fente dans cette crête. On compte
à l'épine cinquante vertèbres, dont les sept ou huit
dernières sont soudées pour former la carène latérale de la queue et pour en porter les rayons. Les six
premières ont leurs apophyses épineuses comprimées,
dilatées de l'avant à l'arrière, et à peu près soudées
ensemble. Les vertèbres, à compter de la douzième,
ont les apophyses transverses descendantes et réunies en anneaux, dont le dessous donne même une
apophyse épineuse descendante. Les côtes sont
doubles, et dans les vertèbres qui ont des anneaux
en dessous, les inférieures s'attachent à la pointe de
l'apophyse épineuse descendante, en sorte qu'elles
sont de plus en plus éloignées des supérieures; la
plupart sont plates et tranchantes. Le premier interosseux de l'anale s'attache au-devant de l'apophyse épineuse de la vingt-sixième vertèbre. [1]

Bloch a emprunté de Duhamel tout ce qu'il
dit de la pêche de la pélamide, qu'il nomme
bonite, et Duhamel lui-même a composé cette
partie de son article sur des mémoires dont
la plupart concernaient non pas la pélamide,
mais le germon; en sorte qu'il est impossible
d'y démêler ce qui appartient à l'un et à l'autre poisson.

---

1. M. Rosenthal donne une figure du squelette de la pélamide
ou bonite à dos rayé (Tables ichtyotom., pl. 17, fig. 3); mais c'est
le squelette d'un très-jeune individu.

M. Rafinesque[1] dit qu'elle passe en Sicile pour un excellent poisson, et y est plus estimée même que le germon. Elle y arrive en grande abondance près des côtes au printemps, et l'on en prend beaucoup dans les thonaires. On la sale et la prépare comme le thon, et elle n'est pas moins comptée que lui parmi les objets les plus importans du commerce de cette île.

Selon M. Risso, elle est de passage à Nice au printemps et en automne, et on l'y prend aussi dans les thonaires.[2]

Il ne peut y avoir de doute que ce ne soit ici, comme Rondelet l'avait reconnu, la véritable *amia* des anciens. En effet, cette *amia* est le seul poisson de cette famille qui soit représenté comme féroce et capable d'attaquer des espèces plus grandes, ce qui convient très-bien aux dents aiguës de notre pélamide à dos rayé.

Aristote parle même expressément de ses dents. « Ce poisson, dit-il, a la dent forte : on « a vu différens poissons, entre autres une la- « mie, être entraînés dans le fond par les « *amia*.[3] » Et un peu plus haut : « Les amies

---

1. *Caratteri*, p. 45. — 2. Risso, 2.ᵉ édit., p. 417 et 419. — 3. Aristote, *Hist. anim.*, l. IX, c. 37.

« aperçoivent-elles un poisson vorace, elles se
« jettent sur lui; les plus grosses nagent autour
« en rond, et s'il touche à quelqu'une d'elles,
« les autres la défendent.[1] » Aussi Oppien leur
donne-t-il l'épithète de *féroces*[2], et dit que,
lorsqu'elles étaient prises à l'hameçon, elles
déchiraient la ligne avec les dents.[3]

Aristote, qui plus est, a très-bien connu la
forme et la longueur de leur vésicule du fiel.
« La vésicule du fiel de l'*amia* (ce sont ses
« termes) est couchée le long de l'intestin :
« elle en égale la longueur; souvent même
« elle fait un retour.[4] »

Ces *amia* étaient fort estimées, et surtout
celles de Byzance et de l'Hellespont; car déjà
dans l'Archipel on ne les trouvait plus aussi
bonnes.[5]

Nous sommes certains que la pélamide ne
se renferme point dans l'enceinte de la Méditerranée; car nous en avons des individus
apportés par M. Delalande des îles du cap
Vert et de la côte du Brésil, qui ne diffèrent
en rien de ceux d'Europe. M. Mitchill la décrit parmi ses poissons de New-York[6], et sa

---

1. Aristote, *Hist. an.*, l. IX, c. 37. — 2. Oppien, *Hal.*, t. I,
p. 107. — 3. Oppien, t. III, p. 146, et Athénée, l. VII, p. 277.
— 4. *Hist. anim.*, l. II, c. 15. — 5. Archestratus, *ap. Athen.*,
l. VII, p. 278. — 6. Mém. de l'Acad. de New-York, t. I, p. 458.

8.   11

description est tellement conforme aux poissons que nous avons sous les yeux, qu'il n'y a guère à douter de l'identité d'espèces.

La meilleure figure de la pélamide, pour l'ensemble et pour les raies, est celle de Salvien (fol. 123) : il y manque cependant le corselet et les carènes de la queue. On en voit une copie dans Willughby (pl. M, 1). Celle d'Aldrovande (p. 313), quoique moins exacte et fort grossière, donne cependant l'idée du poisson. Il y a trop de raies, pas assez de fausses nageoires et point de carènes à la queue. Dans la première figure de Rondelet, son *amia* (p. 238), les raies ne sont pas assez obliques; la première dorsale n'a pas assez de rayons; la queue n'a point de carène. On voit cette carène à sa seconde figure, le *sarda* (p. 248); mais il n'y a pas non plus assez de rayons à la première dorsale.

Bloch (pl. 334) lui donne trop de raies sur le dos, et les dirige et les infléchit d'une manière peu conforme à la nature; il semble aussi représenter deux préopercules, l'un au devant de l'autre; mais pour le reste sa figure est assez exacte. Celle de M. Rafinesque [1] est trop alongée.

---

1. *Caratteri*, pl. 2, fig. 2.

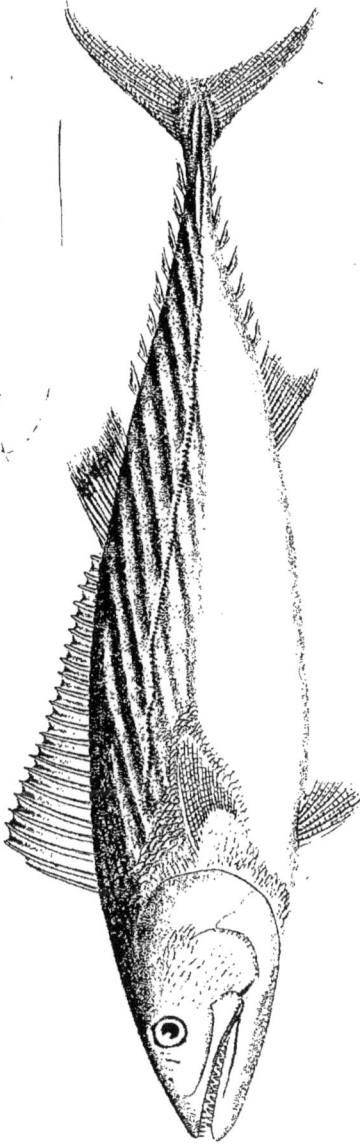

PELAMIDE commune.

PELAMIS sarda. n.

Werner del.

Imp.r de Langlois.

Francois sculp.

La Pélamide du Chili.

(*Pelamys chiliensis*, nob.)

L'océan Pacifique a aussi une pélamide qui ressemble beaucoup à celle des mers d'Europe, mais qui constitue cependant une espèce distincte. M. d'Orbigny l'a envoyée de Valparaiso du Chili : elle y porte le nom de *bonito*, qui est en espagnol, comme nous venons de le dire, celui de la pélamide commune.

Comparé avec soin à l'espèce ordinaire, ce poisson a les écailles un peu plus grandes, le préopercule plus large et moins arrondi, et les pectorales sensiblement plus longues; elles sont du septième de la longueur totale. Le nombre des rayons des deux dorsales est moins considérable.

D. 18 — 2/12 — VIII; A. 2/10 — VII; C. 35; P. 24; V. 1/5.

Le dos est bleuâtre et le ventre argenté. On ne compte que cinq ou six raies sur le dos; elles sont moins obliques, et s'étendent tout le long des flancs, presque parallèlement à la ligne au dos, excepté la dernière, qui se perd sur l'argenté des flancs, vis-à-vis la fin de la première dorsale.

L'individu est long de vingt-six pouces.

Cette espèce paraît traverser la mer Pacifique; car elle est représentée d'une manière très-reconnaissable dans l'imprimé japonais sur les poissons dont nous avons déja parlé plusieurs fois.

CHAPITRE IV.

Des Tassards (*Cybiums*, nob.)

Les poissons qui vont suivre joignent aux fausses nageoires de toute la tribu et à la première dorsale longue des thons, des dents grandes, pointues, le plus souvent comprimées, tranchantes et en forme de lancettes; un corps alongé, une carène aux côtés de la queue, et une peau uniforme et sans corselet. Ce dernier caractère les distingue des pélamides, dont se rapprocheraient sans cela ceux des cybiums dont les dents sont moins tranchantes. Leurs palatins et le devant de leur vomer ne sont garnis que d'un velours très-ras ou d'une âpreté semblable à celle qui garnit la langue et les arceaux des branchies.

Nous leur donnons le nom de *cybium*, qui dans l'antiquité était employé tantôt pour des fragmens de thon, tantôt pour une espèce du genre des thons.

Il existe de ces cybiums dans les deux océans; plusieurs parviennent à une grande taille et sont très-estimés.

Le CYBIUM COMMERSONIEN.

(*Cybium Commersonii*, nob.; *Scomber Commersonii*, Lacép.)

M. de Lacépède a introduit à la tête de son genre *scombre* une espèce à laquelle il a donné le nom de Commerson et qu'il n'a pu établir que sur un dessin, à la vérité fort soigné, laissé par ce laborieux voyageur. Les papiers que M. de Lacépède avait sous les yeux, ne contenaient à son sujet aucune nomenclature, ni autre renseignement; mais nous en avons trouvé une description fort exacte dans le manuscrit de Commerson que possédait Hermann.

Le même poisson nous ayant d'ailleurs été envoyé de Pondichéry par M. Leschenault, et venant de nous être rapporté du Malabar par M. Dussumier, et de l'Isle-de-France par MM. Quoy et Gaimard, il nous est devenu facile de le comparer à cette description, et de la compléter autant qu'il était nécessaire.

La hauteur de ce premier cybium est six fois dans sa longueur; celle de sa tête y est quatre fois et demie: la hauteur de la tête à la nuque est des trois cinquièmes de sa longueur; l'œil, dont le diamètre est à peu près du septième de la longueur de la tête, est placé un peu plus en avant que le milieu; le profil des-

cend peu, et est presque rectiligne ; le dessus de la
tête est lisse, légèrement convexe : sa largeur entre
les yeux est de près de moitié de sa longueur : les
bords se rapprochent ensuite pour former un museau pointu. La mâchoire inférieure est à peine un
peu plus longue que l'autre, mais son extrémité est
moins aiguë : la narine postérieure, en fente verticale, est tout près du bord antérieur de l'œil ; l'autre, qui est ronde, est au quart postérieur de la distance de l'œil au bout du museau : la gueule est
fendue jusque sous l'œil. Le maxillaire s'élargit et
s'arrondit à son extrémité postérieure, qui va jusque
sous le bord postérieur de l'œil ; le sous-orbitaire, en
forme de bande longitudinale à bord entier, ne le
recouvre point dans sa partie élargie.

Il y a vingt-cinq dents à peu près le long de
chaque bord de l'intermaxillaire, et une vingtaine
de chaque côté à la mâchoire inférieure, toutes en
triangle isocèle, pointues, tranchantes, un peu plus
épaisses dans leur milieu. Une plaque en croissant
demi-ovale à la partie antérieure du vomer, une
bande de largeur médiocre à chaque palatin, et presque toute la surface du ptérygoïdien, sont âpres.
La langue est courte, large, en forme de croissant,
et a dans son milieu une plaque garnie d'âpretés.
Le bord postérieur du préopercule descend en se
portant un peu obliquement en avant, et forme d'ordinaire un arc un peu rentrant ; son angle est arrondi. Le bord de l'ensemble operculaire est arrondi,
avec un léger arc rentrant au milieu. La largeur
de l'opercule d'avant en arrière derrière le préoper-

cule est du sixième de la longueur de la tête. La membrane des ouïes, longue et étroite, est fendue jusque sous le tiers antérieur de la mâchoire inférieure, et contient sept rayons.

Il n'y a point de corselet, et on ne distingue d'écailles que le long de la base de la première dorsale, où elles sont longues, étroites et dures comme de petits stylets; sur la seconde et sur l'anale, où elles forment des stries transversales très-fines. Il y a en outre sur le haut de la joue et derrière l'œil de ces écailles longues et pointues, semblables à des rides, comme en portent les scombres en général.

La pectorale est pointue, ou en faux, de longueur médiocre, et égale au huitième de celle du corps; elle n'a que vingt-deux ou vingt-trois rayons. La ventrale n'a qu'à peine le tiers de la longueur de la pectorale. La première dorsale commence vis-à-vis la base de la pectorale, et règne presque jusqu'au milieu de la longueur du corps, n'étant séparée de la seconde que par un petit intervalle. Ses rayons sont faibles et médiocrement élevés; ils se cachent entièrement dans un sillon du dos : les premiers ont à peu près le tiers de la hauteur du corps sous eux; les autres diminuent lentement. J'en compte en tout seize; la figure de Commerson en marque dix-huit, et c'est sur elle que M. de Lacépède en a fixé le nombre; mais la description écrite de ce voyageur n'en compte aussi que seize : les deux derniers sont presque réduits à rien. La seconde dorsale s'élève plus que la première, à peu près de moitié de la hauteur du corps sous elle;

son bord postérieur est coupé en arc concave; sa
longueur est un peu supérieure à sa hauteur. Je
crois y reconnaître une épine et quinze rayons
mous, dont le dernier pourrait même être regardé
comme une fausse nageoire; mais sans le compter,
l'espace entre cette seconde dorsale et la caudale,
qui fait presque les deux cinquièmes de la longueur
totale, est occupé par dix fausses nageoires. L'anale
commence sous le milieu de la deuxième dorsale, et a
la même grandeur et la même forme, et autant que
je puis voir, le même nombre de rayons; elle est
suivie de neuf fausses nageoires. La caudale est so-
lide, comme dans les autres scombéroïdes; les lobes
en sont très-pointus, et ont chacun un sixième de
la longueur totale; leurs pointes se recourbent un
peu, de sorte qu'elle représente parfaitement un
croissant.

D. 16 — 1/15 — X; A. 1/15 — IX.

La ligne latérale se compose d'une suite de petites
élevures longitudinales, à compter de la fin de la
première dorsale; elle fait trois ondulations, et quand
elle est arrivée sous la première fausse nageoire, elle
se courbe vers le bas pour reprendre sa direction
le long du milieu du corps. A son extrémité est
une carène saillante, avec deux petites crêtes, comme
dans les thons et les germons; la saillie de la carène est à peu près du quart de sa longueur, ainsi
que du diamètre transverse de la queue à cet endroit.

Le dos de ce poisson, selon Commerson et M.
Leschenault, qui l'ont vu frais, est d'un bleu ver-

dâtre foncé ; le reste est argenté, avec de nombreuses taches noirâtres, dont les plus hautes sont rondes et les autres alongées, mais alongées dans le sens vertical. Souvent même elles forment des lignes verticales irrégulières et plus ou moins serrées, qui descendent jusqu'au bas de l'abdomen.

Commerson l'a décrit en Octobre 1769 à l'Isle-de-France, où on l'appelle communément *tassard* et *bécune,* noms transportés de la Martinique, où ils appartiennent, l'un à un cybium différent, l'autre à la sphyrène. Son individu était long de vingt et un pouces, et pesait vingt-six onces. Mais il y en a de bien plus grands; nous en avons de trois pieds : il arrive à six pieds de longueur, selon M. Leschenault. Les pêcheurs de Pondichéry le nomment *vassili-massi,* et disent qu'il nage avec une extrême rapidité. Il est excellent à manger. Commerson a trouvé dans son estomac plusieurs petits poissons, preuve d'une voracité que la forme de ses dents indiquait suffisamment. M. Ruppel en a vu aux environs de Massuah un individu long de trois pieds, qu'on y nommait *derah.* [1]

Le *konam* de Russel (t. II, p. 27, fig. 135) a tous les caractères de ce *vassili-massi*, ex-

1. *Atlas,* p. 95.

cepté que ses taches sont verticales, même
sur le dos, et que la figure lui montre douze
fausses nageoires en dessous; mais la première
de ces différences est peu importante, et la
seconde dépend beaucoup de la manière dont
on aura envisagé les derniers rayons de l'anale.
Russel donne les nombres suivans :

B. 7; D. 16 — 16; A. 14; C. 24; P. 22; V. 1/5.

C'est de ce *konam* que Shaw a fait son
scomber maculosus.[1]

Le Tassard linéolé.

(*Cybium lineolatum,* nob.)

M. Dussumier a rapporté en même temps
de la côte de Malabar une autre espèce, de
forme à peu près semblable,

mais qui se distingue au premier coup d'œil, parce
qu'elle a une multitude de traits noirâtres, étroits et
alongés dans le sens longitudinal, comme des lignes
irrégulières et interrompues. Il y en a six ou sept
rangées sur chaque flanc. Le dos est dans la liqueur
d'un plombé foncé, et dans le frais d'un vert doré.
Les flancs et le ventre sont de couleur de nacre, excepté la première dorsale, qui a sa membrane blanche.
Les nageoires sont d'un jaune verdâtre, et le bord

---

1. *Natural. miscell.,* n.° 982, et *Gener. zool.,* t. IV, part. 2,
p. 392.

concave du croissant de la queue est noirâtre. Sa hauteur est six fois et demie dans sa longueur, et sa tête y est cinq fois. Il a dix-sept ou dix-huit dents à la mâchoire supérieure et autant à l'inférieure, toutes comprimées, tranchantes et pointues. Sa langue est lisse. La ligne latérale, formée d'élevures rondes et serrées, fait une inflexion très-oblique depuis le point qui est vis-à-vis le milieu de la deuxième dorsale, jusque vis-à-vis la troisième fausse nageoire. Ses carènes aux côtés de la queue sont très-saillantes dans leur milieu. La première dorsale a des rayons très-faibles, dont je ne puis compter que quatorze ; les suivans, s'ils existaient, ont entièrement disparu.

D. 14? — 1/14 — IX ; A. 2/14 — X.

L'individu est long de vingt-six pouces.

Ce poisson est assez rare et très-estimé. M. Bélenger a envoyé de la même côte un *cybium* long de deux pieds et demi, qui a les mêmes formes exactement que ce *lineolatum*, mais où l'on n'aperçoit aucune tache : nous ne pensons pas cependant que l'on doive en faire une espèce distincte.

C'est très-probablement un poisson semblable que Renard nomme *mangelang*, et qu'il représente (pl. 7, fig. 53) d'une teinte bleuâtre et sans taches.

La même figure est aussi dans Valentyn (n.° 105), qui l'appelle (p. 382) *groene konings-visch* (poisson de roi vert) ; et parlant

(p. 338) du poisson-de-roi ordinaire, qui, dit-
il, ressemble parfaitement au vert, sauf la
couleur, il assure qu'aucun poisson de Hollande ne le surpasse en bonté; qu'il s'approche
du goût du saumon; que sa chair est blanche,
son dos brun, son ventre blanc et sa taille de
trente à trente-six pouces. Ces caractères ne
conviennent pas moins à notre poisson que
la figure, et tout annonce que c'est ici le
poisson royal des Hollandais des Indes orientales.

Le Tassard a bandes interrompues.

(*Cybium interruptum,* nob.)

Nous avons reçu de Pondichéry par M. Leschenault une espèce voisine des deux précédentes, qui se nomme dans le pays *vanjieram.*

Sa tête est plus courte à proportion, et contenue
six fois dans la longueur totale. Ses dents sont plus
petites, plus grêles, un peu moins comprimées et
très-pointues : il y en a environ dix-huit à la mâchoire supérieure et seize à l'inférieure. La ligne
latérale est à peu près droite, et surtout elle ne fait
pas cette grande inflexion qui a lieu dans le *commersonien* sous les premières fausses nageoires; mais elle
serpente un peu sur le tiers postérieur de la queue.

La première dorsale est en mauvais état, et je n'ai
pu bien compter ses rayons; cependant il peut y
en avoir seize; la seconde m'a paru en avoir dix-

sept ou dix-huit, sans compter une épine cachée dans son bord antérieur : l'anale en a autant. Il y a neuf fausses nageoires en dessus et sept en dessous. · Les taches des flancs sont disposées sur trois rangs, qui vont en droite ligne de l'ouïe à la queue, en croisant obliquement la ligne latérale, et elles sont toutes alongées dans le sens de la longueur du poisson, comme si elles formaient des bandes interrompues.

Dans l'individu desséché elles paraissent, ainsi que le dos, d'un brun roussâtre ; mais d'après la description de M. Leschenault, le dos et les taches doivent être verts.

Notre individu est long de quinze pouces.

L'espèce parvient à Pondichéry a une longueur de trois pieds.

Elle passe pour très-délicate.

Le TASSARD A GOUTTELETTES.

(*Cybium guttatum*, nob.; *Scomber guttatus*, Bl. Schn.)

Le *wingeram* de Russel (t. II, fig. 134), dont le nom est manifestement le même que celui du précédent, en est en effet très-voisin.

Sa forme, le nombre de ses fausses nageoires, sont les mêmes ; ceux de ses rayons diffèrent très-peu (B. 7; D. 16 — 20 — VIII; A. 20 — VII; C. 30; P. 20; V. 1/5) ; seulement ses taches sont rondes, au lieu d'être alongées.

L'individu qu'il décrit était long de dix-sept pouces.

C'est, dit-il, un des poissons que les Européens estiment. Les Anglais de Calcutta le
nomment *seerfish*. Pour le manger bon, il
faut le prendre long de deux pieds environ.
Au-dessous de quatorze pouces il est plus sec
que nos plus mauvais maquereaux; passé trois
pieds, il devient insipide.

C'est aussi le *want-saran* de Tranquebar,
nommé par Bloch *scomber guttatus*[1]. A la
vérité, la figure n'a que des taches disposées
peu régulièrement, et la mâchoire inférieure
avance un peu trop. Mais ces différences sont
l'ouvrage du peintre. L'original que nous avons
sous les yeux a des taches tellement effacées,
qu'on a été obligé de les rétablir d'imagina-
tion.

Bloch lui donne pour nombres :

B. 7; D. 15 — 19 — VIII; A. 20 — VII; C. 22; P. 18; V. 1/5.

Ce poisson, selon John, correspondant de
Bloch, se tient à Tranquebar dans les rochers
sous-marins, et ne se montre à la surface que
depuis le mois de Janvier jusqu'en Mars.
On en prend de trois pieds et demi[2]. John
le vante aussi comme un des poissons les plus
délicats de cette côte.[3]

---

1. Bloch, *Systema*, édit. de Schn., p. 23, pl. 5. — 2. *Idem,*
ibid., p. 23. — 3. *Idem,* grande Ichtyologie, part. 10, p. 33.

Nous avons reçu cette espèce de Pondichéry par M. Sonnerat, et de la côte de Malabar par M. Dussumier.

Sa forme est presque celle d'un maquereau. Sa
hauteur n'est que cinq fois dans sa longueur, et sa
tête y est cinq fois et demie ; la hauteur de la tête
est d'un quart seulement moindre que sa longueur.
Il n'y a pas plus de douze ou treize dents de chaque
côté à chaque mâchoire, toutes comprimées et pointues. Sa ligne latérale n'a qu'une faible inflexion,
tantôt sous la deuxième dorsale, tantôt sous les premières fausses nageoires. Trois rangées irrégulières
de taches rondes et noires règnent sur ses flancs.
Sa première dorsale est noire ; les autres sont d'un
jaune verdâtre. Dans la liqueur le dos paraît plombé ; mais dans le frais, selon M. Dussumier, il est
vert, changeant en jaune et en violet, avec des teintes
métalliques du plus grand éclat, et les flancs et le
ventre sont d'une couleur argentée et très-brillante.
L'anale a aussi des reflets argentés.

D. 16 — 2/17 — VIII ; A. 2/19 — VII ou VIII.

Nos individus sont longs de dix et de quinze
pouces.

Ce poisson est assez commun au Malabar,
et très-bon à manger.

Il est fort sujet aux attaques d'une espèce
de cloporte, et d'une lernée d'une espèce
particulière qui pénètre dans ses chairs.

Une figure de cette même espèce, faite à

Malaca pour le major Farkhar, est intitulée
ikan-tingerii-papan.[1]

Le TASSARD BATTEUR.

(*Cybium tritor,* nob.)

M. Rang nous a envoyé récemment de Gorée un *cybium* qui se rapproche un peu du
commersonien par ses taches, et qui atteint
à la même grandeur; c'est celui qui a été
représenté par Barbot, dans le recueil des
Voyages de Churchill (t. V, pl. 6, fig. 8), sous
le nom de *trezhar,* ou plutôt *thrasher* (batteur de blé), et dont la figure est copiée sous
celui de *batteur* dans l'Histoire générale des
voyages (t. III, pl. 11, fig. 7).

Son profil descend un peu plus qu'au *commersonien*, ce qui rend le bout de son museau moins
effilé. Le bord de son préopercule descend plus verticalement, et est un peu en arc rentrant. Sa ligne
latérale demeure droite jusqu'à l'aplomb du commencement de la seconde dorsale, où elle descend un
peu obliquement. Sous le quart postérieur de cette
seconde dorsale elle reprend sa direction vers la
queue, mais en faisant deux légères ondulations. Je
compte dix-sept dents de chaque côté de la mâchoire
supérieure, et quatorze ou quinze à l'inférieure,

---

1. *Tanggiri*, selon le Dictionnaire de Marsden, est le nom d'un
poisson ; *papan* signifie *planche*.

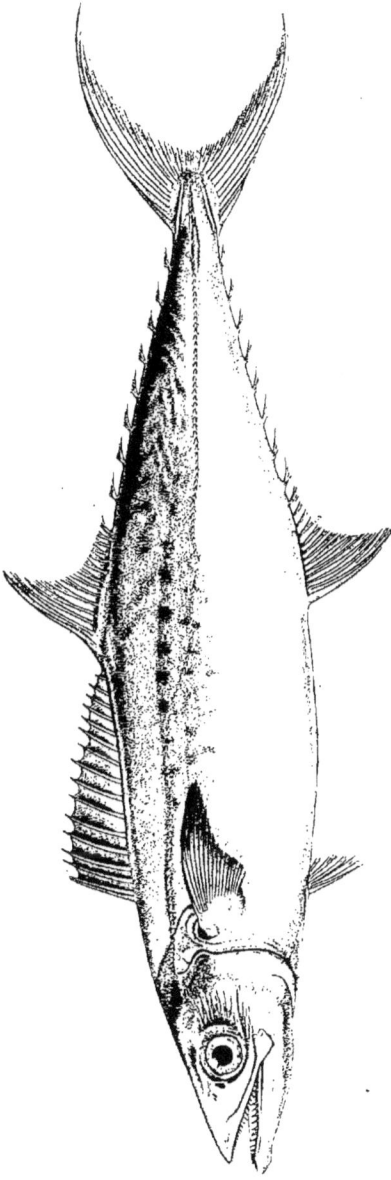

TASSARD batteur.

Werner del.

CYBIUM tritor. n.

Dequevauviller sculp.

Impr. de Langlois.

toutes en lancettes comprimées, tranchantes et pointues.

B. 7; D. 15 — 3/13 — X ou 3/14 — IX; A. 3/13 — IX ou 3/14 — X; C. 17, et 12 ou 15 simples; P. 22; V. 1/5.

Le dos est plombé noirâtre, le ventre argenté. Les taches sont noirâtres, mais moins marquées, plus larges et moins nombreuses qu'au commersonien, et ne descendent pas au-dessous du milieu : elles sont en partie rondes, en partie verticalement oblongues, sans trop de régularité.

La première dorsale est entièrement noirâtre ; la seconde d'un brun olivâtre, qui est aussi la couleur des pectorales et de la caudale. Les ventrales et l'anale sont blanchâtres.

L'individu qui a servi de sujet à cette description est long de vingt-six pouces.

Un autre individu, long seulement de dix-neuf pouces, et d'ailleurs entièrement semblable pour les caractères de formes et de couleurs, a les dents plus étroites, plus serrées, au nombre de trente au moins de chaque côté de la mâchoire supérieure et de vingt-deux ou vingt-trois à l'inférieure.

Un autre encore, long de vingt et un pouces, a jusqu'à trente-six dents de chaque côté à la mâchoire supérieure et vingt-sept à l'inférieure.

Il sera intéressant de savoir si ces différences sont des effets de l'âge ou des caractères d'espèces.

8.   12

Le Tassard hareng.
(*Cybium clupeoideum*, nob.; *Scomber clupeoides*,
Brouss.)

La collection de Broussonnet nous a offert
un *cybium* de l'île de Norfolk, à l'ouest de
la Nouvelle-Hollande, qui y est étiqueté
scomber clupeoides, et qui ressemble au *guttatum* par ses dents comprimées et par ses
formes, mais qui n'a aucunes taches. Il se
pourrait aussi que ce fût un des deux *konings-
visch* de Valentyn.

Je lui trouve quatorze ou quinze dents de chaque
côté en haut, et douze ou treize en bas. Sous la deuxième
dorsale la ligne latérale descend par une inclinaison
de 45 degrés, et remonte sous la première fausse
nageoire; elle serpente un peu jusque près de la
carène latérale.

D. 14 — 2/15 — IX; A. 2/14 — IX.

Ce poisson paraît sur le dos d'un plombé foncé;
les flancs et le dessous du corps sont argentés; ses
nageoires sont grises ou brunes.

Il n'a que six ou sept pouces.

Le Tassard de Kuhl.
(*Cybium Kuhlii,* nob.)

MM. Kuhl et Van Hasselt ont envoyé de
Java un très-petit *cybium* qui forme une espèce particulière.

La carène latérale de sa queue n'est presque pas sensible. Sa ligne latérale n'a aucune courbure. Tout son corps est argenté, teint de plombé vers le dos, sans taches. La première moitié de sa première dorsale est toute noire; le reste en est transparent; les autres nageoires sont jaunâtres.

Cette espèce n'est pas très-alongée; sa hauteur, ainsi que la longueur de sa tête, ne sont que cinq fois dans sa longueur totale; ses pectorales et ses ventrales sont courtes; elle a seize ou dix-sept dents de chaque côté à chaque mâchoire.

D. 15 — 1/18 — VIII; A. 2/17 — VIII.

Nos individus n'ont que quatre pouces. Nous ignorons si l'espèce devient plus grande. Nous venons d'en recevoir un de cette grandeur de Bombay, par M. Dussumier.

Le Tassard de Mertens.

(*Cybium Mertensii,* nob.)

Nous avons vu dans les dessins de M. de Mertens une figure de *cybium* alongé, de couleur irisée, sans taches, à ligne latérale droite, qui nous paraît d'une espèce nouvelle, mais que nous ne pouvons qu'indiquer ici, en attendant que l'on publie les riches collections rassemblées par les naturalistes de l'expédition russe du capitaine Lütke.

Le TASSARD DE LA CHINE.

(*Cybium chinense*, nob.; *Scombre chinois*, Lacép.)

Le beau recueil de peintures chinoises de la bibliothèque du Muséum contient la figure sur laquelle M. de Lacépède a établi son *scombre chinois*, et qui, autant qu'on en peut juger par les dents, paraît appartenir à ce genre.

Cette figure, assez peu correcte, à ce qu'il semble, offre plus de grosseur dans la région moyenne que n'en ont les espèces précédentes. La tête est moins alongée. La ligne latérale y fait sa grande inflexion sous la première et non sous la seconde dorsale. On distingue sept fausses nageoires dessus, et autant dessous. La couleur paraît verdâtre sur le dos, argentée aux flancs et sous le ventre, avec des reflets rosés et violâtres.

Le TASSARD DU JAPON.

(*Cybium niphonium*, nob.)

Le recueil japonais que nous avons déjà cité en plus d'une occasion, contient (p. 24) la figure d'un poisson de ce genre, bien mieux caractérisé que le scombre chinois, et dont il est singulier que M. de Lacépède n'ait point tiré parti.

Les formes sont celles du *commersonien*. On lui voit de même dix fausses nageoires en dessus ; en

dessous le dessin ne lui en marque que sept. Tout
son dos est noirâtre, semé de taches longitudinales
bleuâtres. Ses flancs sont bleuâtres, ou peut-être argentés, et semés de petites taches rondes et noirâtres.

Je crois que ce dessin représente une espèce
particulière, différente du *commersonien* et
du *guttatum*, et sur laquelle on doit fixer
l'attention des voyageurs.

Le TASSARD TACHETÉ.

(*Cybium maculatum*, nob.; *Scomber maculatus*,
Mitch.)

Les côtes de l'Amérique sur la mer Atlantique ont des poissons de ce sous-genre comme
la mer des Indes.

L'un d'eux est connu aux États-Unis sous
le nom de *spanish-makarell*, qui en anglais
appartient proprement au thon vulgaire. M.
Mitchill l'a appelé *scomber maculatus*, et en
a donné une description exacte et une bonne
figure[1]. Nous en avons reçu de M. Milbert
plusieurs individus, qui nous ont mis à même
d'en parler avec encore plus de détail.

Sa forme est en général celle des précédens : il
ressemble surtout beaucoup à l'*interruptum*; mais sa
tête est plus pointue ; elle est comprise cinq fois et

1. Mémoires de New-York, t. I, p. 426, pl. 6, fig. 8.

deux tiers dans la longueur totale. Ses dents sont à
peu près comme dans l'*interruptum*, c'est-à-dire un
peu coniques et très-pointues. Sa ligne latérale est
d'abord assez droite, mais va, en s'écartant du dos,
jusque sous la seconde dorsale, où elle fait à peine
une légère inflexion vers le bas, et ensuite plusieurs
serpentemens; elle redevient droite vers le tiers postérieur de la queue. Sa première dorsale a dix-sept
rayons, qui peuvent en grande partie se cacher dans
un sillon du dos; la seconde en a quinze et deux
épines : elle est suivie de neuf fausses nageoires.
L'anale a aussi deux épines et quinze rayons mous,
et est suivie de neuf fausses nageoires, comme la
dorsale. La caudale a ses lobes longs, pointus et
arqués, comme dans le *commersonien*.

B. 7; D. 17 — 2/15 — IX; A. 2/15 — IX; C. en comptant
tout, 22; P. 22; V. 1/5.

Dans la liqueur et desséchés nos individus paraissent avoir le dos plombé, les flancs et le ventre
argentés; des taches rondes et noirâtres sont semées
sur les flancs, à des endroits sur trois et quatre rangs,
à d'autres sur deux, sans régularité. La première dorsale a du noir jusqu'au huitième ou neuvième rayon;
ensuite elle est blanche : la seconde est grise, ainsi
que la caudale. La pectorale est grise aussi, mais
elle a du noir vers son bord. Les ventrales et l'anale
sont blanchâtres.

Mais cette description ne rend pas les couleurs
du poisson frais, qui sont beaucoup plus brillantes.
Selon M. Mitchill, le milieu du dos est verdâtre et
les côtés plombés ou gorge de pigeon. Tout le des-

·sous est d'un blanc d'argent très-éclatant, et les taches des côtés ne sont pas noirâtres, mais jaunes.

Nous en avons des individus de dix-huit pouces de long, et c'est aussi à peu près la taille que M. Mitchill donne à l'espèce.

Ce poisson arrive dans les eaux de New-York au mois de Juillet. Il descend plus bas au sud, car j'ai vu, dans une collection de dessins faits au Mexique, une figure qui ne me paraît pas en différer.

Nous avons reçu du Brésil un squelette que tout annonce être de la même espèce; il a les mêmes proportions, les mêmes dents, encore médiocres et un peu coniques, les mêmes formes de pièces operculaires et les mêmes nombres de rayons. Son crâne n'a point de trous entre le frontal et le pariétal. Sa crête mitoyenne s'élève plus que les latérales. Son épine a quarante-cinq vertèbres, toutes aussi hautes que longues, creusées de chaque côté de deux fossettes; à compter de la neuvième, elles commencent à avoir des anneaux en dessous, mais très-petits; ils donnent des apophyses épineuses descendantes, qui portent les côtes inférieures, et qui vont en s'alongeant jusqu'à la vingt et unième, où commence la queue, et où les apophyses se continuent comme à l'ordinaire.

Le Tassard royal.

(*Cybium regale*, nob.; *Scomber regalis*, Bl.)

M. Ricord vient de rapporter de Saint-Domingue un tassard très-semblable au précédent,
et qui a de même dix-sept rayons à la première dorsale, et la ligne latérale descendant obliquement
et serpentant ensuite, mais dont les dents, au lieu
d'être coniques, sont comprimées et tranchantes,
comme dans le grand nombre des espèces du genre.
Son dos est plombé, ses flancs et son ventre argentés. A la hauteur de sa pectorale règne le long du
flanc un ruban brun ou jaunâtre, qui croise la ligne
latérale. Au-dessus et au-dessous de ce ruban sont
des rangées de taches de même couleur et la plupart
oblongues. Sa première dorsale a une grande tache
noire, allant jusqu'au huitième et au neuvième rayon.
Il n'y a point de noir à sa pectorale.

D. 17 — 2/15 — VIII; A. 2/14 — VIII; C. 17 et 15; P. 22;
V. 1/5.

Nos individus sont longs de dix-huit à vingt
pouces : l'espèce atteint deux pieds.

Elle est très-estimée.

Il nous paraît que c'est cette espèce en particulier qui ressemble le mieux au *tasard* ou
tezard, dont la figure, laissée par Plumier,
a paru dans l'ouvrage de Bloch (pl. 333) sous
le nom de *scomber regalis*; car cette figure
marque sur chaque flanc une bande continue,

avec une rangée de taches au-dessus et une au-dessous; cependant elle n'a point de noir à la première dorsale, et la ligne latérale n'y fait point de serpentemens : mais je crois que c'est Bloch qui a ajouté la ligne latérale, car elle n'est pas dans le dessin de Plumier. On trouve dans Sloane[1] une indication qui semblerait aussi se rapporter à ce poisson : c'est son *scomber linea et maculis luteis,* qu'il nomme aussi en anglais *spanish-makarell;* mais les mesures qu'il donne (huit pouces de long sur deux pouces et demi de haut) indiquent une forme bien moins alongée, à moins qu'il n'ait compris la hauteur de la dorsale.

Nos Vélins du Muséum contiennent une copie faite par Aubriet du dessin du Plumier, où par l'incurie du copiste les deux nageoires sont représentées comme si elles se joignaient l'une à l'autre. C'est sur cette copie que M. de Lacépède a établi son genre *scombéromore* et son espèce du *scombéromore Plumier* (t. III, p. 292 et 293); mais il s'aperçut ensuite (t. IV, p. 711, et t. V, p. 789) que c'était le même poisson que le *scomber regalis.* Ainsi le genre et l'espèce du *scombéromore Plumier* doivent disparaître du catalogue des poissons.

---

1. *Jam.*, t. II, p. 284.

Le Tassard sierra.

(*Cybium acervum*, nob.)

Nous ne savons si nous devons règarder comme une espèce particulière un poisson qui se nomme aussi *tazard* parmi nos colons des Antilles, et *sierra* chez les Espagnols, et ressemble beaucoup aux deux précédens par sa forme générale, par la tache noire de la première dorsale et par les nombres de ses rayons ; mais qui n'a aucune tache sur le corps.

Il nous a été envoyé de la Martinique par M. Achard ; M. Poey vient de nous l'apporter de l'île de Cuba, et M. Ricord de celle de Saint-Domingue.

Ses dents sont tranchantes, comme dans le *regale*, mais moins nombreuses ; je n'en compte que huit ou neuf à la mâchoire supérieure, et sept ou huit à l'inférieure. Sa ligne latérale fait dans l'individu de la Martinique deux légers serpentemens convexes vers le haut, avant d'arriver sous la seconde dorsale, au lieu de la simple et légère inflexion qu'elle a à cet endroit dans le *maculatum* ; mais dans l'individu de la Havane cette différence n'existe pas, et la ligne est presque droite.

Le corps est argenté et teint de violâtre ou de plombé sur le dos. Les nageoires sont grises, excepté la première dorsale, qui a une tache noire depuis le premier jusqu'au sixième et au septième rayon : le commencement de la seconde est teint de noirâtre.

D. 17 — 2/15 — VIII; A. 2/15 — VIII, etc.

Nos individus n'ont que cinq pouces.

Mais M. Poey nous a donné le dessin d'un qui est long de neuf. Les pêcheurs l'ont assuré que l'espèce parvient à peser vingt-cinq et même quelquefois cinquante livres; mais peut-être la confondent-ils avec le tassard tacheté.

Le TASSARD GUARAPUCU.

(*Cybium caballa*, nob.)

Une autre espèce américaine de ce sous-genre nous est venue du Brésil et des Antilles.

Ses dents sont comprimées, avec des bords tranchans. Sa ligne latérale fait une forte inflexion sous la deuxième dorsale, et ensuite trois ou quatre serpentemens assez forts : elle a deux ou trois rayons de moins à la première dorsale.

D. 14 — 2/15 — IX.

Nos individus du Brésil sont longs de vingt-deux pouces : l'un d'eux a été apporté par feu Delalande; nous devons l'autre à S. A. le prince Maximilien de Neuwied, qui l'a entendu appeler *sardo* à Bahia.

Tout le dessus du corps de ce poisson est plombé,

les flancs et le ventre argentés ; des taches plombées ovales sont répandues sur les flancs ; la pectorale a son bord noir.

Il y en a un plus petit des Antilles, trouvé dans les collections de feu Plée, et dont les taches, à l'état sec, paraissent jaunes.

Le même naturaliste en a laissé un de Porto-Rico, long de près de trois pieds, qu'il dit se nommer *sierra* dans cette île, et *tasard* ou *tassart* à la Martinique : les taches en sont presque effacées ; mais du reste il offre les mêmes formes que ceux qui les ont plus marquées.

Selon M. Plée, l'espèce atteint une taille de huit à dix pieds. Sa chair est très-ferme, mais indigeste, et passe pour être quelquefois vénéneuse.

Margrave (p. 178 et 179) décrit sous le nom brésilien de *guarapucu*[1] un poisson très-semblable à celui-ci, que les Portugais du Brésil nommaient de son temps *cavala*, comme le maquereau, et les Hollandais *konings-visch* (poisson de roi), à cause de la bonté de sa chair. La figure marque bien les dents et l'inflexion de la ligne latérale, mais laisse un in-

---

1. L'original de cette figure est dans le *Liber principis* (t. I, p. 327), mais à la mine de plomb et sans couleurs. L'individu était long de quatre pieds.

tervalle entre les deux dorsales, probablement parce qu'une portion de la première était demeurée cachée dans la rainure du dos. Il le dit argenté, teint de bleu foncé sur le dos, de bleuâtre sur les côtés, et assure qu'il arrive à une longueur de sept pieds, et à la grosseur du corps de l'homme : il ne lui donne aucunes taches; mais immédiatement après il parle d'une autre espèce nommée *corororoca* et *peixe-serra* (*sierra*), qui ressemble en tout à la première, si ce n'est que ses côtés portent beaucoup de taches brunes. Sa chair est trop sèche et beaucoup moins estimée que celle du *konings-visch*.

Il nous semble que ces deux poissons pourraient bien être ceux que nous venons de décrire. Le *guarapucu* répondrait à nos grands individus, et le *corororoca*, soit aux petits tachetés, soit à notre première espèce américaine, au *maculatus*.

Le *guarapucu* semble aussi devoir être le *king-fish* ou *scomber maximus, pinnulis utrinque novem,* etc., de Brown.[1]

C'est encore, à ce qu'il nous paraît, le poisson que Lœfling avait caractérisé en ces termes dans une lettre à Linnæus : *Scomber pinnulis*

---

1. *Jam.*, p. 452.

novem, pinna dorsi priore plicata, dentibus planis, lanceolatis; maxilla superiore acuta (D. 14/13; P. 22; V. 6; A. 16; C....), et dont Linnæus et tous ses successeurs ont fait un synonyme du thon ordinaire, malgré les différences qui résultaient de la phrase même de Lœfling. Cette espèce est décrite sous le nom de *carite* dans le Voyage de Lœfling (p. 103), et ce qui y est dit de son corps, long, étroit, comprimé et tacheté, achève de démontrer combien la synonymie de Linnæus est erronnée.

Duhamel[1] donne un tazard ou tassard qui lui avait été envoyé d'Amérique sans description, et qui présente une séparation entre les deux dorsales, comme dans le *guarapucu* de Margrave, et probablement par une erreur qui a la même cause.

Selon Pison (p. 50) le *guarapucu* vit en troupes comme le thon, nage avec rapidité, dévore beaucoup de poissons, engraisse et fraie dans la saison pluvieuse. On en consommait de son temps beaucoup. Tant fraîche que salée, sa chair, quoiqu'un peu sèche, est agréable et saine, surtout lorsqu'il est jeune.

---

1. Pêches, part. 2, sect. 7, pl. 7, fig. 1.

Le TASSARD SANS TACHES.

(*Cybium immaculatum*, nob.)

Nous avons encore un petit *cybium,* qui nous semble se comporter vis-à-vis de ce *cavala* comme l'*acervum* vis-à-vis du *regale.*

Son corps est plus comprimé et plus haut à proportion; son profil est plus droit; sa tête a plus de hauteur relativement à sa longueur; l'œil est un peu moins en avant; les dents sont plus fortes; le bord postérieur de l'opercule plus arrondi; l'inflexion de la ligne latérale est très-prononcée, et sa partie descendante est inclinée de quarante-cinq degrés; elle remonte ensuite un peu, fait deux ou trois serpentemens plus marqués que dans le *maculatum,* et va droit le long de la moitié postérieure de la queue.

B. 7; D. 15 — 2/12 ou 13 — IX; A. 2/14 — IX; C. 30; P. 22; V. 1/5.

La couleur du dos paraît d'un gris roussâtre, qui se perd par degrés dans l'argenté des flancs; le ventre est argenté; les nageoires d'un gris roussâtre sans tache noire à la dorsale.

Nos individus ne sont longs que de six à sept pouces.

Il est à croire qu'on doit les rapporter au *scomber cœruleo-argenteus nudus* de Brown.[1]

Il y a une vessie natatoire oblongue, étroite,

---

1. *Jam.*, p. 452.

attachée sur la région moyenne du dos; ses parois
sont argentées, et brillent sur le fond gris du péritoine. L'estomac est un long sac étroit, plissé à
l'intérieur. Le foie est petit et composé de deux
lobes à peu près égaux.

Le Tassard de Solander.

(*Cybium Solandri*, nob.)

Il nous paraît convenable de placer ici un
poisson dont nous avons trouvé la description dans les papiers de Solander conservés
à la bibliothèque de Banks, sous le nom de
scomber lanceolatus[1], et qui, d'après tout ce
qui en est dit, et surtout d'après ses *dents
maxillaires, sur un seul rang, droites, comprimées, un peu triangulaires, presque comme
dans les squales, un peu obtuses, lisses,* et
*celles de la langue, de la gorge et du palais,
toutes excessivement petites,* ne peut être
qu'un tassard, mais qui s'éloigne beaucoup de
toutes les espèces que nous avons observées,
par les nombres des rayons de ses dorsales,
vingt-six à la première, douze à la seconde.

Voici ce que j'extrais de caractéristique de
la description de Solander.

---

1. Il y a aussi un *scomber lanceolatus* de Forster, mais qui est
un *thyrsites.*

Sa hauteur est sept fois et quelque chose dans sa longueur; sa tête y est quatre fois et demie. La mâchoire inférieure dépasse l'autre au moyen d'une proéminence cartilagineuse conique. Il compare un peu les dents à celles des squales. Les yeux sont assez grands, un peu en arrière du milieu de la tête. Le bord membraneux de l'opercule est un peu déchiqueté ou dentelé. La ligne latérale s'abaisse derrière les ventrales, et fait deux inflexions pour arriver au milieu de la hauteur en même temps qu'au milieu de la longueur du poisson : elle a une carène épaisse. La première dorsale occupe la première moitié du dos. Les pectorales, un peu en faux, n'ont que moitié de la longueur de la tête, et les ventrales sont encore de moitié plus courtes.

B. 7; D. 26 — 11 — IX; A. 12 — X; C. 33; P. 22; V. 1/5.

Tout le dessus est plombé, le dessous blanchâtre; les flancs sont plombés, avec beaucoup de lignes ondulées blanchâtres.

L'individu mesuré par Solander était long de quatre pieds anglais. Il le compare à celui de Willughby (pl. M, 4) et au *guarapucu* de Margrave, et dit que les matelots anglais l'appellent aussi *king-fish*.

———

Au surplus ce nom de *tassard* en français, comme celui de *sierra* en espagnol, paraît avoir été appliqué par les colons et par les marins français à des espèces assez différentes.

8.　　　　　　13

Nous avons déjà vu le tassard de Commerson, qui est un auxide. Celui dont on fait de grandes pêches sur la côte de Barbarie, selon Duhamel[1], et qui a de petites dents très-fines, ne peut être non plus du genre actuel.

Il en est du nom de *konings-visch* comme de celui de *tassard*. Les colons hollandais de l'archipel des Indes l'ont transporté aux espèces de la mer des Indes plus ou moins semblables à celle du Brésil, sans examiner beaucoup si ces espèces étaient identiques.

Nous avons déjà parlé du *mangelang* de Renard, ou *konings-visch* vert de Valentyn, et du *konings-visch* ordinaire de ce dernier; ce sont de vrais *cybiums* : tel est aussi le *konings-visch* de Nieuhof, copié par Willughby (appendice, t. III, fig. 4), dont les taches longitudinales sur deux lignes semblent indiquer cependant une espèce particulière. Mais Valentyn donne encore (n.º 11) une figure qu'il appelle (p. 351) *poisson-de-roi œillé,* et qui appartient à un tout autre genre, comme nous le verrons dans le volume suivant.

Bloch, sans faire de distinction des océans, ni des grandeurs, ni des couleurs, rapporte tous ces poissons, soit *tassards,* soit *poissons-*

---

1. Pêches, part. 2, sect. 7, pl. 7, fig. 1.

de-roi, au tassard de Plumier; et c'est par cette raison qu'il l'a nommé *regalis*.

Pour moi, je pense non-seulement que ces indications se rapportent à des espèces différentes, mais qu'il en faut regarder quelques-unes comme appartenant à des espèces du genre qui va suivre, à celui des *thyrsites*. Le tassard de Dutertre pourrait surtout être dans ce cas; il le nomme *brochet-de-mer*, et le compare à la grande sphyrène, à laquelle les thyrsites ressemblent en effet beaucoup, surtout par leurs dents.

CHAPITRE V.

Des Thyrsites et des Gempyles.

DES THYRSITES.

Après ces *cybiums* viendront des poissons également alongés, sans corselet, et à dents comprimées et pointues, mais dont les dents antérieures de l'intermaxillaire sont plus longues et plus fortes que les autres, comme dans les trichiures et les lépidopes, où les palatins ont une rangée de petites dents pointues et non de simples âpretés, et dont la queue enfin n'a sur ses côtés ni la carène des thons, ni même les deux petites crêtes des maquereaux. Ils nous offrent un passage des plus sensibles vers les lépidopes.

Le Thyrsite atun.

(*Thyrsites atun,* nob.; *Scomber atun,* Euphrasen
et Lacép.)

Cette espèce nous vient du Cap, où Euphrasen paraît l'avoir déjà observée.

Sa hauteur aux pectorales est huit fois et quelque chose dans sa longueur; son épaisseur fait les deux tiers de sa hauteur. Sa tête est comprise dans la longueur totale quatre fois et demie. Sa propre longueur comprend sa hauteur deux fois et un huitième : elle est pointue ; le dessus en est plan ; le profil droit, très-peu descendant ; les côtés verticaux. La pointe de la mâchoire inférieure se porte au-devant de l'autre, presque comme dans les sphyrènes. Le diamètre de l'œil est d'un peu plus du sixième de la longueur de la tête, et cet organe est placé tout près de la ligne du profil, à égale distance du bout du museau et de l'ouverture des ouïes, et occupant la moitié supérieure de la hauteur à cet endroit.

Les orifices de la narine sont assez près de l'œil ; l'antérieur en forme de trou rond, le postérieur en fente verticale, comme dans les scombres. La gueule est fendue jusque sous la narine postérieure. Le maxillaire s'élargit peu, se prolonge jusque sous le bord antérieur de l'œil et se termine obliquement. Le sous-orbitaire est en triangle long et étroit. L'intermaxillaire n'est nullement extensible. Vingt-cinq dents ou environ, coniques, comprimées, de force médiocre, y sont implantées de chaque côté le long de son bord externe : les premières sont assez petites, et ne vont pas jusqu'au bout antérieur ; mais sur un rang plus interne, sous la pointe du museau, il y en a de chaque côté deux ou trois, très-grandes, comprimées, crochues et très-pointues, qui donnent le caractère le plus apparent de ce sous-genre. La mâchoire inférieure a de chaque côté seize ou dix-huit dents comprimées, tranchantes, aiguës, plus grandes que celles du bord de la mâchoire supé-

rieure : le vomer en a tout au plus deux ou trois
et à peine sensibles; mais le long du bord externe
du palatin il y en a une rangée de quinze ou vingt,
petites, pointues, dirigées un peu en arrière.

La langue n'est garnie que d'une plaque un peu
âpre. L'armure des arcs branchiaux est assez différente de celle des sous-genres précédens, et consiste
pour les quatre paires en une rangée de petits tubercules, hérissés chacun de quelques petites épines
grêles. Les pharyngiens ont des dents en velours.
Le bord postérieur du préopercule est vertical et
son angle arrondi. La largeur de l'opercule égale
celle du préopercule. La ligne de séparation du
subopercule part de l'angle de l'opercule, et monte
un peu obliquement en arrière; celle de l'interopercule, partant presque du même point, descend presque verticalement. L'ensemble operculaire est arrondi; mais il y a une échancrure assez profonde au
bord de l'opercule osseux vers le haut. Les ouïes
sont fendues fort avant en dessous, et ont sept rayons
à leur membrane.

Il n'y a rien de particulier aux os de l'épaule. La
pectorale, attachée plus bas que le milieu, taillée
un peu en faux, n'a que le douzième à peu près de
la longueur totale et quatorze rayons. Les ventrales
n'ont que le tiers de la longueur des pectorales, et
leur petitesse, comme tous les autres caractères du
poisson, nous marque son affinité avec le lépidope.

La première dorsale commence vis-à-vis le haut
de l'opercule, et règne sur une longueur qui égale
près de la moitié de celle du poisson. Ses épines,

au nombre de vingt, de force médiocre, ont la moitié de la hauteur du corps sous elles; elles diminuent peu, si ce n'est les cinq ou six dernières; la
vingtième surtout est très-courte. Peu après elle
vient la deuxième dorsale, pointue de l'avant, échancrée en croissant, basse de l'arrière, à onze rayons;
sa pointe antérieure égale les épines moyennes de
la première en hauteur, et elle est un peu plus longue que haute. Six fausses nageoires occupent entre
elle et la caudale un espace égal au septième à peu
près de la longueur totale.

L'anale commence sous le milieu de la deuxième
dorsale; sa grandeur, sa forme, les nombres de ses
rayons, sont les mêmes : six fausses nageoires viennent après elle. On ne voit ni crêtes ni carène sur
les côtés de la queue. La caudale est fourchue, et
chacun de ses lobes a à peu près un septième de la
longueur totale. Outre les dix-sept rayons ordinaires,
elle en a six ou sept en dessus, et cinq ou six en
dessous, mais moins forts que dans les sous-genres
précédens.

B. 7; D. 20 — 1/11 —VII; A. 1/10 — VII; C. 17 et 12 ou 13;
P. 14; V. 1/5.

Il n'y a point de corselet. Toute la peau de ce
poisson paraît lisse. Sa ligne latérale, formée d'une
suite de petites élevures, marche parallèlement au dos,
et très-près de la dorsale, jusque vis-a-vis le quatorzième rayon, où elle descend par une courbure oblique; vis-à-vis de la dix-huitième elle arrive au milieu
de la hauteur, et reprend alors la direction droite,
mais en ondulant un peu jusqu'à la caudale.

Le ventre et les flancs sont argentés; le dos est teint de brun et de plombé. La membrane de la première dorsale est fine et teinte de noir, mais avec une large bande transparente derrière chaque rayon. Les rayons eux-mêmes sont jaunes. Les autres nageoires sont d'un brun jaunâtre, excepté les ventrales, qui sont blanchâtres.

Dans le frais, le dos est bleu foncé, avec des reflets pourpres et verts, et un éclat métallique; le ventre est argenté; le dessus de la tête, d'un vert noirâtre; l'anale et les fausses nageoires, blanc verdâtre : mais ces couleurs changent promptement après la mort.

Ce poisson devient grand. Nous en avons un individu de trois pieds et quelques pouces.

Le thyrsite a l'estomac très-étroit et prolongé en un long sac, qui atteint aux sept huitièmes de la longueur de l'abdomen. La branche montante naît très en avant et sur le foie. L'intestin remonte vers le diaphragme, s'y plie, et se rend de là droit à l'anus; ainsi l'on voit qu'il est court. Le pylore a sept ou huit appendices cœcales. Le foie est médiocre; il porte une vésicule du fiel fort alongée. La rate est grande, triangulaire, pointue à ses deux extrémités; sa longueur égale à peu près le quart de celle de l'abdomen. La vessie aérienne est très-grande et remarquable par les étranglemens de sa portion antérieure, qui la font paraître lobée et semblable à celle de quelques sciénoïdes. Les laitances de l'individu que nous avons disséqué paraissaient pleines, et étaient longues, mais peu épaisses. Nous avons trouvé son estomac rempli d'assez gros poissons.

Son crâne diffère beaucoup de ceux des thons, des thonines et des maquereaux. La partie du front et du museau est alongée et plate. Le crâne est fort court, et n'a que de petites crêtes, dont les inférieures sont les plus saillantes. On n'y voit point de trou. Les os surscapulaires, comme dans tous les sous-genres précédens, sont étroits et alongés.

Son épine a trente-sept vertèbres, toutes deux fois plus longues que larges, et rétrécies dans leur milieu; elles n'ont d'anneaux en dessous que vers l'arrière de l'abdomen, et ils sont fort petits. Les côtes sont grêles; les antérieures doubles. C'est à la vingt-troisième vertèbre que commencent à se suspendre les interépineux de l'anale : la dernière se dilate en éventail, et a seule de chaque côté une apophyse saillante en forme de fer de hache.

L'espèce habite la mer qui entoure le cap de Bonne-Espérance. Elle nous en a été apportée par feu Delalande, par MM. Lesson et Garnot et par M. Dussumier. Ce dernier voyageur nous apprend qu'elle y est très-abondante pendant la belle saison : alors on l'a pour rien; mais au commencement de son apparition elle se vend fort cher, ce qui prouve qu'elle est très-estimée. Pendant l'hiver de ces parages, elle se rend sur le banc des Aiguilles, où elle offre un rafraîchissement agréable aux naviga-

teurs. Sa chair est blanche, facilement divi-
sible en tranches, et a pour le goût quelque
rapport avec celle de la morue; mais elle est
encore plus légère. On la prépare en friture
coupée par tranches.

M. Verreaux qui vient de nous en envoyer
un grand individu pris dans la baie de la Table,
nous dit que les Hollandais du Cap la nomment *snoek*, c'est-à-dire *brochet*.

Ce poisson est si vorace qu'il suffit pour le
prendre d'un morceau de drap rouge attaché
à l'hameçon. Les pêcheurs du Cap forment avec
des lanières de cuir et un morceau de plomb
une poupée qui ressemble à un calmar, et
qu'ils jettent au loin et retirent avec vivacité.

Tout annonce que c'est le *scombre atun*
d'Euphrasen et de Lacépède, qui est du Cap
et de Java, long quelquefois de plus de trois
pieds, et a le museau alongé et pointu, et vers
son extrémité quatre dents aiguës et plus fortes
que les autres. Ses nombres s'accordent fort
bien avec les nôtres.

B. 7; D. 20 — 10; A. 10 ou 13; C. 22; P. 13; V. 22.

L'acinacée bâtarde de M. Bory Saint-Vin-
cent, publiée par ce naturaliste dans son
Voyage aux quatre îles des mers d'Afrique
(t. I, pl. 4, fig. 2), et dans le Dictionnaire clas-
sique d'histoire naturelle (t. I, p. 93), nous

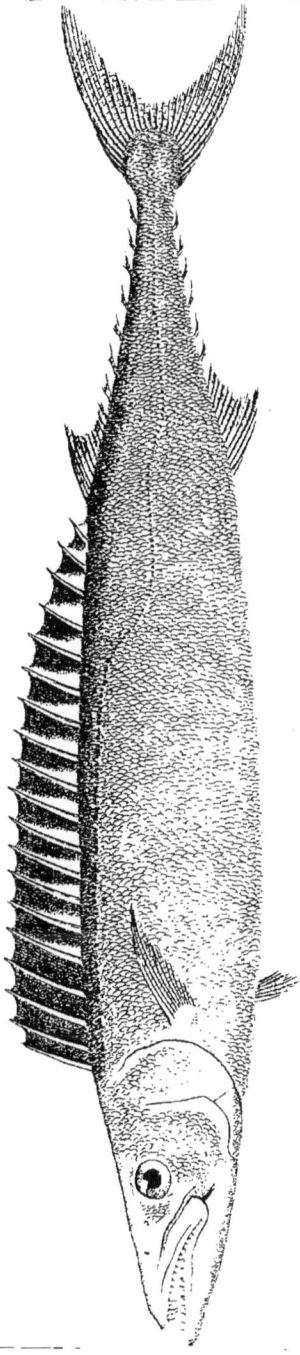

THYRSITES atun. n.

francois sculp.

Impr.de Langlois.

Werner del.

THYRSITE atun.

paraît aussi infiniment voisine de l'espèce que
nous venons de décrire; mais l'auteur lui donne
vingt-neuf rayons épineux à la première dorsale et quatre aux ventrales. Ses autres nombres
et toutes ses formes sont les mêmes. Si les
vingt-neuf épines dorsales étaient par hasard
l'effet d'une faute de copie ou d'impression,
nous ne douterions plus de son identité.

M. Bory dit que c'est un poisson fort vorace, qui habite la mer Atlantique entre les
tropiques. Il l'appelle *bâtarde,* parce qu'il lui
trouve des rapports d'une part avec les scombres, et de l'autre avec des orphies.

Le *scomber dentatus* de Forster, observé
à la Nouvelle-Zélande, et dont la description
a été insérée par Schneider dans le Système
posthume de Bloch (p. 24), est manifestement
un thyrsite, et a même tous les caractères
de celui du Cap, si ce n'est que l'auteur
donne à sa première dorsale tantôt vingt,
tantôt vingt-trois rayons. Nous n'en avons
trouvé que vingt sur cinq individus.

Il y a parmi les dessins de Forster dans la
bibliothèque de Banks[1] une figure qui ressemble aussi fort bien à notre espèce, et qui
pourrait bien correspondre à cette description,

---

1. Lacépède, t. V, part. 2, p. 680.

mais est intitulée *scomber lanceolatus.* Peut-être l'auteur en aura-t-il changé le nom. Elle montre vingt-deux ou vingt-trois rayons à la première dorsale. L'individu avait été pris à l'entrée du détroit de la Reine-Charlotte.

MM. Quoy et Gaimard ont décrit et dessiné dans la baie de Basmann, à la Nouvelle-Zélande, un thyrsite qui pourrait bien être encore le même. Ils lui donnent pour nombres :

D. 19 — 11 — VI; A. 11 — VI; C. 24; P. 12; V. 1/5;

et pour couleurs en dessus un bleu d'acier, qui devient presque noir sur la tête, et se change en argenté sur les flancs et le ventre. La dorsale est noire, et leur figure la représente plus basse à proportion que dans *l'atun.* Sa taille variait de deux à trois pieds.

N'ayant pas vu ces thyrsites de la Nouvelle-Zélande, nous n'osons assurer qu'ils diffèrent spécifiquement de ceux du Cap, ni même qu'ils ne diffèrent pas entre eux. Selon Forster le sien était désagréable à manger, à cause de ses arêtes.

Le Thyrsite du Chili.

(*Thyrsites chilensis*, nob.)

M. d'Orbigny a envoyé de Valparaiso, sous le nom de *sierra,* un thyrsite très-semblable à l'*atun* pour les formes, les nombres et les couleurs,

si ce n'est que sa tête est sensiblement plus alongée et plus étroite, ses dents latérales plus grandes à proportion, et qu'il a une fausse pinnule de plus derrière l'anale. Les bandes blanches de sa dorsale sont plus larges.

Nos individus sont longs de dix-neuf pouces.

Le Thyrsite jarretière.

(*Thyrsites lepidopoides*, nob.)

Les côtes du Brésil produisent aussi une espèce de thyrsite, qui nous a été apportée par feu Delalande.

Elle est moins alongée et plus comprimée que l'*atun*. Sa hauteur est six fois dans sa longueur; son épaisseur deux fois et demie dans sa hauteur. La longueur de sa tête fait le quart de sa longueur totale. Les orifices de sa narine sont placés de manière que l'antérieur tient le milieu entre l'œil et le bout du museau, et le postérieur le milieu entre l'antérieur et l'œil. La pointe de la mâchoire inférieure dépasse l'autre, mais reste obtuse. Les dents des bords des mâchoires sont médiocres; mais celles du devant de la supérieure sont extrêmement longues et pointues. Il y en a une rangée en travers au-devant du vomer, et une le long de chaque palatin, fines, courtes et pointues. La langue est lisse. L'échancrure de l'opercule osseux est très-profonde, en sorte que cette pièce a deux pointes, mais flexibles et cachées dans la peau. La première dorsale est basse et égale, et a dix-sept rayons assez grêles, à peu près du quart de la hauteur du corps : le dernier est très-petit ; la longueur de cette nageoire fait le tiers de celle du corps. La seconde, à sa partie antérieure, s'élève du double de la première. Sa longueur est double de sa hauteur. Elle a deux épines cachées dans son bord et quatorze rayons mous, et est suivie de quatre fausses nageoires. L'anale répond exactement à la deuxième dorsale pour la position et la grandeur, et a deux épines et quinze rayons mous. Les fausses nageoires inférieures sont en même nombre que les supérieures ; la dernière peut aussi passer pour double. La pectorale a le neuvième de la longueur totale. La ventrale est d'un tiers plus courte.

B. 7 ; D. 17 — 2/14 — V ; A. 2/15 — IV ; C. 17 ou 26 ; P. 14 ; V. 1/5.

La tête et la plus grande partie du corps paraissent lisses. Ce n'est que vers l'arrière de la queue que l'on aperçoit les écailles. La ligne latérale est à peu près droite et formée d'une suite de petites écailles serrées.

Tout ce poisson est argenté, un peu plus plombé vers le dos. La ligne latérale est brune ; les nageoires grises ; l'iris doré.

Nos individus sont longs d'un pied.

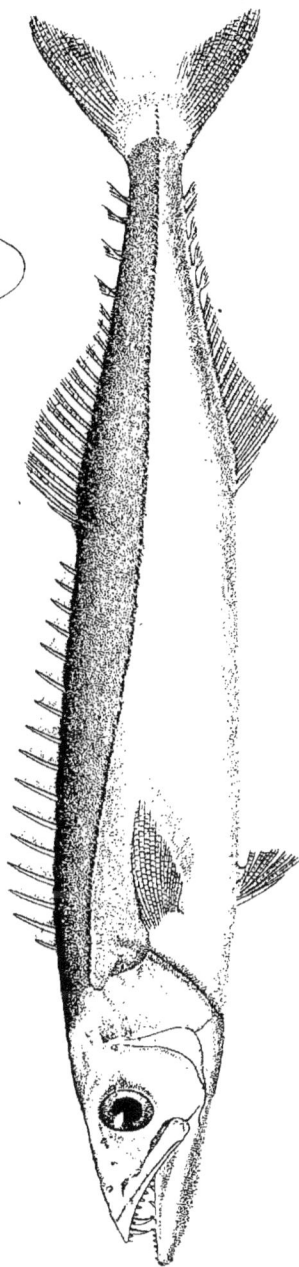

THYRSITE lepidopoïde.

Werner del.

Impr. de *Langlois*

THYRSITES lepidopoïdes.

François sculp.

DES GEMPYLES (*Gempylus*, nob.).

Nous terminerons cette longue série des scombres à fausses nageoires par des poissons fort semblables, à plusieurs égards, aux thyrsites, mais qui n'ont que des ventrales presque imperceptibles, et manquent de dents au palais. Obligés, d'après notre méthode, d'en faire un sous-genre, nous leur consacrerons le nom de *gempyle,* que quelques Grecs donnaient à la pélamide, selon Hésychius. Nous en connaissons trois espèces.

La première,

Le Gempyle serpent,

(*Gempylus serpens,* nob.; *Scomber serpens,* Solander.)

habite l'océan Atlantique. Sloane nous paraît l'avoir déjà représentée dans le premier tome de son Histoire naturelle de la Jamaïque, à la suite de la préface (pl. 1, fig. 2), sous le nom de *serpens marinus compressus, lividus.* Sa figure en marque assez bien la forme générale; mais, comme toutes celles de la même époque, elle n'est point exacte quant aux nombres des rayons, et les dents antérieures n'y excèdent point les autres, ce qui

fait disparaître un des principaux caractères
du genre. Solander, lors du premier voyage
du capitaine Cook, en observa un individu
près des Canaries, le 22 Septembre 1768, et
en a laissé une bonne description, conservée
dans la bibliothèque de Banks : il l'appelle
scomber serpens.

Nous venons de recevoir ce poisson des Antilles, avec les collections laissées par M. Plée;
et bien qu'il soit desséché et en assez mauvais
état, il ne nous est pas impossible, surtout
en nous aidant des notes de Solander, d'en
donner une description assez complète.

Il est alongé comme une orphie et davantage.
Sa hauteur est quinze fois dans sa longueur. La longueur de sa tête est du cinquième de sa longueur
totale. La fente de sa bouche prend moitié de la
longueur de la tête. Ses mâchoires sont pointues ;
l'inférieure a en avant un cône charnu, et dépasse
la supérieure, comme dans la sphyrène. Chaque mâchoire a une rangée de dents comprimées, tranchantes et pointues ; et à la supérieure les trois premières de chaque côté, quatre ou cinq fois plus
grandes que les autres, ont un petit crochet près de
leur pointe, qui les termine en demi-flèche, comme
celles des trichiures et des lépidopes : les six dents
se cassent assez facilement, et dans notre individu
il n'en reste que trois d'entières. Il en était de même
dans celui de Solander. Il y en a ensuite de chaque

côté une vingtaine d'abord très-petites, et qui grandissent par degrés jusque vers le milieu et redimi-
nuent ensuite. La mâchoire inférieure en a quelques-
unes de plus, disposées à peu près de même, seulement
les deux premières sont un peu plus grandes que les
deux qui les suivent, et qui sont fort petites, mais sans
approcher à beaucoup près de la taille des six premières d'en haut. Je ne vois aucunes dents au vomer
ni aux palatins. La langue est peu libre.

Le dessus de la tête est plat et horizontal ; mais
l'on y voit de chaque côté un faisceau de stries naissant sur le crâne, et s'épanouissant en avant en suivant le bord de la face supérieure. L'œil vient immédiatement après la commissure, et est très-près
de la ligne supérieure du crâne : son diamètre est
d'un peu plus du cinquième de la longueur de la
tête. La narine postérieure est près de l'œil, en fente
verticale ; l'antérieure est au-dessus de la commissure et un peu tubuleuse. Derrière l'œil sont de
ces écailles étroites et pointues, si communes à cet
endroit dans la famille des scombres. Le préopercule
a le limbe large, un peu ridé à sa partie inférieure,
et le bord arrondi et entier. L'opercule est strié en
rayons ; son bord postérieur est fortement échancré
en demi-cercle, ce qui donne deux pointes à sa
partie osseuse. Il a en largeur, aussi bien qu'en hauteur, le cinquième de la longueur de la tête. On voit
aussi de fines stries sur le subopercule. La membrane des ouïes est fendue jusque sous la commissure des mâchoires et contient sept rayons. La pectorale est taillée en faux, pointue, et d'un peu moins

8.   14

du dixième de la longueur totale; elle a quatorze rayons.

En cherchant bien, j'ai découvert des ventrales excessivement petites, et qui m'ont paru formées d'une très-petite épine et de rayons presque indiscernables.

La première dorsale commence immédiatement sur la nuque, vis-à-vis le haut de l'opercule, et continue sur une longueur qui fait plus de moitié de celle de tout le poisson : elle a trente et un ou trente-deux rayons grêles, assez flexibles et à peu près de la hauteur du corps; les premiers sont un peu plus longs : une membrane frêle et striée les réunit. Immédiatement après vient la deuxième dorsale, qui s'élève en pointe et a treize ou quatorze rayons; elle est suivie de six fausses pinnules. L'anale répond à la deuxième dorsale, et est de même un peu en pointe. Je n'y trouve que dix rayons, et il vient après elle six fausses nageoires, comme du côté opposé. La caudale est fourchue; ses premiers rayons entiers, en dessus et en dessous, sont très-forts. Sa longueur est du neuvième de celle du poisson.

B. 7; D. 31 — 13 — VI; A. 10 — VI; C. 17, et quelques accessoires; P. 14; V. 1/ ?

Toute la peau de ce poisson paraît lisse : on ne lui distingue aucunes écailles. Sa ligne latérale est droite, continue et sans inflexions : il y en a comme une seconde le long de la base de la première dorsale. Il ne paraît y avoir eu aucunes taches ni autres marques colorées, et tout annonce qu'il était entièrement argenté ou plombé. La première dorsale, transparente à sa base, a toute sa partie supérieure noire. Les pectorales sont aussi noirâtres, excepté leurs rayons inférieurs, qui sont blanchâtres.

Sa taille est de deux pieds. L'individu de Solander avait trente-sept pouces.

Le GEMPYLE COULEUVRE.

(*Gempylus coluber,* nob.)

Un gempyle de la mer du Sud a été apporté d'Otaïti par MM. Garnot et Lesson. Il ressemble au plus haut degré à celui de l'Atlantique.

Sa hauteur est dix-sept fois dans sa longueur. La longueur de sa tête y est cinq fois et demie. On ne voit pas sur son opercule les stries rayonnées, ni sur le limbe de son préopercule les rides que l'on aperçoit sur ceux de l'autre espèce. Ses dents latérales paraissent aussi plus petites à proportion. Toute la surface de son corps est argentée et comme couverte d'une poussière d'argent. Sa ligne latérale est une strie étroite et en ligne droite. Il y a trente et un rayons épineux, grêles et flexibles à la première dorsale, et à la seconde un rayon épineux et onze mous, suivis de six fausses nageoires; au-devant de l'anale deux très-petites épines libres. Je ne vois à l'anale qu'un rayon épineux très-grêle, et douze mous ; elle est aussi suivie de six fausses nageoires. Les pectorales ne sont pas tout-à-fait aussi longues que le corps est haut, et ont quinze rayons. Pour toutes ventrales il y a deux petites épines minces et pointues, à peine du sixième de la hauteur du corps, avec un ou deux rayons presque invisibles dans leur aisselle. L'anus est au troisième cinquième de la longueur, et l'anale commence plus en arrière au moins d'un demi-cinquième. La caudale est fourchue, et chacun de ses lobes a près du dixième de la longueur totale. J'ai compté distinctement sept rayons aux ouïes.

D. 31/11 ou 30 — 1/11; A. 2 — 1/12; C. 17; P. 15; V. 1/1 ou 2.

Notre individu est long de onze pouces; mais l'espèce devient beaucoup plus grande. Les naturalistes de l'expédition Duperrey en prirent un, long de trois pieds quatre pouces, avec un hameçon à la traîne. Bien qu'ils fussent alors très-affamés, la chair leur en parut fort mauvaise; elle était pleine d'arêtes très-ténues.

L'estomac de ce gempyle est un long sac cylindrique, terminé en pointe, qui se continue avec l'œsophage et occupe les trois quarts de la longueur de l'abdomen. Le pylore est au sixième antérieur, par conséquent fort près du cardia. Neuf ou dix cœcums adhèrent au commencement de l'intestin, qui se rend en ligne droite à l'anus, en conservant partout un assez petit diamètre.

Le foie n'est pas très-volumineux. La vésicule du fiel, grêle et longue, a à peu près le sixième de la longueur de l'estomac.

Il y a une vessie aérienne très-étroite et très-longue, car elle s'étend depuis le diaphragme jusque derrière l'anus.

Le GEMPYLE PROMÉTHÉE.

(*Gempylus prometheus*, nob.)

MM. Quoy et Gaimard ont découvert, près de Sainte-Hélène, un poisson auquel, par une allusion facile à saisir, ils donnèrent pour nom générique celui dont nous ferons aujourd'hui son nom spécifique ; car sous tous les rapports l'espèce nous paraît devoir rentrer dans nos gempyles.

Sa forme est cependant bien moins alongée que dans les deux espèces précédentes, et il n'y a que dix-huit épines à sa première dorsale et trois fausses nageoires derrière la seconde.

Sa hauteur est sept fois et demie dans sa longueur, et son épaisseur deux fois et un quart dans sa hauteur. La longueur de sa tête est du quart de sa longueur totale. Elle ressemble beaucoup à celle d'une sphyrène par son museau aigu et par sa mâchoire inférieure proéminente. Le diamètre de l'œil est du quart de la longueur de la tête. Quatre arêtes saillantes commencent entre les yeux, et règnent jusque vers le bout du museau. Le premier orifice de la narine est à peu près à égale distance entre l'œil et le bout du museau ; le deuxième est plus près de l'œil. Chaque intermaxillaire a quinze dents pointues et tranchantes, et il y en a avant un groupe de quatre, beaucoup plus longues et plus fortes que les autres. On en compte dix ou douze de chaque côté de la mâchoire inférieure ; les deux antérieures sont un peu plus grandes. Chaque palatin en a une rangée de fines, serrées, faisant la scie ; mais le vomer n'a point d'armure. La langue est étroite, assez libre et légèrement âpre. Les ouïes sont très-fendues, et il n'y a pour toute armure aux arcs branchiaux qu'une suite de très-petites pointes. L'angle du préopercule est obtus et son limbe irrégulièrement ridé. Il y a une échancrure marquée à l'opercule osseux.

La pectorale, attachée un peu au-dessous du milieu, a le septième de la longueur du corps et quatorze ou quinze rayons. Les ventrales, attachées un peu plus en avant, sont infiniment petites : il y a cependant outre l'épine quelque vestige de rayon mou.

La première dorsale commence dès la nuque : ses épines ont moitié de la hauteur du corps, et sont assez faibles ; leur membrane est frêle. La deuxième dorsale commence immédiatement après vers le troisième tiers de la longueur totale. Sa hauteur au commencement est des deux tiers de celle du corps audessous. L'anale lui correspond en forme, en grandeur et en position. La caudale est fourchue et du sixième de la longueur totale. On peut compter presque à volonté deux ou trois fausses pinnules, tant en haut qu'en bas.

B. 7 ; D. 18 — 1/17 — III ; A. 2/15 — III ; C. 17, et 7 ou 8 accessoires ; P. 14.

Tout le corps paraît lisse. La ligne latérale, formée d'une suite d'élevures tubuleuses, ne semble tenir qu'à l'épiderme, et s'enlève avec lui. D'abord voisine de la dorsale, elle s'infléchit à l'aplomb du tiers postérieur de la pectorale, et gagne prompte-

GEMPYLE promethée.

Werner del.

Impr.^{re} de Langlois.

GEMPYLUS prometheus. n.

Rousseau sculp.

ment le milieu de la hauteur ; vers la queue elle descend au tiers inférieur. La queue est comprimée et n'a aucune partie saillante. L'anus est placé un peu avant l'anale.

Ce poisson paraît en général d'un noir violet, glacé d'argent. La première dorsale est noirâtre ; la deuxième, la caudale et la pectorale sont teintes de jaunâtre ; l'anale est plus pâle.

Notre individu est long de dix pouces.

Nous ne pouvons pas donner une splanchnologie détaillée de ce *gempylus prometheus*, à cause de la mauvaise conservation des viscères de l'individu disséqué. Ce que nous en avons vu diffère peu de celle du thyrsite. Le foie nous a paru petit. L'estomac est un long sac pointu. L'intestin se replie deux fois. Nous n'avons trouvé que trois cœcums au pylore ; mais ce nombre n'est pas probablement le véritable, et MM. Quoy et Gaimard assurent en avoir observé sept ou huit assez gros. Les laitances sont grêles et vermiformes. La vessie aérienne est étroite et alongée, sans étranglemens. Les corps rouges y font deux rubans assez larges pour le diamètre de la vessie ; ils en occupent la première moitié. Le péritoine est fin, et noir comme de l'encre.

Le Gempyle de Solander.

(*Gempylus Solandri*, nob. ; *Scomber macrophtalmus*, Soland.)

Solander a laissé dans ses manuscrits, sous le nom de *scomber macrophtalmus*, la des-

cription d'un gempyle de la mer de la Nouvelle-Hollande, qui devait être extraordinairement voisin de ce *prométhée.*

Il est plus court à proportion, mais a d'ailleurs
les mêmes formes, les mêmes mâchoires, armées de
dents semblables, dont six antérieures très-grandes ;
les mêmes très-petites ventrales, les mêmes nombres
de rayons ou à peu près.

' D. 18 — 1/18 — 11 ; A. 1/18 — 11 ; C. 18 ; P. 14 ; V. 2.

Sa hauteur est cinq fois et un tiers dans sa longueur. Son épaisseur est de moins de moitié de sa
hauteur. Il est tout entier d'un plombé ou argenté
fort brillant, plus blanc en dessous. Sa première
dorsale est bleuâtre, la seconde cendrée, et brune à
sa pointe. Les autres nageoires sont cendrées. Il y a
du noirâtre au bord postérieur de la caudale.

L'individu sur lequel Solander a fait cette
description était long de trois pieds.

---

1. Solander ne compte que six rayons aux ouïes, probablement
par erreur.

APPENDICE A LA PREMIÈRE TRIBU.

Il est impossible de ne pas placer à la suite des gempyles et des thyrsites deux genres de poissons qui leur ressemblent presque en toutes choses, si ce n'est qu'ils manquent entièrement de fausses nageoires et même de rayons mous à leur dorsale; ce sont les lépidopes et les trichiures, poissons très-remarquables d'ailleurs par leur éclat et par leurs formes singulières.

Leur tête, leurs dents, leur peau, leur squelette, rappellent de tout point les genres auxquels nous les associons, et la longueur même de leur corps en ruban, qui les avait fait rapprocher des cépoloïdes, est déjà annoncée par la forme de plusieurs gempyles.

Nous décrirons d'abord les lépidopes qui ont encore des vestiges de ventrales et tiennent par là aux gempyles d'un peu plus près que les trichiures, qui en sont entièrement dépourvus et qui manquent en outre d'anale et de caudale.

CHAPITRE VI.

Des Lépidopes (Lepidopus, Gouan).

C'est une chose vraiment étrange qu'un poisson aussi répandu, aussi beau, aussi volumineux, aussi remarquable à tous égards, que le grand lépidope de nos mers, soit demeuré inconnu aux naturalistes jusque vers la fin du dix-huitième siècle, et que pendant longtemps encore il ait été décrit successivement par plusieurs auteurs, qui chaque fois l'ont cru nouveau et n'ont eu aucune connaissance des travaux de leurs prédécesseurs.

On peut croire que c'est le poisson que Brünnich avait vu à Spalatro en 1767, et qu'il indique[1] sous le nom erronné de *trichiurus lepturus;* mais son individu était si mutilé qu'il ne crut pas même devoir essayer de le décrire.

Le premier qui ait reconnu les caractères propres à ce genre de poissons, est Gouan, professeur de Montpellier, dans son Ichtyologie imprimée en 1770 (p. 185, et pl. 1, fig. 4). Il le nomme en français *jarretière,* et en latin *lepidopus* (pied-écaille), à cause des deux

---

1. *Icht. mass.*, p. 93.

écailles qui remplacent les ventrales et forment son principal caractère ; mais sa figure
n'est qu'une ébauche faite même, à ce qu'il
paraît, sur un individu mal conservé. Sa description est simplement générique, ne donnant
ni les nombres des rayons ni la grandeur,
et n'en faisant point connaître l'origine, en
sorte que jusqu'à ce jour on ne sait pas bien
s'il a observé la même espèce que ses successeurs, et que ceux-ci sont par conséquent fort
excusables de n'avoir pas reconnu leurs poissons dans ces documens imparfaits. [1]

Il n'en est pas de même de l'article d'Euphrasen, inséré dans les Nouveaux Mémoires de
Stockholm (t. IX, p. 48, pour 1788), avec une
bonne figure (pl. 9, fig. 2) faite sur un individu
pris au Cap. Les détails qui y sont consignés,
suffisans pour faire reconnaître son espèce, et les
écailles ventrales dont cet auteur fait expressément mention, auraient dû lui faire saisir ses
rapports génériques avec celle de Gouan; mais
soit qu'il n'ait pas consulté le naturaliste de
Montpellier, ou pour toute autre cause, il ne
le cita point, et nomma ce poisson *trichiurus
caudatus*. Sa description est reproduite dans

---

1. Gouan annonce une description spécifique qui devait être
imprimée dans les Mémoires de la Société royale des sciences de
Montpellier ; mais elle n'a jamais paru.

l'Artedi de Walbaum (t. III, p. 607), et rapportée avec raison au genre du lépidope.

Euphrasen fut à son tour oublié par H. S.
Holten, qui décrivit et représenta encore ce
poisson dans le cinquième volume de la Société d'histoire naturelle de Copenhague (p. 23,
et pl. 11), d'après un individu qu'il avait observé en Portugal. Il remarqua ses rapports
avec le lépidope de Gouan, mais ne parla
point du Mémoire du naturaliste suédois, et
nomma le poisson *trichiurus gladius*. Il en fit
connaître la splanchnologie, et décrivit deux
des vers qui habitent dans son intérieur. On
apprit par son Mémoire qu'au rapport d'Abil-
gaard l'espèce arrive quelquefois à Lisbonne
en grande abondance.

En effet, M. Vandelli, directeur du Musée
de Lisbonne, l'avait envoyé au Musée britannique sous un quatrième nom, celui de *trichiurus ensiformis*, et Shaw le décrivit en
1803 dans sa Zoologie générale (t. IV, part. 2,
p. 99), mais crut devoir lui donner encore un
autre nom nouveau, qui fut le cinquième. Il
l'appela *vandellius lusitanicus*, et ne parla
point de ses ventrales.[1]

---

1. Nous sommes d'autant plus certains de cette synonymie, que
nous avons vu ce poisson à Londres, et qu'il y en a un autre envoyé par Vandelli à Bloch, et conservé au Cabinet de Berlin.

Cependant un de ces poissons fut pris, en 1808, le 4 Juin, près de la côte du Devonshire, et M. Montagu en donna la description et la figure dans les Mémoires de la Société Wernérienne (t. I, p. 81, et pl. 2). Cette fois les écailles qui tiennent lieu de ventrales, furent bien indiquées; mais M. Montagu ne lui créa pas moins un sixième nom, celui de *ziphotheca tetradens*.

On peut considérer enfin comme le septième des noms de ce poisson, celui de *lépidope Péron,* que M. Risso lui a imposé en 1810 dans son Ichtyologie de Nice (1.re édit., p. 148, et pl. 5, fig. 18); mais du moins ce naturaliste ramenait de nouveau l'espèce à son véritable genre, et il faisait remarquer qu'elle devait être la même que celles d'Euphrasen et de Vandelli.[1]

La même année 1810, un huitième nom a encore été imaginé pour ce poisson par M. Rafinesque; car le *scarcina argentea* de ses *Nuovi caratteri* (p. 20, n.° 48, et pl. 7, fig. 1) et de son *Indice* (p. 38, n.° 284), n'est toujours pas autre chose que notre lépidope. Quoique la description qu'il en donne soit assez incomplète, sa figure ne laisse aucune équivoque, ce qui ne l'a pas empêché de

---

1. Walbaum, *Artedius renov.*, t. III, p. 695.

mettre aussi dans ce même *Indice* (p. 31, n.° 230) le lépidope de Gouan à la suite des cépoles.

Enfin, en 1824, M. Nardo, dans le Journal de physique de Pavie (t. VII, p. 227), reconnaît notre poisson pour le lépidope de Gouan, et lui donne l'épithète d'*argenteus,* sans paraître se douter de tous les noms qu'il avait reçus depuis que Gouan en avait parlé.

On peut juger d'après le sort d'un poisson si facile à caractériser, ce qui a dû arriver à tant d'autres qu'il était plus aisé de confondre parmi de nombreuses espèces semblables entre elles.

Les différens articles que je viens de citer prouvent que ce lépidope se rencontre sur les côtes du Languedoc, de la Ligurie, de la Dalmatie, de l'État de Venise, de la Sicile, du Portugal et de l'Angleterre, et que, comme plusieurs poissons de la Méditerranée, il se retrouve au cap de Bonne-Espérance. M. de la Pilaye l'a dessiné à Ouessant. J'ai aussi la preuve qu'on le prend quelquefois dans le golfe de Gascogne ; car M. d'Orbigny en a envoyé de la Rochelle un bel individu au Cabinet du Roi. Ce Cabinet en a aussi reçu un de Messine par M. Biberon, un de Nice par M. Laurillard, et un de Naples par M. Savigny.

J'en ai vu un au Cabinet de Florence, qui avait été pris à Livourne. Il s'en trouve donc, pour ainsi dire, autour de toute l'Europe méridionale et occidentale.

Le LÉPIDOPE ARGENTÉ.

(*Lepidopus argyreus*, nob.)

Que l'on se représente un grand et large ruban d'argent nageant par ondulations et jetant dans ses mouvemens de beaux reflets de lumière, et l'on aura une idée de l'effet du lépidope lorsqu'il est vivant dans les eaux de la mer.

Ce ruban se termine en avant par une tête pointue; il s'amincit beaucoup à son extrémité postérieure à la base de la caudale; le dos est tranchant, et surmonté d'une nageoire basse et égale, qui en occupe presque toute la longueur; le tranchant du ventre est un peu plus arrondi et n'a qu'une très-petite nageoire sous son extrémité postérieure; le tout est terminé par une caudale petite et fourchue : tel est l'ensemble du poisson. Ses caractères plus particuliers consistent dans les dents pointues et tranchantes dont sa bouche est armée; dans les deux écailles arrondies qui lui tiennent lieu de ventrales; et dans une troisième écaille, située en arrière de l'anus : écailles qui sont, ainsi que l'a fait remarquer Gouan, les seules qu'il ait sur tout le corps; car sa peau paraît lisse et seulement vernie d'une poussière argentée.

La hauteur du lépidope est quinze fois et demie dans sa longueur, et ne diminue que vers ses deux extrémités.

Son épaisseur est du quart de sa hauteur.

Sa tête fait presque le septième de sa longueur totale, et n'a en hauteur qu'un peu moins de moitié de sa propre longueur. L'œil est au milieu de cette longueur, et son diamètre y est compris un peu plus de cinq fois; il touche au front, qui est plat, et a d'un œil à l'autre un peu moins que ce diamètre.

Rien ne ressemble davantage à la tête du thyrsite que celle du lépidope; elle a de même son dessus plat; son profil rectiligne, formant avec la ligne inférieure un angle aigu; le sommet de cet angle appartenant à la mâchoire inférieure, qui dépasse l'autre et la reçoit comme dans la sphyrène; la bouche fendue jusque sous le bord antérieur de l'orbite; l'intermaxillaire nullement protractile; le maxillaire mince, élargi en arrière, attaché à l'intermaxillaire et sans mobilité particulière; un grand sous-orbitaire, long, mince, qui, dans l'état de repos, couvre la moitié postérieure de l'intermaxillaire et tout le maxillaire.

Ses dents sont également toutes semblables à celles du thyrsite. Chaque intermaxillaire en a une rangée de vingt à vingt-deux, comprimées, tranchantes et très-pointues; en avant, dans un rang plus intérieur, en sont de chaque côté deux ou trois, quatre fois plus grandes, comprimées, tranchantes, un peu arquées, et dont la pointe est taillée en demi-fer de flèche. Il devrait y en avoir six en tout, mais pres-

que toujours il se trouve que deux ou trois sont cas-
sées. A la mâchoire inférieure on voit un rang de
dents semblables à celles d'en haut et à peu près en
même nombre ; et à son extrémité antérieure il y
en a de chaque côté une, double des autres, et terminée, comme celles du dessus, en demi-fer de flèche.

Le vomer n'en a point, mais le long du bord externe de chaque palatin il y en a une rangée de
très-fines (bien plus fines que celles du thyrsites).

La langue est oblongue, un peu pointue, très-
libre, et à surface entièrement lisse.

L'orifice postérieur de la narine est une fente ovale,
presque verticale, en avant du bord antérieur de l'œil,
à une distance égale à moitié de son diamètre. L'antérieur est un petit trou oblique, difficile à voir et placé
à égale distance du précédent et du bout du museau.
La cavité de la narine est fort grande ; mais elle n'a qu'à
sa face interne, sur un espace ovale assez petit, l'ap-
pareil lamelleux et rayonné qui remplit les narines
de beaucoup d'autres poissons.

Le bord du préopercule est à une distance en arrière de l'œil égale au diamètre de cet organe ; sa
coupe est presque un quart de cercle. Les pièces
operculaires forment une valve demi-elliptique, dont
la hauteur surpasse d'un tiers la longueur, et dont
les bords très-amincis sont fibreux plutôt encore
qu'osseux. Le sous-opercule en prend le tiers inférieur.

Les ouïes sont fendues jusque sous la commissure
des lèvres, et leur ouverture est très-grande quand
les branches de la mâchoire s'écartent. L'isthme n'est

8.   15

presque qu'un filet, sous la pointe antérieure duquel les deux membranes se croisent un peu. Elles sont longues et étroites, et ont chacune huit rayons faciles à compter. Le premier est plat et assez large; les autres sont grêles.

En écartant les opercules, on voit aisément les os pharyngiens de forme alongée et armés de dents en cardes; les branchies sont aussi fort étroites, c'est-à-dire que leurs lames sont courtes. Leurs arceaux ont des râtelures semblables à des épines courtes et grêles, disposées trois à trois, et entre elles sont des petites plaques de dents en velours ras.

Il y a une demi-branchie attachée à la face interne de l'opercule, et cachée en partie par un repli de la peau du palais.

Le surscapulaire se montre un peu au travers de la peau comme un os long et étroit. D'ailleurs l'épaule n'a point d'armure particulière.

La pectorale a un peu moins du quinzième de la longueur totale; elle s'attache au tiers inférieur de la hauteur; sa forme est très-extraordinaire, en ce que ce sont ses rayons inférieurs qui sont les plus longs. Il y en a douze en tout; les deux premiers sont simples et un peu arqués, et n'ont pas plus de moitié de la longueur des derniers. Les dix autres sont fourchus et articulés.

Le bassin est un stylet grêle, suspendu dans les chairs et n'adhérant point à l'épaule; on le sent au travers de la peau. Les deux écailles, demi-elliptiques et obtuses, qui tiennent lieu de ventrales, adhèrent à son tiers antérieur et répondent sous le milieu des pectorales. Leur longueur n'est que du huitième de celle des derniers rayons des pectorales.

La dorsale commence dès la nuque. Sa hauteur est du quart de celle du corps. J'y ai constamment compté cent deux ou cent trois rayons, tous un peu flexibles, mais simples, et sans branches ni articulations.

L'anus est précisément au milieu de la longueur du poisson.

A une petite distance en arrière est une écaille triangulaire et mobile, mais l'anale ne commence que beaucoup plus en arrière, à une distance de l'extrémité postérieure qui équivaut à un peu moins du cinquième de la longueur totale.

Elle a vingt-cinq rayons, mais les antérieurs sont si petits et si grêles, qu'à moins d'une grande attention, on est exposé à ne pas les compter. Les autres grandissent un peu, mais n'égalent point ceux du dos.

Cette nageoire se porte un peu plus en arrière que la dorsale; l'intervalle entre elle et la caudale est du cinquante-sixième de la longueur; entre la dorsale et la caudale il est à peu près du cinquantième. Ce petit bout de queue est très-mince; sa hauteur et son épaisseur, car il est à peu près carré, ne sont que du quart de sa longueur.

La caudale est fourchue, et du vingt-quatrième de la longueur totale; les lobes sont pointus, et ses rayons entiers, au nombre ordinaire de dix-sept, sont renforcés à chaque bord par sept ou huit rayons décroissans.

Aucune de ces nageoires n'a d'écailles. La membrane de la dorsale et de l'anale est même assez frêle.

On n'aperçoit d'écailles sur aucune partie du poisson, et il semble simplement qu'on lui ait appliqué
une très-mince feuille d'argent; par la macération
cette espèce de vernis se résout en une sorte de poussière argentée.

La ligne latérale est un sillon étroit, ou une strie
qui s'étend presque en ligne droite depuis le haut
de l'ouïe jusqu'au bout de la queue; après avoir
descendu lentement, elle suit le milieu de la hauteur
du corps.

L'iris de l'œil est d'une belle couleur d'argent. Les
nageoires paraissent avoir été transparentes ou d'un
gris jaunâtre; il y a une tache noire sur le bord de
la dorsale entre les trois premiers rayons, et le bord
continue plus en arrière d'être un peu noirâtre.

Notre plus grand individu est long de six pieds;
nous en avons de cinq pieds, de quatre pieds et demi,
et d'autres beaucoup plus petits.

Le foie de ce lépidope est de grandeur médiocre;
sa vésicule du fiel, attachée au lobe droit, est au
contraire très-longue et assez large; elle s'étend sur
près du tiers de la longueur de l'abdomen.

L'estomac est un long sac qui en occupe près des
deux tiers, se continuant avec l'œsophage et se terminant en pointe. Ses parois sont épaisses et ont
intérieurement de fortes rides longitudinales; le pylore est à peu près à moitié de sa longueur; il en
part une branche d'intestins qui se dirige en avant,
et aux deux côtés de laquelle sont rangés vingt-trois
cœcums assez considérables, très-distincts, et dont
chacun communique isolément avec le canal. Celui-

ci se recourbe ensuite en arrière et se rend à l'anus sans autre inflexion. Une rate longue et grêle est suspendue le long de la moitié antérieure de l'estomac.

Les deux ovaires sont intimement unis l'un à l'autre en une grande masse cylindrique, qui occupe les deux tiers postérieurs de la longueur de l'abdomen.

Une longue et étroite vessie natatoire, cachée derrière un péritoine épais, s'étend sur presque toute la longueur de l'abdomen, et se termine en pointe en arrière près de l'anus.

Il y a dans son intérieur, vers son tiers antérieur, un corps glanduleux assez dense, qui occupe à peu près le quart de sa surface en longueur.

Le squelette du lépidope a surtout cela de remarquable, qu'il est du petit nombre de ceux où les interépineux et les rayons dorsaux correspondent aux apophyses épineuses des vertèbres.

Il a cent onze vertèbres, dont quarante-une abdominales et soixante caudales, y compris la dernière, qui est faite en éventail et porte la nageoire de la queue. Elles sont toutes comprimées et concaves à leurs faces latérales, les dix dernières exceptées; elles ont toutes, du côté du dos, une apophyse épineuse, à laquelle se colle le pédicule d'un interépineux. Arrivés à la peau, les interépineux se ploient en équerre, et donnent une branche horizontale, qui se porte en arrière pour s'unir à l'interépineux suivant, en sorte que la suite de ces branches forme une chaîne continue, sur laquelle s'articulent les rayons dorsaux. Le premier donne de plus, en avant, une lame, qui va s'attacher à l'occiput et tient lieu de crête occipitale. Ce n'est que tout-à-fait vers le bout de la queue que les interépineux sont plus rapprochés que les vertèbres.

Il y en a soixante-deux en dessous, et ils s'unissent aussi par leurs têtes; mais il n'y a que les vingt et quelques derniers qui portent des rayons.

Les côtes sont grêles et simples, et s'attachent immédiatement aux vertèbres. La dernière vertèbre abdominale a seule des apophyses transverses dirigées vers le bas.

Les os de l'épaule ont peu de force. Le surscapulaire est petit; le scapulaire étroit et alongé; l'huméral en équerre, assez étroit. Le cubital a une très-large échancrure à son bord huméral. Son angle postérieur est proéminent en arrière et arrondi. Le radial n'a qu'un trou rond. Le coracoïdien est très-grêle. Nous avons déjà vu que le bassin ne consiste qu'en un stylet grêle.

Voilà ce que nous avons observé sur les lépidopes de nos deux mers de France qui se sont trouvés à notre disposition.

Les descriptions de nos prédécesseurs s'accordent assez avec la nôtre, pour que nous devions croire qu'ils ont vu la même espèce. Il n'y a de différences que dans le nombre des rayons, et ces différences sont très-peu importantes; elles s'expliquent par la difficulté

de les bien compter dans une si longue dorsale et dans une anale où les antérieurs sont
si petits. Euphrasen marque : D. 98, A. 15 ;
Holten, D. 104, A. 17 ; Shaw, D. 105, A. 20 ;
Montagu, D. 105, A. 17 ; M. Risso, D. 102,
A. 22, et dans sa deuxième édition, D. 115,
A. 22 ; mais 115 est probablement une faute
d'impression : M. Rafinesque, D. environ 125,
A. 15 ; on voit qu'il ne les donne pas comme
certains : M. d'Orbigny, dans une description
manuscrite, D. 105 ou 106, A. 20. Les miens,
comptés avec soin sur plusieurs individus,
sont : D. 102 ou 103, A. 25 ; mais, comme je
l'ai dit, les premiers de l'anale sont souvent
très-difficiles à voir.

Le grand lépidope se mange, et sa chair est
même ferme et délicate, selon M. Risso.

C'est en Avril et en Mai qu'il approche des
côtes : on le prend alors au tramail. Son séjour
ordinaire est dans les profondeurs moyennes.
Il ne paraît pas vivre en société. Sa femelle est
pleine d'œufs au printemps.

Selon les pêcheurs qui prirent l'individu de
la côte de Devonshire que M. Montagu a décrit, il nageait avec une vélocité étonnante, et
tenait sa tête hors de l'eau. Il fut tué d'un
coup de rame ; mais c'était une telle rareté
pour l'Angleterre, qu'on le montra au public

pour de l'argent jusqu'au moment où il fut
prêt à se décomposer. [1]

M. Rafinesque pense que l'on pourrait employer la poussière argentée qui recouvre ce
poisson pour colorer les fausses perles, et assure en avoir tiré lui-même une encre de couleur d'argent. [2]

Ce lépidope est tourmenté par plusieurs espèces de vers intestinaux. M. Montagu a trouvé
sous la peau, le long de la dorsale, des échi-
norhinques, et sur le reste du corps beaucoup
d'ascarides roulés en spirale. M. Holten a représenté un tétrarhynque, que nous avons
rencontré aussi en quantité dans la cavité
abdominale adhérant à la face externe des
intestins; mais nous y avons trouvé également
une multitude de filaria contournés en spirale.
Ils remplissaient même certaines parties du
mésentère et du péritoine.

Nous ne connaissons qu'une espèce de lépidope, celle que nous venons de décrire;
mais selon MM. Risso et Rafinesque, il y en
aurait encore d'autres.

M. Risso (1.re édit., p. 151, et 2.e édit., p. 290)
en décrit un qu'il nomme *lépidope gouanien,*

---

1. Montagu, *soc. Wern.*, *loc. cit.*
2. Rafinesque, *Caratteri, loc. cit.*

parce qu'il suppose que c'est l'espèce décrite
par Gouan, et il lui donne pour caractères
distinctifs d'avoir la tête plus grande à proportion, quarante-deux rayons à l'anale, et
une tache noire à la partie antérieure de la
dorsale, qui a cent rayons; mais cette tache
noire et ces cent rayons ou à peu près, se trouvant aussi dans la grande espèce, il ne resterait
de positif que les quarante-deux rayons de
l'anale.

Ce poisson, dit M. Risso, demeure plus petit que l'autre, et ne passe pas quinze pouces.
Il se tient sur des fonds de gravier, et approche
des côtes en Janvier et en Mars. Sa chair est
molle et peu estimée.

M. Rafinesque parle aussi d'une petite espèce qui se nomme en Sicile *scarcinedda,* et
qu'il appelle *scarcina punctata.*

Les caractères qu'il lui assigne sont, d'avoir des
points bruns sur le fond blanc de sa couleur, une
dorsale commençant seulement vis-à-vis l'orifice
des branchies, tandis que dans sa *scarcina argyrea*
elle commence sur les yeux, et une caudale fourchue,
celle de l'*argyrea* étant en croissant. Il ne donne pas
les nombres de ses rayons.

On voit qu'il serait assez difficile de dire si
cette *scarcinedda,* comme le veut M. Risso,
est la même que la petite espèce de Nice.

Mais c'est encore plus gratuitement que M. Risso suppose que cette petite espèce est celle de Gouan : on ne peut juger celle-ci que d'après l'auteur qui l'a décrite ; or, il lui refuse des rayons à l'anale, et ne lui donne qu'une petite caudale pointue : caractères qui pourraient bien être faux, et ne tenir qu'à la mutilation de son individu, mais qui ne conviennent pas davantage au petit lépidope qu'au grand.

Il y a encore dans M. Rafinesque deux *scarcina*, qu'il nomme *quadrimaculata* et *imperialis;* mais ce sont des gymnètres.

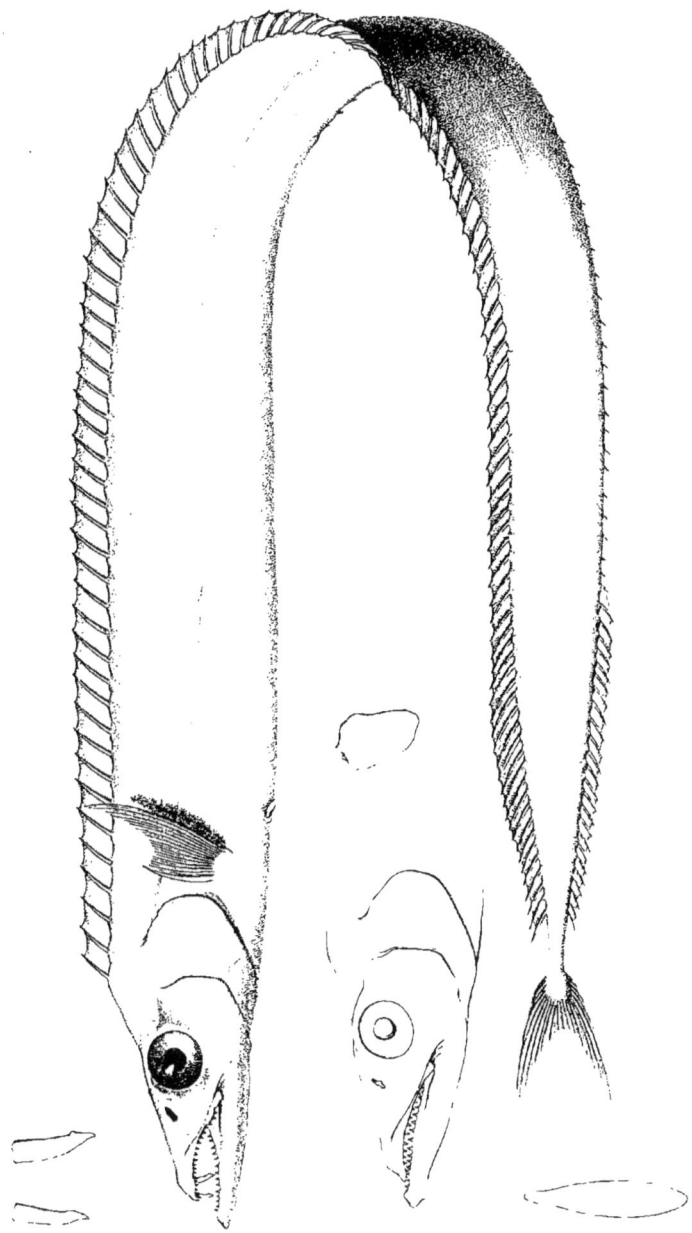

LÉPIDOPE argenté.

LEPIDOPUS argyreus. n.

Werner del.

Impr.r de Langlois.

Françoise sculp.

CHAPITRE VII.

Des Trichiures (Trichiurus, Linn.).

Le genre des *trichiures* a la même tête et les mêmes dents que celui des lépidopes. Son corps, ses intestins ressemblent beaucoup aux leurs, mais il n'a point du tout de ventrales; son anale est remplacée par une suite de très-petites épines qui sortent à peine de la peau, et sa queue se termine en une longue pointe sans aucune nageoire caudale. Ce sont là plus de caractères qu'il n'en faut pour établir un genre, et ce genre a même été long-temps placé fort loin des scombres; mais quiconque a suivi la série de cette famille, et est arrivé par les cybiums aux thyrsites et aux gempyles, ne pourra s'empêcher de se laisser conduire par un passage évident aux lépidopes, et jusqu'à ces trichiures dont il va être question.

Le nom de *trichiurus* (queue en cheveu) n'a été donné à ce genre qu'en 1757, dans la deuxième édition du *Systema naturæ*. Auparavant Linnæus lui-même l'appelait *lepturus*[1], avec Artedi[2], ou *gymnogaster*, avec

---

1. *Mus. Ad. Fred.*, t. I, p. 76, et pl. 26, fig. 2.
2. Artedi, *Spec.*, p. 111.

Gronovius[1]. Ces variations sont difficiles à excuser; car c'est à Artedi que l'on doit le premier établissement du genre, et le nom qu'il lui avait imposé aurait dû prévaloir. On le trouve à la fin de ses *Species* imprimées en 1738. Le nom de Gronovius ne date que de 1756. C'est peut-être pour éviter toute confusion avec la *lepture,* genre de coléoptère de la famille des capricornes, que Linnæus l'a supprimé.

Je ne parlerai pas de Klein, qui met ce poisson dans son genre *enchelyopus*[2] avec les donzelles, les équilles, les cépoles et les loches; c'est une de ces agrégations incohérentes qui ne pouvaient naître que dans la tête de Klein, de cet homme qui n'a jamais pu avoir le sentiment d'une méthode naturelle. Le nom d'*enchelyopus* a cependant été adopté par Seba pour le trichiure[3], mais par lui seul que je sache.

Nous connaissons deux espèces de trichiures que les uns ont confondues[4], et que les autres ont mal distinguées[5]; et une troisième qui nous paraît nouvelle.

1. Dans la septième édition, publiée à la vérité par Gronovius; Leyde, 1756, p. 53, n.° 141.
2. *Miss. IV*, p. 52, et pl. 12, fig. 7. — 3. Seba, *Thes.*, p. 102, pl. 33, fig. 1. — 4. Linnæus, *loc. cit.*, et Schneider, Syst. posth. de Bloch, p. 517. — 5. Bloch, grande Ichtyol., part. 5, p. 54, et Gmelin, p. 1141 et 1142.

La première est de la mer Atlantique dans ses parties chaudes ; les deux autres des côtes de l'Asie méridionale et orientale.

Nous décrirons d'abord l'espèce de l'Atlantique, qui est la plus connue.

Le TRICHIURE DE L'ATLANTIQUE.

(*Trichiurus lepturus*, Linn.)

Le premier qui ait parlé du trichiure, est Laet, qui en inséra en 1633 dans sa Description des Indes occidentales (p.573) une figure, étiquetée du nom d'*ubirre*. Elle lui avait été donnée par un jeune peintre revenu du Brésil, sans autre description, mais comme étant la figure d'un poisson de mer. En 1648, lorsqu'il fit imprimer l'ouvrage de Margrave, trouvant dans les papiers de ce dernier la description sans figure d'un poisson d'eau douce, nommé *mucu,* il imagina, sur quelques rapports qu'il crut y trouver, d'y joindre sa figure d'*ubirre,* quoique lui-même fût en grand doute sur l'identité des deux poissons, et qu'il eût bien raison d'en douter. En effet, nous avons trouvé dans les recueils de peintures du prince de Nassau, conservés à Berlin, une figure du *mucu*[1], qui montre que c'est une murène ou

---

1. *Liber principis*, t. I, p. 383.

un synbranche, et nous y avons vu le trichiure représenté deux fois[1] sous le nom de *pira-ibira*, qui revient à celui d'*ubirre;* car le mot de *pira* est générique et signifie *poisson*.

Cependant il a suffi de ce faux rapprochement pour que depuis lors le trichiure ait passé pour un poisson d'eau douce; c'est ainsi qu'il est qualifié par Bloch (5.ᵉ part., p. 56), par Gmelin (p. 1141), par Lacépède (t. II, p. 186), et par Shaw (t. IV, part. 1, p. 91), et cela malgré Gronovius, qui, le décrivant en 1754[2] sous le nom de *gymnogaster*, avait déjà fait remarquer que ce n'était pas le *mucu;* et malgré Brown, qui, en parlant en 1756 sous le même nom de *gymnogaster*[3], et en donnant une bonne figure (pl. 45, fig. 4), déclara positivement que c'est un poisson de mer, commun dans le port de Kingston à la Jamaïque.

Il est vrai que Gronovius concourait d'un autre côté à renforcer l'erreur, en plaçant parmi les synonymes de son gymnogaster l'*anguille de la Jamaïque* de Sloane[4], qui vit dans l'eau douce, mais qui est une vraie anguille, ainsi qu'il est aisé de s'en assurer par sa description.

---

1. *Liber Mentzelii*, p. 79 et 81. — 2. *Mus. ichtyol.*, t. 1, p. 17. — 3. *Jam.*, p. 444. — 4. *Jam.*, p. 278.

C'est aujourd'hui pour nous un fait incontestable que le trichiure se prend dans la mer. Aucun de nos correspondans ne nous en laisse douter, et nous l'avons reçu de plusieurs endroits. M. Menestrier et MM. Quoy et Gaimard nous l'ont envoyé de Rio-Janeiro, et M. d'Orbigny de Montévidéo. Nous l'avons eu de Cayenne par M. Astier et par M. Richard; M. Plée nous l'a envoyé de Saint-Barthélemy, et M. Milbert de New-York.

Il est commun sur les côtes de Porto-Rico, où M. Plée en a recueilli de grands échantillons, qui se sont trouvés après sa mort dans ses collections. Il l'est aussi sur celles de Cuba, où M. Poey en a fait un dessin qu'il nous a communiqué. Les Espagnols de Cuba le nomment *sable*, c'est-à-dire *sabre*[1], et ceux de Montévidéo *pes-espada* (poisson épée). Les Anglais de la Jamaïque lui donnent le nom analogue de *sword-fish*[2]. M. Mitchill l'appelle *hair-tail*[3] (queue en cheveu); ce qui est une traduction de son nom scientifique plutôt qu'un nom populaire, et semblerait prouver que l'espèce n'est déjà pas si commune à New-York que dans des parages de la zone torride.

1. Notes manuscrites de MM. Plée et Poey. — 2. Brown, *loc. cit.* — 3. Mitchill, t. I, p. 364.

Ce trichiure d'Amérique a sa hauteur aux pectorales seize ou dix-sept fois dans sa longueur, prise
depuis le bout de la mâchoire inférieure jusqu'à l'extrémité du filet qui prolonge sa queue. Cette hauteur
se conserve ou augmente même un peu jusque vers
le milieu du corps, où elle commence à diminuer;
la diminution devient de plus en plus sensible, et le
dernier cinquième se réduit à une lanière étroite et
comprimée, dont la hauteur vers le bout ne fait pas
le quinzième de celle du corps au milieu. L'épaisseur
de ce poisson est environ quatre fois dans sa plus
grande hauteur; le tranchant de son dos et celui de
son ventre sont à peu près égaux et un peu mousses.
La longueur de sa tête, depuis le bout de la mâchoire
inférieure jusqu'à celui de l'opercule, est du huitième
de la longueur totale; mais il faut remarquer que
l'opercule prolonge son angle jusque sur la base de
la pectorale. La nuque répond au dessus du bord
postérieur du préopercule, et le profil commence de
là à descendre à peu près en ligne droite jusqu'au
bout du museau. Le front et le dessus du museau
sont plats; les côtés de la tête sont verticaux et unis;
la mâchoire inférieure dépasse l'autre; et le dessus de
sa pointe, quand la bouche est fermée, se continue
avec la ligne du profil. L'œil est tout près de la ligne
du profil, et placé de manière que son bord postérieur est à peu près au milieu de la longueur de la
tête. Son diamètre est de près du sixième de cette
longueur, et prend moitié de la hauteur à l'endroit
où il est; l'orifice de la narine est un trou en ovale
vertical, assez grand, et près du bord antérieur de

l'orbite. Je ne vois point d'autre ouverture à cette cavité. La bouche est fendue jusque sous ce même bord; la fente paraît un peu convexe vers le haut à sa partie antérieure, et un peu concave à la postérieure; parce qu'un sous-orbitaire mince et large descend un peu sur son bord supérieur. Ce sous-orbitaire a sa surface finement striée de haut en bas; il couvre entièrement le maxillaire dans l'état de repos, et c'est à peine si l'on aperçoit un peu l'angle postérieur de ce dernier os, quand la bouche est très-ouverte. Ce maxillaire est collé à l'intermaxillaire de son côté, et les intermaxillaires n'ont point de pédicule montant; en sorte que la bouche n'est pas protractile. Les dents sont disposées d'une manière assez semblable à ce que l'on voit dans le lépidope; chaque intermaxillaire en a le long de son bord environ quinze, comprimées, tranchantes, pointues, dont les antérieures sont beaucoup plus petites; et il y en a sur le devant deux de chaque côté, longues, crochues, terminées en demi-fer de flèche. Celles des côtés de la mâchoire inférieure sont aussi au nombre de quinze ou seize, et à peu près pareilles à celles d'en haut, excepté les trois ou quatre du milieu de chaque côté, qui sont un peu plus longues, et ont leur pointe taillée en demi-fer de flèche. Il y en a deux semblables à l'extrémité antérieure de cette mâchoire. Le vomer n'en a aucune; mais le long du bord de chaque palatin en est un rang d'excessivement fines, que l'on a peine à apercevoir si l'on n'y touche. La langue est oblongue, un peu pointue, assez libre et parfaitement lisse. Le préopercule est coupé presque

8.   16

en demi-cercle. L'opercule et le sous-opercule, séparés par une ligne presque horizontale, et de manière
que le second n'a pas moitié de la hauteur du premier, forment en arrière une pointe divisée en fibres,
et qui couvre de son extrémité la base de la pectorale.
L'opercule osseux a dans le haut une échancrure assez
profonde; mais elle est couverte, ainsi que toutes les
jointures des pièces operculaires, par la peau argentée
qui garnit la tête comme tout le corps.

Dans l'état de repos, les deux branches de la mâchoire inférieure se touchent l'une l'autre en dessous, et cachent ainsi la membrane branchiostège: en
les écartant, on voit que cette membrane est étroite
et fendue jusque sous le bord antérieur de l'œil, où
elle se croise avec sa correspondante sous un isthme
très-long et très-comprimé, et qu'elle y a encore plus
en avant un repli de la membrane sous-mandibulaire.
On y compte de chaque côté sept rayons, dont les
deux ou trois premiers plats, les autres grêles. Les
branchies sont longues et étroites, et leurs arceaux
n'ont qu'une rangée de petites pointes minces, avec
de petites plaques âpres entre elles; la demi-branchie
operculaire existe, cachée dans un repli de la peau de
l'arrière-bouche.

Il n'y a point d'armure à l'épaule.

La pectorale est petite, un peu taillée en faux. Sa
longueur est vingt-quatre fois dans celle du poisson.
Son premier rayon simple, sans articulations, comprimé et un peu arqué, est à peine dépassé par le
deuxième et le troisième, qui sont les plus longs. Il
n'y en a que onze en tout; on n'aperçoit aucun ves-

tige de ventrales. La dorsale commence vis-à-vis le bord montant du préopercule, et ne finit qu'à une distance du bout de la queue égale au septième de la longueur totale. Sa hauteur moyenne est des deux tiers de celle du corps; elle s'abaisse un peu en avant, et beaucoup plus en arrière, où ses derniers rayons sont presque réduits à rien. J'en compte sur mes différens individus cent vingt-neuf, cent trente, cent trente-trois, cent trente-six. Je crois que cent trente-cinq ou cent trente-six est le nombre réel.

L'anus est un fort petit trou, placé à peu près au tiers antérieur de la longueur totale. Il est suivi de cent quinze à cent dix-huit petites épines qui, la première exceptée, sortent à peine de la peau, et ne sont visibles que comme autant de petits points. La portion de filet où l'on n'en sent et n'en voit plus, n'est que du douzième de la longueur totale.

On n'aperçoit pas d'écailles; toute la peau semble couverte d'une lame très-mince d'argent. La ligne latérale est formée de deux tubulures continues, très-rapprochées; elle part du haut de la fente des ouïes, descend assez rapidement jusques au tiers inférieur, qu'elle suit jusqu'à l'extrémité du filet.

Tout le poisson est argenté et fort éclatant. Ses nageoires sont d'un gris jaunâtre. La dorsale a le bord pointillé de noirâtre, et entre les premiers rayons le noirâtre forme une espèce de tache. L'iris de l'œil est doré.

Il devient assez grand. Nous en avons des individus de deux pieds et demi et trois pieds de longueur. M. Poey nous dit qu'il pèse jusqu'à huit livres.

Les intestins du trichiure ressemblent beaucoup
à ceux du lépidope. Le foie est médiocre; une vésicule du fiel longue et étroite le dépasse de moitié;
l'estomac est un sac charnu, occupant en longueur
la moitié de celle de l'abdomen. Le pylore s'ouvre à
son quart antérieur. Le canal intestinal est entouré
à son origine de vingt-quatre appendices cœcales.
D'ailleurs il se rend droit à l'anus, demeurant partout
assez mince. La vessie natatoire est plus large, et ses
parois sont plus minces que dans le lépidope; elle
prend les trois quarts postérieurs de la longueur de
l'abdomen.

Ce que le squelette du trichiure a de plus extraordinaire, c'est le dessus de son crâne, formé des
pariétaux et des occipitaux supérieurs et externes,
soudés en une seule masse comme pierreuse, et d'une
épaisseur proportionnelle dont je ne connais pas
d'autre exemple.

Les deux frontaux principaux et l'ethmoïde sont
aussi réunis en une seule pièce, qui produit en avant
une longue pointe, élargie au bout pour s'articuler
avec les intermaxillaires. De très-petits nasaux s'attachent à ses côtés. Nous avons déjà vu que les maxillaires se collent aux intermaxillaires. Le reste des os
de la tête n'offre pas des particularités bien remarquables.

Les deux scapulaires sont longs et étroits. L'huméral est arqué en demi-cercle, et sa partie inférieure
renflée en massue. Le cubital, élargi et arrondi en arrière, n'a en avant qu'une longue apophyse étroite,
ce qui donne à son échancrure antérieure beaucoup

d'ampleur. Le radial est petit et n'a qu'un petit trou rond.

Il y a dans ce poisson, comme dans le lépidope, une correspondance entre les rayons de la dorsale et les vertèbres, de manière que chaque apophyse épineuse porte un interépineux, et celui-ci un rayon. Mais les vertèbres se continuent au-delà de la dorsale et jusqu'au bout du filet qui termine le corps, en sorte que l'on peut en compter cent soixante, dont soixante environ peuvent passer pour abdominales. Les apophyses épineuses, tant supérieures qu'inférieures, sont grêles; les côtes sont courtes et fines comme des cheveux.

Le trichiure que nous venons de décrire parait être du petit nombre des poissons qui traversent l'Atlantique.

M. Roger nous en a envoyé un du Sénégal, que nous ne pouvons distinguer de ceux d'Amérique, ni par ses proportions ni par le nombre de ses rayons.

Des Trichiures des Indes.

Bloch[1], et d'après lui Gmelin[2], Lacépède (t. II, p. 188) et Shaw[3] parlent d'un trichiure des Indes qui serait fort différent de celui

1. Grande Ichtyologie, part. 5, p. 54. — 2. *Syst. nat.*, p. 1142. — 3. *Gener. zool.*, t. IV, part. 1, p. 92.

d'Amérique, s'il avait, comme ils le disent, les mâchoires égales, garnies de petites dents à peine visibles, la queue moins pointue, et le corps revêtu de couleurs ternes et marqué de taches obscures, au lieu d'un éclat argenté ; enfin, s'il jouissait d'une faculté électrique, analogue à celle du gymnote et de la torpille. Cette dernière propriété le rendrait surtout éminemment remarquable. Aussi M. de Lacé-pède n'a-t-il pas manqué de l'appeler le *tri-chiure électrique,* et cette dénomination a été adoptée par Shaw [1]. Mais lorsqu'on remonte aux sources, on découvre que ces caractères et ces propriétés annoncées avec tant d'assu-rance, ne reposent que sur une mauvaise figure de Nieuhof et sur une transposition de quelque partie de son texte ; encore ne peut-on comprendre comment l'on a pu trou-ver dans la figure, des dents à peine visibles, car elles y sont très-fortes et très-distinctes [2]; et quant au texte, il est évident que la des-cription qu'il contient ne se rapporte ni à la figure ni à aucun trichiure. La voici telle que l'a traduite Ray, car je n'ai pas sous les yeux l'original de Nieuhof :

---

1. *Gener. zool.*, t. IV, part. 1, p. 92. — 2. Voyez Willughby, appendice, pl. 3, fig. 3, où cette figure est copiée.

Totus fuscus est, maculis tamen rhomboi-
dibus spolii serpentis in modum distinctus;
anterior corporis pars tenuis; posterior du-
plo crassior; rostrum longiusculum et ple-
rumque hians; dentes acutissimi, non tamen
facile conspicui. In imis cavernis petrosis
versatur, ubi pinquescit admodum et salu-
bris cibus fit : qui hos interimunt, tremore
afficiuntur, et interdum somnolentia, ex af-
flatu seu contagio, quæ tamen cito evanes-
cunt. [1]

En supposant même que ces dernières pa-
roles indiquassent une vertu électrique, le reste
de la description se rapporterait bien plutôt
au silure électrique qu'à un trichiure. Aussi
Russel dit-il qu'il n'a jamais vu de trichiure
avec des mâchoires égales et une peau tachetée [2]. Cependant la figure de Nieuhof est bien
celle d'un trichiure avec tous ses caractères
génériques.

Il y en a de bien mieux faites encore dans
les ouvrages imprimés et manuscrits que nous
avons du Japon et de la Chine. On en trouve
aussi une description indubitable dans Forskal, mais à un genre où certainement on ne le

---

1. Willughby, appendice, p. 3.
2. Russel, Poissons de Vizagapatam, t. I, p. 31.

chercherait pas, celui des harengs, et sous le
nom de *clupea haumela*[1]. La description est
cependant trop claire pour qu'un véritable
ichtyologiste ait pu s'y tromper, et Gmelin
seul a eu le courage d'inscrire ce *haumela*
dans le genre des clupes. M. de Lacépède et
Shaw n'en parlent pas du tout. Bloch, dans
son Système posthume, est le seul qui le place
où il devait être, dans les trichiures; mais en
le séparant mal à propos du *trichiurus indicus*, qu'il a réuni avec celui d'Amérique. Russel
a aussi donné une figure exacte de trichiure
dans ses Poissons de Vizagapatam, pays où on
l'appelle *sawala*. A Pondichéry, d'où M. Leschenault nous en a envoyé un, il porte le
nom peu différent de *na-savallé;* et M. Dussumier vient de nous en apporter en grand
nombre de la côte de Malabar. Ainsi il n'est
pas douteux qu'il n'y ait des trichiures depuis
la mer Rouge jusqu'au Japon.

Ce genre ne doit pas être aussi commun
dans l'archipel des Indes, car on ne le trouve
ni dans Vlaming, ni dans les auteurs impri-

---

1. Forskal, p. 72, n.° 106. CLUPEA HAUMELA *lanceolata, nuda,
pinnis ventralibus et analibus nullis, dorsali per totum dorsum ex-
tensa : cauda lineari apterygia.* La description détaillée n'est pas
moins conforme dans tous ses points à ce qu'on observe dans les
trichiures.

més sur les poissons des Moluques, Ruysch, Valentyn et Renard; nous-mêmes ne l'avons jamais reçu de ces îles. Commerson ne l'a point observé à l'Isle-de-France, ni dans tout son voyage.

Ce qui restait à savoir, c'est, si les trichiures d'Asie forment une ou plusieurs espèces, et jusqu'à quel point ils se rapprochent de ceux d'Amérique ou en diffèrent. Or, nous nous sommes assurés qu'il en existe au moins deux espèces, dont l'une se rapproche beaucoup de celle d'Amérique, mais dont l'autre s'en éloigne très-sensiblement, et surtout par des yeux plus petits et un filet plus alongé au bout de la queue.

Le TRICHIURE HAUMELA.

(*Trichiurus haumela*, nob.; *Clupea haumela*, Forsk.)

La première de ces espèces, celle qui ressemble davantage à l'espèce d'Amérique, n'est cependant pas la même : elle nous a été apportée récemment du Malabar par M. Dussumier. En plaçant à côté l'un de l'autre des individus du Brésil et du Malabar, dont la tête soit exactement de même grandeur, on en saisit facilement les différences.

Le trichiure du Brésil a la tête comprise huit fois dans sa longueur; celui du Malabar ne l'y a que sept fois. La hauteur du corps du premier est dix-sept fois dans sa longueur; celle du second, quinze fois seulement : différence qui vient surtout du filet grêle de la queue, qui est bien plus court dans l'espèce du Malabar, où il ne fait pas le huitième de la longueur totale, tandis que dans celle du Brésil il en fait le septième et plus.

Le museau est aussi plus long dans le trichiure du Brésil. Sa longueur est deux fois et deux tiers dans celle de la tête. Celui de l'espèce du Malabar y est trois fois.

Le sous-orbitaire de l'espèce du Brésil a quatorze ou quinze stries, celui des Indes n'en a que dix ou onze.

Le nombre des rayons de la dorsale ne diffère pas beaucoup; il est de cent trente dans le trichiure du Malabar, et dans celui du Brésil il va à cent trente-cinq.

Les épines du dessous de la queue sont dans celui du Malabar au nombre de cent quinze; de cent dix-huit dans celui du Brésil.

Cependant je n'attache pas une grande importance à ces trois derniers caractères : les autres suffisent bien; et quoiqu'ils puissent ne pas frapper celui qui verrait les deux poissons successivement, ils ne peuvent laisser de doute à celui qui les compare.

C'est manifestement cette espèce-ci que

Nieuhof a représentée[1]. C'est aussi bien certainement le *savala* de Russel (t. I, pl. 41). Cet auteur nous assure qu'elle est très-commune à Vizagapatam, et que les soldats la recherchent.

C'est également elle que M. de Lacépède a fait graver (t. II, pl. 7, fig. 1), pour représenter en général le trichiure, dont il ne distinguait pas les espèces.

Il nous paraît aussi que ce doit être particulièrement cette espèce que Forskal avait sous les yeux, lorsqu'il a décrit son *clupea haumela,* auquel il donne cent trente-trois rayons dorsaux et quatre-vingt-deux épines sous la queue.

Le TRICHIURE SAVALE.

(*Trichiurus savala,* nob.)

Quant à l'autre espèce des Indes, ses caractères distinctifs sont beaucoup plus frappans.

Le premier, c'est que son œil est beaucoup plus petit que dans les deux autres; il n'a en diamètre que le tiers de la hauteur de la tête à son endroit, et le neuvième de sa longueur; dans l'espèce d'Amérique et dans la première des Indes il a moitié de la hauteur, et le sixième de la longueur. Passant ensuite au détail, on découvre d'autres différences; la longueur de la tête n'est que six fois et deux tiers dans la lon-

---

1. Voyez Willughby, append., pl. 3, fig. 3.

gueur totale. La hauteur du corps n'y est que treize fois ou treize fois et demie. Le filet de queue, sans rayons, fait le cinquième de cette longueur.

Le nombre des rayons de la dorsale n'est que de cent dix à cent quinze. Celui des épines du dessous de la queue ne va qu'à quatre-vingt-deux. La première de ces épines est mobile et assez longue, tandis que dans les deux autres espèces elle est cachée sous la peau, comme celles qui la suivent.

Nous avons reçu cette seconde espèce du Malabar avec la précédente, et c'est elle qui nous a été envoyée de Pondichéry sous le nom de *na-savallé*. M. Leschenault ne nous en apprend autre chose, sinon qu'elle est bonne à manger. Quant à M. Dussumier, il nous dit de l'une et de l'autre, qu'elles sont rares au mois de Février, mais qu'elles deviennent très-abondantes dans les mois d'Avril et de Mai; que l'on en sale beaucoup alors, et qu'elles forment un article important de nourriture pour les Indiens pendant la mauvaise saison, lorsque la mer, poussée avec violence sur la côte depuis le mois de Juin jusqu'en Septembre, ne permet plus aux pirogues de sortir pour la pêche.

Fraîches, elles ne sont point estimées, et l'on n'en sert jamais sur les tables des Européens.

Cet excellent observateur a pleinement confirmé notre soupçon sur l'erreur de ceux qui at-

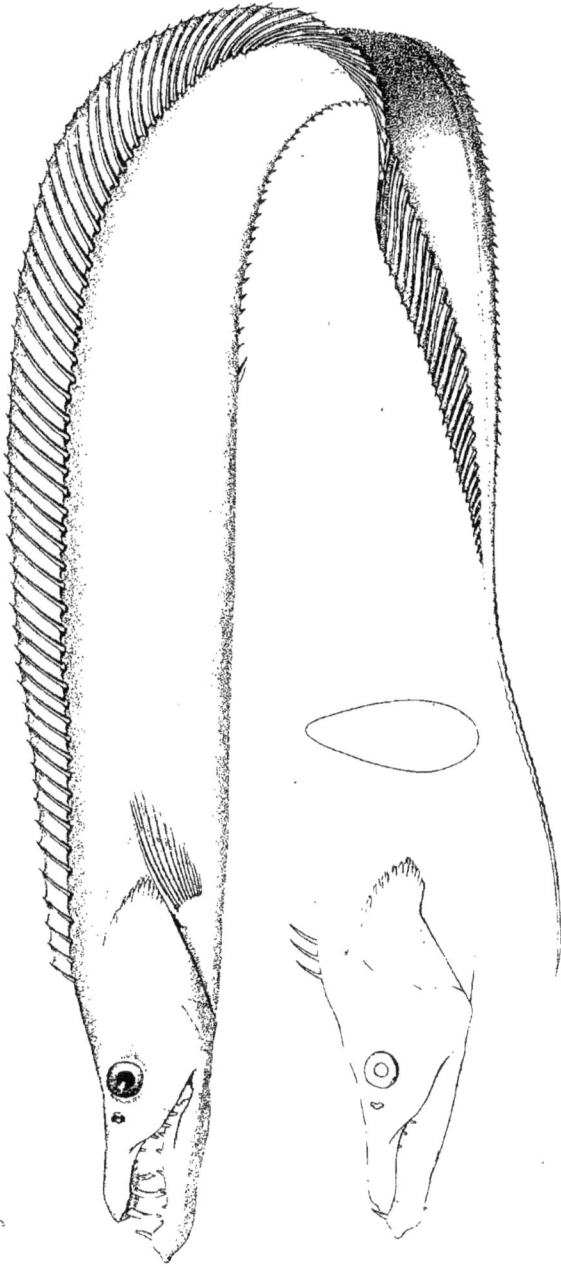

TRICHIURE savale.

Werner del.

TRICHIURUS savala. n.

François sculp.

Impr. de Langlois.

tribuaient à ces poissons des vertus électriques :
il n'en a jamais entendu parler, ni trouvé personne qui en ait eu connaissance ; ce qui serait
impossible relativement à des poissons aussi
communs, si cette propriété avait quelque
fondement.

Cette espèce habite les côtes de la Chine,
car elle est parfaitement représentée dans le
beau recueil des poissons chinois de la bibliothèque du Muséum.

J'en trouve aussi une figure sur des planches destinées à la Zoologie indienne du général Hardwick, dont M. Gray a bien voulu
nous confier des épreuves. Elle y porte le nom
de *trichiurus armatus.*

Il pourrait exister encore d'autres trichiures
dans les mers des Indes et du Japon ; car je
trouve dans notre imprimé japonais une figure
de ce genre qui ne répond bien à aucune des
espèces précédentes ; et j'en vois une autre
dans les peintures faites à Malacca pour M.
Farkhar, remarquable surtout par la brièveté
de son museau et du filet de sa queue ; elle
est intitulée en malai *ikan-lacore-lacore.*
Mais j'ai déjà annoncé plusieurs fois que nous
serions très-difficiles à établir des espèces sur
de tels documens, quand ils ne seraient pas
confirmés par des objets arrivés en nature.

TRIBU DES ESPADONS,

OU SCOMBÉROÏDES A MUSEAU EN FORME DE DARD OU D'ÉPÉE.

Nous rapprochons ici des poissons fort semblables entre eux, et qui ne forment, à vrai dire, qu'un seul genre naturel, bien que tous les ichtyologistes modernes se soient vus contraints, par les règles de leurs méthodes, à les écarter les uns des autres, et souvent à les éloigner beaucoup, uniquement parce que les uns ont des nageoires ventrales et que les autres en sont dépourvus; différence qui ne sert qu'à prouver de plus en plus le peu d'importance de ces nageoires pour une méthode naturelle. Leurs rapports avec les thons et les maquereaux ont été encore moins sentis, quoique non moins évidens par les formes de leur queue, par leurs intestins, par les qualités de leur chair, et même par les animaux parasites qui les tourmentent; mais comme ils n'ont pas de fausses pinnules, toutes les autres ressemblances ont presque été mises en oubli par les modernes, du moins à l'égard de l'espèce sans ventrales.

CHAPITRE VIII.

Des Espadons proprement dits (*Xiphias*, Linn.).

————

De la seule espèce connue, l'ESPADON ÉPÉE.

(*Xiphias gladius*, Linn.)

Les noms que tous les peuples se sont accordés à donner à l'espadon, ξιφίας, *xiphias*, *gladius*, *épée*, *dard*, *pesce-spada*, *schwerd-fisch*, *sword-fish*, indiquent assez le trait le plus frappant de sa conformation, cette lame tranchante et pointue qui prolonge son museau et qui menace tout ce dont il approche; celui même d'*empereur*, qu'on lui donne en Provence et sur la côte de Gênes, vient, dit-on, du rapport qu'on lui trouve avec ces figures où l'on représente les césars une épée à la main.

Aristote avait déjà remarqué que les thons et les espadons, vers le lever de la canicule, sont tourmentés de l'*œstre*, qu'il décrit un peu vaguement comme une espèce de petit ver de la figure d'un scorpion et de la grandeur d'une araignée. Cet œstre, qui leur cause des douleurs si vives qu'ils se jettent sur le rivage ou sautent sur les navires, est un parasite de la famille des lernées, le *pennatula filosa* de Gmelin, ou la *pennelle* de M. Oken. [1]

Bélon fait remarquer non-seulement la ressemblance de l'espadon et du thon, mais il assure que les Provençaux de son temps les préparaient de la même manière et les faisaient servir aux mêmes usages. [2]

Le corps de l'espadon est alongé, presque rond de l'arrière, peu comprimé de l'avant. En prenant dans un jeune sujet sa longueur totale depuis la pointe de l'épée jusqu'à l'extrémité des lobes de la queue, elle comprend près de dix fois sa hauteur aux pectorales; mais de ces dix parties l'épée, depuis sa pointe jusque sous les narines, en prend trois, et la caudale une et demie. L'épaisseur près des pectorales est de moitié de la hauteur au même endroit; mais vers la queue, où la hauteur est bien diminuée, l'épaisseur l'égale ou la surpasse. L'adulte a des dimensions plus courtes et plus grosses. Sa longueur ne fait que le sextuple de sa hauteur, et son épaisseur est des deux tiers de cette même hauteur. Le dessus du crâne est plat ou légèrement convexe; il descend lentement au museau ou à l'épée; les côtés de la tête sont verticaux. La hauteur de la tête, à la nuque, égale la distance de l'ouïe au milieu de l'œil,

---

1. Voir mon Règne animal, 2.ᵉ édit., p. 257.
2. Bélon, *Aquat.*, p. 109 et 110.

et fait à peu près le double de sa largeur entre les yeux. L'œil est rond; son diamètre est à peu près des deux tiers de la largeur du crâne au-dessus de lui; il est placé au milieu de la hauteur, entre le bord du crâne ou le sourcil et la bouche. Les orifices de la narine sont vers la ligne du profil, à peu près à la hauteur du bord supérieur de l'œil, et à une distance en avant qui égale les deux tiers de son diamètre. Ils sont très-rapprochés l'un de l'autre, à peu près ronds. Le postérieur est un peu plus grand et simple ; l'antérieur est entouré d'un rebord en forme de cupule. La face supérieure de la tête continue de descendre en avant jusqu'à une distance de l'œil égale à celle de l'œil à l'ouïe. Là elle devient horizontale, et forme tout-à-fait la lame d'épée. La largeur de cette lame, prise à cet endroit, est encore sept fois dans le reste de sa longueur. Son épaisseur n'est que le cinquième de cette largeur. Ses bords sont tranchans, finement dentelés, et se rapprochent par degrés, pour former la pointe aiguë qui termine cette arme. Sa face supérieure est finement striée en longueur. Elle a vers sa base une élévation mitoyenne longitudinale, remplacée vers le milieu par un sillon qui règne jusqu'à la pointe. Le dessous n'a pas de stries, mais seulement une ligne mitoyenne moins profonde que le sillon supérieur, et qui se porte bien moins avant. La mâchoire inférieure ne se porte en avant que jusque sous l'endroit où la face supérieure de l'épée devient horizontale; aussi large d'abord que la supérieure, elle se rétrécit promptement en une pointe très-aiguë. Ses branches

8.

n'ont de hauteur en arrière que le dixième de sa longueur. La fente de la bouche se porte derrière l'œil
des deux tiers de son diamètre. On ne peut pas dire
qu'il y ait des dents. Les branches de la mâchoire
inférieure ont seulement à leur face supérieure une
âpreté plus rude que celle du reste de la tête. Le
voile membraneux de la mâchoire supérieure est
triangulaire, assez grand, mais tendu horizontalement sous le palais. Son bord postérieur répond à
peu près sous l'antérieur de l'œil. Un voile semblable est tendu vis-à-vis, entre les branches de la
mâchoire inférieure. Il n'y a point de vraie langue.
L'os lingual fait seulement sentir sa convexité au
plancher de la bouche, vis-à-vis l'œil. Les arcs branchiaux, qui avancent presque jusque-là, sont arrondis, et sans aucunes dentelures ni râtelures, et même
sans âpreté; mais les pharyngiens, de forme alongée,
sont garnis de dents en fin velours ras. Le bord montant du préopercule est vertical, et son angle, un peu
arrondi, se termine tout de suite à l'articulation de la
mâchoire inférieure, en sorte qu'il n'a pas de bord
horizontal. Son limbe est peu marqué. Il n'a pas de
dentelures. La longueur de l'opercule surpasse d'un
tiers la distance du bord du préopercule à l'œil.
L'ensemble operculaire est arrondi. Le sous-opercule en prend le quart inférieur, par une ligne de
séparation qui descend obliquement en avant; mais
l'interopercule est fort petit, à cause du reculement
de la mâchoire inférieure. Les ouïes sont très-fendues, jusque sous le bord antérieur de l'œil, où les
deux membranes s'unissent l'une à l'autre; une petite

membrane verticale joint en dessous leur symphyse
à la partie antérieure de l'isthme, qui est comprimé,
long et étroit. La membrane des ouïes est épaisse,
et sa peau est âpre, comme celle du reste du corps :
elle est très-découverte, et l'on y compte aisément
les sept rayons arqués et plats qui la soutiennent.

Aucun os ne se montre extérieurement à l'épaule ;
la nageoire pectorale est attachée plus bas peut-être
qu'à aucun autre poisson, et au point que l'on pourrait être tenté, au premier coup d'œil, de la prendre
pour une pectorale ; elle est en forme de faux et
très-longue, car elle a le septième de la longueur
totale, prise comme nous l'avons indiqué en commençant. Le nombre de ses rayons est de seize, dont
les trois premiers sont les plus longs. Les derniers,
au contraire, sont excessivement courts. Sa largeur
à la base n'est que du septième de sa longueur. Il
n'y a rien de particulier dans son aisselle. Entre les
deux pectorales on sent sous la poitrine la symphyse des huméraux ; mais il n'y a pas de vestige de
bassin, ni de ventrales.

La dorsale commence au-dessus de l'ouverture des
ouïes par une pointe élevée, qui surpasse d'un quart
la hauteur du corps sous elle ; le premier et le second rayon, qui sont courts, et le troisième, qui est
trois fois plus long, sans dépasser encore le tiers de
la hauteur, sont comme cachés dans son bord antérieur. Ils sont simples, ou si l'on veut épineux. Les
quatre ou cinq suivans forment la pointe de la nageoire. Ensuite les rayons décroissent rapidement
jusqu'au dixième et au onzième, passé lesquels ils

deviennent très-grêles, et sont liés par une membrane
très-frêle, jusqu'au trente-neuvième ou quarantième,
demeurant encore, dans une grande partie de cette
série, de la moitié de la hauteur aux pectorales, mais
diminuant davantage vers la fin. Les trois ou quatre
derniers, jusqu'au quarante-troisième, se relèvent un
peu en pointe, et leur ensemble reprend un peu plus
de force. Il reste entre eux et la caudale un espace
nu du seizième de la longueur totale.

Telle est cette nageoire dans les jeunes sujets, où
elle n'a point encore été usée; mais sa partie intermédiaire entre ses deux pointes est si faible que l'on
conçoit qu'elle doit aisément être rompue, ou même
rasée jusqu'à sa base, dans les divers frottemens que
le poisson éprouve pendant sa vie, et qu'elle doit alors
paraître beaucoup plus basse que nous ne venons de
le dire; c'est ce qui explique pourquoi les dessinateurs
qui ont représenté le xiphias adulte[1], ont tous représenté les deux pointes, de l'avant et de l'arrière, comme
deux nageoires séparées. Nous les avons nous-mêmes
vues ainsi dans un individu de onze à douze pieds de
long, qui nous a été envoyé de Toulon bien entier
dans l'eau-de-vie, et dans une barrique faite exprès
pour le bien conserver.

L'anale ne commence que sous le tiers postérieur
de la dorsale; elle a aussi en avant une pointe saillante, mais moitié moindre que celle de la dorsale.
Le premier rayon est court, et le second presque
aussi long que le troisième et le quatrième, qui font

1. Salv., fol. 126; Rond., p. 251; Dub., sect. 9, pl. 26, fig. 2.

la pointe. Ils décroissent jusqu'au neuvième, passé lequel ils sont très-courts, et ne se ralongent un peu qu'au quatorzième, qui, avec les trois derniers (il y en a en tout dix-sept), forment une petite pointe correspondante à celle de la dorsale.

B. 7 ; D. 3/40 ; A. 2/15 ; C. 17 ; P. 16.

La caudale est échancrée en croissant jusques aux deux tiers, et les lobes sont arqués et très-pointus ; elle a, outre ses dix-sept rayons entiers, quatre ou cinq petits rayons sur chacun de ses bords.

Tout le corps et la tête de l'espadon sont couverts d'une peau un peu rude, et cette âpreté tient sans doute à l'extrême finesse des écailles microscopiques qui la garnissent. Il n'y en a pas sur les nageoires, et l'opercule n'a presque point de cette âpreté. La ligne latérale s'aperçoit à peine, si ce n'est à sa partie antérieure, où elle est irrégulièrement flexueuse. De chaque côté de la queue est une crête membraneuse fort saillante.

Tout ce poisson est d'une belle couleur d'argent pure à la partie inférieure, glacée de bleu noirâtre à la supérieure.

Les très-jeunes individus d'un pied ou dix-huit pouces, ont sur le corps des séries longitudinales de petits tubercules, ou des petites élevures longues et un peu tranchantes. Ces inégalités disparaissent d'abord sur le dos, et ensuite sur le ventre. Les individus de trois pieds n'en conservent rien. Les scabrosités du dedans de la bouche se polissent et s'effacent aussi avec l'âge.

La taille de cette espèce devient énorme, et c'est ce qui engageait les anciens à la ranger dans la classe des *cétacés ;* car pour eux *cete* signifiait seulement de très-grands poissons. Il n'est pas rare d'en voir de dix et douze pieds[1] ; on en cite de dix-huit[2] et de vingt.[3]

La longueur de la cavité abdominale de l'espadon fait à peu près la moitié de celle du corps, non compris la tête : elle est plus haute que large ; le péritoine est d'un blanc pur.

Le foie est très-peu volumineux, en travers sous l'œsophage, et sa plus grande portion est dans le côté droit : l'œsophage est large et très-court ; l'estomac en est la continuation, et forme un sac conique qui descend jusqu'aux trois quarts de la longueur de l'abdomen. Ses parois sont épaisses, et sa veloûtée forme en dedans un grand nombre de rides très-élevées et très-sinueuses : la branche montante est très-courte, et elle naît presque sous le diaphragme ; le pylore est étroit, et muni d'un très-grand nombre d'appendices cœcales, courtes, réunies en petits corps ovales par un tissu cellulaire serré et constituant une masse en forme de grappe, semblable à ce que nous avons déjà observé dans le germon.

L'intestin est assez long ; il fait deux replis, dont chaque portion fait plusieurs sinuosités ; il augmente de diamètre vers la région du rectum ; l'anus n'est

---

1. Schonevelde. — 2. Bloch, sur le témoignage du chevalier Hamilton. — 3. Gesner, p. 382, sur le témoignage de G. Fabricius.

pas ouvert tout-à-fait à l'extrémité de l'abdomen.

La rate est petite, et presque au milieu de l'abdo-men, entre les replis de l'intestin; elle est brune. Les organes de la génération sont rejetés à l'arrière de l'abdomen.

Il y a une grande vessie aérienne, qui occupe toute la longueur de l'abdomen; ses parois sont minces et transparentes.

Les reins sont très-longs : ils forment un corps trièdre, qui s'étend depuis le diaphragme jusqu'au-delà de l'anus; arrivés sur les interosseux de l'anale, ils donnent une sorte de petite vessie étroite et cylin-drique qui remonte à l'anus.

Nous avons trouvé dans l'estomac des débris de poissons.

Une particularité remarquable dans l'anatomie de l'espadon consiste dans la structure de ses branchies, les lames qui les composent ne sont pas simple-ment, comme dans la plupart des autres poissons, placées à côté les unes des autres, et attachées par leur base à l'arceau qui les porte, et par une portion de leur longueur aux lames de la face opposée de la branchie; mais chaque lame s'unit à ses deux voi-sines par de petites lamelles transversales jusque très-près de son extrémité, en sorte que la surface de la branchie ressemble plutôt à un réseau qu'à un peigne. Ce n'est que vers le bout que les pointes des lames deviennent libres, et forment ainsi un double bord à la branchie.

Walbaum a déjà connu cette structure et la décrit, jusqu'à un certain point, dans l'Anatomie qu'il a donnée de ce poisson. Mais une circonstance sur laquelle il n'a point assez insisté, c'est que chaque branchie est double, ou, en d'autres termes, fendue jusqu'à sa racine en deux feuillets, qui s'écartent comme les feuillets d'un livre, en sorte que, bien qu'il n'y ait que quatre arceaux de chaque côté, on peut dire qu'il y a huit branchies, sans compter la demi-branchie attachée à l'opercule.

Cette conformation n'avait point échappé à Aristote. « Tous les chiens de mer ont cinq lames à leurs « branchies, et toutes doubles, c'est-à-dire garnies « de lames des deux côtés. L'espadon les a doubles « aussi et au nombre de huit. »

Cette assertion nous a long-temps paru inintelli-gible, mais l'inspection de ces parties nous l'a très-bien expliquée.

C'est dans le nerf optique de l'espadon que l'on a observé, pour la première fois, cette structure, com-posée d'une lame médullaire, plissée et renfermée dans un étui cylindrique, qui s'est retrouvée ensuite dans le thon et tant d'autres poissons. Malpighi en a donné une belle figure. [1]

L'œil de l'espadon est remarquable surtout par sa sclérotique, qui n'a pas seulement, comme celle des autres osseux, dans son épaisseur deux pièces cartilagineuses qui y occupent plus ou moins d'es-pace, mais bien deux pièces osseuses qui, s'articulant ensemble par deux sutures, l'enveloppent entière-

---

1. Malpighii *Oper.*, *II*, *de cerebro*, p. 8, copié dans Blasius, *Anat. anim.*, pl. 49, fig. 1, et ailleurs.

ment, ne laissent qu'une ouverture ronde en avant pour la cornée transparente, et une irrégulière en arrière pour le passage des nerfs et des vaisseaux.

La tête osseuse de l'espadon, malgré son apparence insolite, se laisse assez facilement ramener à la composition des autres acanthoptérygiens. Les cinq crêtes ordinaires ne se montrent qu'à l'arrière du crâne, et c'est aussi là que sont reportés l'interpariétal, les pariétaux, les mastoïdiens, formant ensemble une rangée d'os; les occipitaux externes, placés en arrière des pariétaux et aux côtés de l'interpariétal; les occipitaux latéraux et les rochers, formant une deuxième rangée; enfin l'occipital inférieur. En revenant vers l'orbite, on trouve une grande aile anguleuse, et au-dessus d'elle le frontal postérieur en dehors, et l'aile orbitaire en devant. L'espace antécérébral est médiocre. On voit au-dessous une grande cavité ouverte en avant, et entourée en dessus par le plancher des grandes ailes, au fond par l'occipital inférieur, en dessous par le sphénoïde. Ses bords sont formés par des parties montantes du sphénoïde et par les angles ou arêtes des grandes ailes; l'espace interorbitaire est très-grand. Il est recouvert en dessus par les deux frontaux principaux, qui sont plats, oblongs, et qui se portent plus en avant d'une longueur égale à celle de cet espace. La face antérieure de cet espace est occupée par les frontaux antérieurs, qui se touchent l'un l'autre par leur bord interne; ils occupent aussi la partie latérale en avant de l'orbite, où sont les fosses nasales. Le nerf arrive à ces fosses par un trou de ces frontaux antérieurs.

Le dessous de l'espace interorbitaire est formé, comme à l'ordinaire, par le sphénoïde. Je ne trouve pas de sphénoïde antérieur dans mes squelettes.

Il reste à expliquer le bec. Les frontaux font descendre leurs pointes antérieures jusqu'à sa racine supérieure. Entre eux commence l'ethmoïde, qui les dépasse en avant, et montre au-dehors la figure d'un rhombe très-alongé. Mais quand on le détache, on voit qu'il remplit, par une dilatation celluleuse et que l'on prendrait presque pour les cellules de l'ethmoïde d'un quadrupède, tout l'espace qui fait l'épaisseur de la base du bec, entre les deux narines, au-devant des frontaux antérieurs et sous les frontaux principaux. Les frontaux antérieurs participent de cette nature celluleuse de l'ethmoïde, et contribuent avec lui à remplir la solidité de la base du bec. La pointe de l'ethmoïde est enchâssée entre les branches d'un os impair, qui s'étend au-devant de lui jusqu'au bout du bec dont il forme l'axe, et qui est le vomer. Aux côtés du vomer sont unis deux autres os, qui forment les bords de cette proéminence singulière, et qui représentent évidemment les deux intermaxillaires. Enfin, les maxillaires sont représentés par deux os oblongs, collés le long des côtés de la base du bec, au-dessous des frontaux antérieurs et des pointes avancées des frontaux principaux, et au-dessus de la partie postérieure des intermaxillaires. Ils donnent chacun une branche qui les prolonge en arrière, et à la face interne de laquelle s'unit le palatin.

L'épée ou bec des xiphias est donc composée, dans presque toute sa longueur, du vomer et des intermaxillaires, et renforcée à sa base par l'eth- moïde, les frontaux, les maxillaires; enfin, séparée des orbites et de l'espace interorbitaire par les fron- taux antérieurs.

Ce vomer, qui se bifurque en dessus pour em- brasser l'ethmoïde, forme en dessous une lame qui se glisse sous le sphénoïde jusques au-dessous des cloisons antérieures des orbites.

Dans les jeunes sujets on voit des traces de su- tures, qui pourraient faire croire que ce que nous avons appelé les branches montantes du vomer, ap- partient plutôt aux nasaux.

La substance de cette épée est une cellulosité ser- rée à l'intérieur, revêtue à la surface d'une lame osseuse très-compacte. Quatre tubes la parcourent dans sa longueur et y conduisent les vaisseaux; ainsi on ne peut pas dire que sa structure soit tubuleuse.

Dans le reste du squelette on peut remarquer la longueur du surscapulaire fourchu, et celle du sca- pulaire, qui a la forme d'un stylet. L'huméral, au contraire, est court et large, et c'est à quoi tient l'abaissement des pectorales. Le cubital n'a point de trou ni d'échancrure, et forme avec l'huméral une large surface, qui doit donner de grandes attaches aux muscles de ces nageoires.

Je ne trouve point de traces de bassin, ni de ventrales.

L'épine a vingt-cinq vertèbres, dont quatorze abdominales, de forme approchant de celle d'un prisme. Leurs apophyses épineuses supérieures, ainsi que les inférieures de la queue, se portent oblique-

ment en arrière en se dilatant. Les premières sont
embrassées à la base de leur bord postérieur par
deux petites apophyses articulaires, que donne, dans
une direction à peu près verticale, le bord antérieur
de la vertèbre suivante.

Les interépineux de la dorsale et de l'anale sont
très-comprimés, en forme de lames longitudinales et
contiguës.

Toutes ces dispositions doivent laisser peu de flexi-
bilité au corps.

L'avant-dernière vertèbre unit ses apophyses épineuses aux bords supérieur et inférieur de la dernière, qui a de chaque côté une petite crête.

Les côtes sont simples et assez courtes. La première
paire est un peu dilatée.

Un poisson aussi remarquable que l'espadon
par sa taille et par sa conformation n'a pu être
ignoré à aucune époque. Tous les anciens en
parlent de manière à prouver qu'il leur était
fort connu; ils décrivent son arme et les coups
qu'elle porte, les combats qu'il soutient, les
attaques qu'on lui livre, les ruses par lesquelles
on l'attire, et ils les décrivent à peu près comme
les modernes. [1]

On en pêche en effet dans toute la Méditerranée; mais c'est près de la Sicile, et surtout

---

1. Ælien, l IX, c. 40; l. XIV, c. 23. Oppien, l. II, v. 464, et
l. III, v. 547. Ovide, *Hal.*, v. 67. Pline, l. XXXII, c. 2 et 11; etc.

aux environs du Phare, qu'il s'en voit le plus. Dès le temps des anciens on avait en grande estime ceux de ces parages.[1]

En Sardaigne on n'en prend que très-peu, et seulement à l'époque du passage des thons, dont l'espadon accompagne quelquefois les colonnes. C'est à peine, dit Cetti, si sur toutes les côtes de l'île il s'en prend deux douzaines par année, et l'on en fait d'autant moins de compte, qu'ils sont de grande taille et ont passé de beaucoup l'âge où leur chair est tendre et agréable.[2]

Cetti, à cette occasion, fait remarquer combien se trompent ceux qui, comme Paul Jove, prétendent que l'espadon poursuit les thons, et que c'est même la peur qu'ils en ont qui les contraint à leurs grandes émigrations. Il ne fait pas plus d'impression sur les thons, dit-il, que ne feraient leurs semblables, et loin d'être ennemis, on dirait que ces deux genres de poissons se connaissent, et aiment à se trouver ensemble.[3]

Nous avons beaucoup vu et mangé de petits espadons à Gênes, où l'on a coutume de leur couper le museau avant de les porter au marché.

---

1. Archestratus, *ap. Athen.*, l. VII, p. 314. — 2. Cetti, p. 93 et 94. — 3. Cetti, t. III, p. 145.

Il en vient à Nice toute l'année, et surtout au printemps, qui pèsent depuis deux jusqu'à trois cent cinquante livres[1]. Nous en avons reçu un très-grand de Toulon, et M. Savigny nous en a apporté de Naples de plusieurs tailles. Selon Bélon, l'espèce est assez rare sur les côtes de France; mais le même auteur la dit commune à Constantinople.[2]

Ælien prétend même qu'il y en a, et de fort grands, dans le Danube[3], et cependant Pallas n'en fait aucune mention dans sa Zoographie russe, où il a traité avec détail de plusieurs poissons de la mer Noire.

L'espadon, surtout l'adulte, sort quelquefois de la Méditerranée, et remonte assez haut dans le nord. Il s'est montré le long des côtes de l'Espagne sur l'Océan[4], et de temps en temps on en prend sur celles de France[5]. Pennant en cite un, pris sur la côte du comté de Caermarthen, dont l'épée avait trois pieds de long.[6] Gesner en donne une figure faite sur la mer d'Allemagne[7]. Oléarius[8] et Schelhammer[9] en ont décrit et représenté des côtes du Holstein.

---

1. Risso, p. 100. — 2. Bélon, *Aquat.*, p. 109. — 3. Ælien, l. XIV, c. 23. — 4. Cornide, p. 10. — 5. Duhamel, sect. 9, p. 334. — 6. *Brit. zool.*, t. III, n.° 60, p. 143. — 7. Gesner, *Pisc.*, p. 380. — 8. Cabinet de Gottorp, p. 40, pl. 23. — 9. *Anat. xiphiæ piscis, ap. Valent., Amphit. zoot.*, t. II, p. 102.

Schonevelde[1] dit qu'on en prend quelquefois de petits dans le golfe d'Ékeford, sur la côte orientale de ce pays.

Un gros, qui échoua en 1682 à l'île de Linde, est décrit par G. Hannæus, dans les Éphémérides des curieux de la nature (décad. II, ann. 7, obs. 107); en sorte qu'on est étonné de ne pas voir figurer cette espèce dans le Catalogue des animaux du Danemarck, de Müller.

Elle entre même bien plus avant dans la Baltique. Walbaum en a décrit et disséqué deux auprès de Lubeck[2]. Schonevelde en avait vu un autre, jeté par les flots sur le rivage du pays de Mecklenbourg, que deux chevaux eurent de la peine à tirer à terre. Sa longueur était de onze pieds.[3]

Kœlpin, professeur de Greifswalde, en Poméranie, en décrit un dans les Mémoires de Stockholm (t. XXXI, 1770, p. 5), qui avait été pris à quatre milles de cette ville en 1764, et parle de trois autres de la même côte.

Les pêcheurs de Prusse, au rapport de Wulfen[4], en prennent quelquefois dans la Baltique

1. *Ichtyol. slesv. et holst.*, p. 35.
2. Collection de Berlin, t. X, p. 70, et dans son *Artedius renovatus*, part. 2, p. 146.
3. Schonevelde, *loc. cit.*
4. *Ichthyol. cum amphib. regn. Boruss.*, p. 21.

de huit pieds de longueur, et à leur grand dommage, car leurs filets en sont presque toujours déchirés. Klein, en effet, en décrit un des environs de Dantzig[1], et Hartmann un autre des environs de Pillau[2]. Bock, dans son Histoire naturelle de Prusse, a rassemblé des renseignemens sur beaucoup d'individus pris à différentes époques le long des côtes de ce royaume.[3]

Georgii n'a donc pas hésité à le placer dans son Histoire naturelle de Russie (3.ᵉ part., t. VII, p. 1908). Linnæus et Retzius l'ont également nommé dans celle de Suède[4]; mais il n'en est pas question dans celle de Groënland, et en général il n'est pas certain qu'il traverse l'océan Atlantique.

Pennant ne le place qu'avec doute dans le nord de l'Amérique, et soupçonne que Catesby, en le nommant, n'a entendu parler que de l'orca ou du cachalot à haute dorsale.[5]

Effectivement, M. Mitchill n'en parle point parmi ses poissons de New-York. Je n'en trouve non plus aucune mention dans les au-

---

1. *Miss. pisc.*, t. IV, p. 17.

2. *Ephem. nat. cur.*, déc. 3, ann. 2.

3. Bock, Histoire naturelle économique de la Prusse orientale et occidentale, t. IV, p. 539 à 543.

4. *Faun. suec.*, 2.ᵉ édit., p. 303; édit. de Retzius, p. 316.

5. *Artic. zool.*, t. II, p. 364.

teurs qui ont écrit sur les poissons des parages plus méridionaux de l'Amérique, ni dans ceux qui ont traité des poissons de la mer des Indes; mais comme beaucoup d'autres poissons de la Méditerranée, il paraît suivre la côte d'Afrique jusqu'au Cap. MM. Quoy et Gaimard en ont dessiné un au cabinet de la ville du Cap, que je ne pourrais distinguer en rien de ceux des mers d'Europe.

On cite parmi les habitudes de l'espadon celle d'aller ordinairement par paires, un mâle et une femelle. Bloch l'assure d'après le chevalier Hamilton, et cela s'accorde avec ce que M. Rafinesque raconte d'une espèce voisine.

Pline rapporte, sur le témoignage de Trebius-Niger, que, près d'un lieu des côtes de Mauritanie, nommé *Gotta,* non loin du fleuve Lixus, il était arrivé à des navires d'être percés par le bec du xiphias, et d'en être coulés bas[1]. On a voulu contester ce fait[2], et cependant Cornide en cite expressément un fort semblable, d'une palandre espagnole, sur la côte de Galice, qui fut au moment de périr, pour avoir été percée par un de ces poissons, et assure que la planche et le bec, qui s'y était implanté, sont conservés au Cabinet royal de

---

1. Pline, l. XXXII, c. 2. — 2. Bloch, part. 3, p. 26.

8. 18

Madrid[1]. On doit comprendre que de tels accidens ne peuvent arriver qu'à des bâtimens légers et vieux; mais ce qui arrive souvent, c'est de trouver des becs de ces poissons rompus dans des carènes de navires. Ælien (l. XIV, c. 23) en cite déjà un exemple.

La pêche de l'espadon, dit Brydone, est plus divertissante que celle du thon. Un homme monté sur un mât ou sur un rocher du voisinage avertit de son approche : on l'attaque avec un petit harpon, attaché à une longue ligne, et on le frappe souvent de fort loin. C'est exactement la pêche de la baleine en petit. Quelquefois on est obligé de le poursuivre des heures entières avant de l'atteindre. Les pêcheurs siciliens, qui sont très-superstitieux, chantent une certaine phrase, que Brydone croit grecque, et qu'ils regardent comme un charme pour amener l'espadon près de leur bateau. C'est la seule amorce qu'ils emploient : ils prétendent qu'elle est d'une efficacité merveilleuse, et qu'elle contraint le poisson à les suivre, au lieu que si malheureusement il entendait prononcer un mot italien, il se plongerait aussitôt dans l'eau, et on ne le reverrait plus.[2]

---

1. Cornide, *Ensayo, etc.*, p. 10.
2. Voyage en Sicile et à Malte, trad. franç., t. II, p. 262.

C'est la pêche que décrit déjà Strabon, d'après Polybe (l. I, p. m. 24), et qu'il croit avoir été en usage dès le temps d'Ulysse. Au reste, la chanson dont parle Brydone n'est point grecque. Kircher la rapporte dans sa *Musurgia,* et c'est un assemblage de mots qui ne sont d'aucune langue.

Oppien parle d'une pêche plus curieuse en usage de son temps, où l'on employait des barques auxquelles on donnait la forme de ces poissons, afin de leur ôter toute défiance.[1]

La chair des jeunes espadons est parfaitement blanche, compacte, fine et d'un excellent goût, ainsi que nous l'avons éprouvé plusieurs fois. Celle des vieux prend d'autres qualités. Brydone dit qu'elle ressemble plus au bœuf qu'au poisson, et qu'on la découpe en côtelettes[2]. On la compare en général à celle du thon, ainsi que nous l'avons dit; je l'ai trouvée en effet très-ferme, mais de bon goût.

Les Siciliens salent le xiphias, et cet usage avait aussi lieu chez les anciens. C'était le morceau de la queue (l'*uræum*) qui était sur-

1. Oppien, *Hal.*, c. 3, v. 547 et suiv.
2. Brydone, *loc. cit.*, p. 263.

tout estimé [1]. Aujourd'hui on prépare ses nageoires, que l'on appelle *callo*.

Nous devons parler à ce sujet d'un passage
de Pline sur le xiphias, qui a donné carrière aux
conjectures des commentateurs. Dans sa grande
énumération alphabétique des cent soixante-
quatorze genres, qu'il croyait comprendre tous
les animaux aquatiques (l. XXXII, c. 11, au T.),
les éditions ordinaires portent ces mots : *tomus
thurianus quem alii xiphiam vocant;* ce qui
n'empêche pas qu'à la fin de la liste ne se trouve
à l'X le mot *xiphiœ.* Dans les premières éditions
ce passage était écrit : *thynnus thranus quem,*
etc., et dans quelques manuscrits : *tinus, tia-
nus.* C'est Hermolaus-Barbarus qui l'a changé
en *tomus thurianus.* [2]

Il s'appuyait, d'une part, sur deux passages
d'Athénée, où il est dit, selon lui, que les
Romains appelaient *thurianum* un morceau
de chien-marin ou carcharias [3]; et de l'autre,
sur ce que dit Strabon, que les xiphias se
nomment aussi *galeotes* et *chiens* [4]. C'est en
partant d'une conjecture si légère que, déri-
vant θυριανος de *thurium*, on a conclu qu'il y

---

1. Archestratus, *ap. Athen.*, l. VII, p. 314.
2. *Hermol. Barbar. castigationis in Plinium*, p. 367.
3. Athénée, l. VI, p. 274, et l. VII, p. 310.
4. Strabon, l. I, p. m. 24.

avait à Thurium de grandes salaisons de xiphias,
et qu'on l'y préparait d'une façon particulière ;
mais tout cela est imaginaire. Le passage de
Strabon est susceptible de plusieurs explica-
tions ; et dans le second de ceux d'Athénée,
c'est Θυρσίων, et non Θυριανον, que porte le texte ;
et Dalechamp, qui le cite pour soutenir l'opi-
nion d'Hermolaus, le falsifie en substituant
Θύριος τόμος à Θυρσίων.

Il résulterait d'ailleurs de cette correction
que le thon ne serait pas nommé dans cette
longue énumération que Pline fait des pois-.
sons. Aussi Hardouin n'adopte-t-il pas cette
idée d'Hermolaus ; il croit qu'il faut lire : *thynnus ; thranis quem alii xiphiam vocant.*

Il a trouvé en effet dans un manuscrit,
comme dans les éditions antérieures à Hermolaus, *thynnus, thranus,* et dans un autre,
thynnis, thranis, et cette leçon est complétement confirmée par un passage de Xéno-
crate, dans Oribase (l. XI, c. 58), où il est
dit que le *thranis* ou le *xiphias* est un poisson cétacé qui se coupe par morceaux, et où
l'on attribue à sa chair les mêmes qualités qu'à
celles du thon. On trouve aussi dans Hési-
chius le nom de Θορινεύς pour un de ceux du
xiphias ; et c'est cette correction que dès long-
temps Salvien avait voulu opposer à celle d'Her-

molaus, dont il sentait le peu de consistance.[1]

Nous savons peu de chose sur la reproduction de ce grand poisson. Tout ce qu'il en est dit, c'est qu'il dépose ses œufs en grande quantité sur les côtes de Sicile.[2]

Du prétendu Xiphias imperator *de Bloch.*

Bloch, dans son Système posthume (p. 93, et pl. 21), a introduit une espèce de xiphias, qu'il nomme *imperator,* et qu'il ne fait reposer que sur une figure de Duhamel (sect. 9, pl. 21, fig. 2), donnée comme celle d'un poisson pêché à l'embouchure de la Loire en 1777, que l'on montrait à Nantes pour de l'argent. Duhamel raconte en effet (*ib.* p. 334) que ce dessin lui fut envoyé de Nantes avec cette indication par un M. Bonamy ; mais nous pouvons affirmer, nous, que Bonamy ne fit point faire son dessin sur nature, et qu'il se contenta de copier celui qu'Aldrovande[3] donne comme la représentation du xiphias ordinaire.

Il est arrivé ici ce que l'on a vu dans plusieurs autres circonstances. Aldrovande a donné, comme pour beaucoup d'autres espèces,

---

1. Salvien, fol. 127. — 2. Bloch, part. 3, p. 24. — 3. *Pisc.,* p. 332.

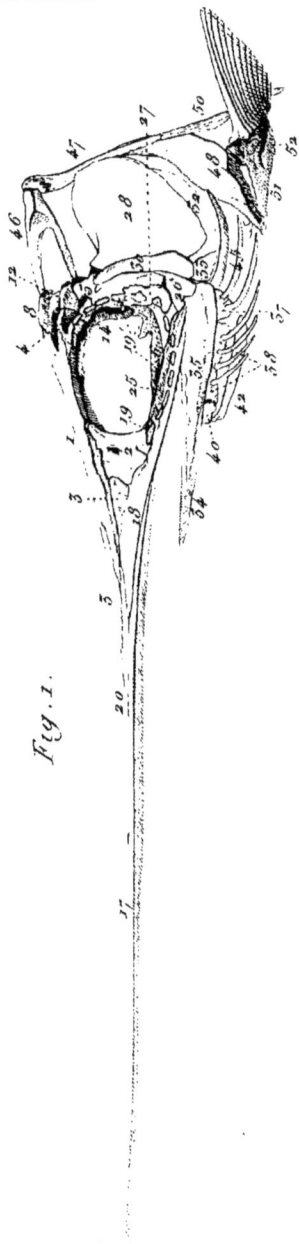

Fig. 1.

Fig. 2.

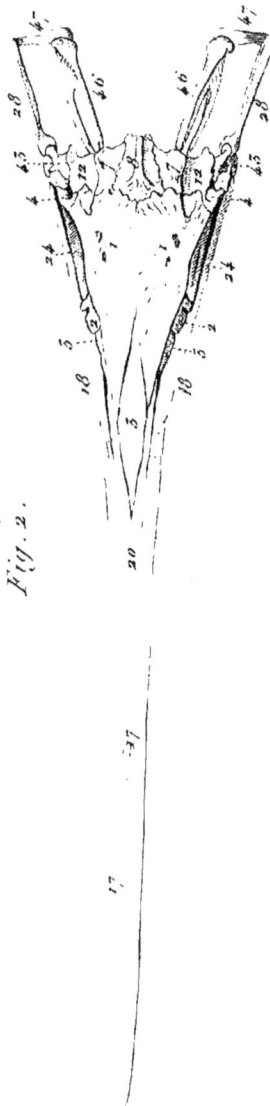

Tête osseuse de l'ESPADON. F. 1. de côté. F. 2. en dessus.

Werner del.

Imp.^e de Langlois.

Pedretti sculp.

une figure fausse; Bonamy, qui ignorait l'ichtyologie et peut-être le dessin, voulant faire
comprendre à Duhamel ce que c'était que ce
poisson inconnu que l'on montrait à Nantes,
a calqué la première figure qui lui est tombée
sous la main; Duhamel qui, malgré son gros
livre sur les poissons, ne les connaissait guère
mieux que Bonamy, a répété purement et simplement ce que ce dernier lui avait envoyé;
Bloch a répété à son tour l'article de Duhamel,
et c'est ainsi que l'on aurait bientôt dans tous
les ouvrages d'ichtyologie un *xiphias imperator,* avec de petites ventrales et d'autres caractères, tous dérivés originairement d'une
mauvaise figure d'Aldrovande.

CHAPITRE IX.

Des Tétraptures, du Makaira et des Voiliers.

———

DES TÉTRAPTURES.

Les *tétraptures* sont des scombéroïdes à museau alongé et pointu, comme celui des espadons, mais qui ont des ventrales, et dont la queue a de chaque côté, comme dans les maquereaux, au lieu d'une carène, deux petites crêtes. Ce genre a été établi par M. Rafinesque d'après l'*aguia* ou *aguglia pelerana* des Siciliens.[1]

Le TÉTRAPTURE AGUÏA.

(*Tetrapturus belone*, Rafin.)

Ce poisson, qui était entièrement inconnu des naturalistes avant l'observateur que nous venons de citer, nous a été apporté en squelette de Sicile par M. Biberon, et nous nous sommes assurés qu'il réunit tout ce qui dans

———

1. Rafinesque, *Caratteri di alcuni nuovi generi et nuove specie di animali e piante della Sicilia;* Palerme, 1810, in-8.°, p. 54, pl. 1, fig. 1.

les caractères du xiphias ordinaire peut être considéré comme des indices de rapports naturels, et même qu'il lie ce xiphias avec l'histiophore.

Sa hauteur aux pectorales est huit fois dans sa longueur; et son épaisseur deux fois dans sa hauteur. La longueur de sa tête est du quart de sa longueur totale; et le museau, jusqu'aux narines, prend la moitié de celle de la tête. L'œil est placé de manière qu'en partant de son centre il y a trois parties jusqu'au bout du museau, et deux jusqu'au bord de l'opercule.

Le museau est en forme de stylet, élargi à sa base pour l'unir au front; arrondi en dessus, légèrement aplati en dessous. Sa base a un sillon longitudinal. La mâchoire inférieure avance jusque sous son milieu. La bouche est fendue jusque sous le milieu de l'œil, et le maxillaire se prolonge jusque sous son bord postérieur. Les bords des deux mâchoires sont garnis d'une large bande de dents en fort velours, serrées comme à une râpe. Ces deux bandes se rapprochent en avant à la mâchoire supérieure, et marchent ainsi côte à côte sous la partie proéminente du museau. Chaque palatin a aussi une bande courte de dents semblables, mais il n'y en a pas au vomer. Les pharyngiens, qui en général ont une forme alongée, sont aussi garnis de dents en velours. Sur les arceaux des branchies il n'y a, comme dans l'espadon vulgaire, qu'une légère âpreté sans tubercules ni dentelures. Le premier sous-orbitaire, qui marche

entre l'œil et le maxillaire, est fort étroit, mais les
suivans sont élargis et couvrent la joue d'une lame
mince, garnie d'écailles pointues comme dans les
thons. Le préopercule est plat et arrondi, avec un
angle très-obtus. L'opercule est plus long que haut,
et de forme quadrangulaire. L'interopercule occupe
seulement le dessous du préopercule, et le subopercule celui de l'opercule. La ligne qui les sépare
descend obliquement en arrière depuis l'angle du
préopercule. Dans le sec les bords de ces pièces sont
amincis et comme frangés par les fibres des os qui
les composent. Il y a sept rayons à la membrane des
ouïes comme dans l'espadon. M. Rafinesque n'en
compte que six, mais c'est une erreur.

L'épaule n'a de remarquable que la longueur de
ses deux premiers os, et la position très-basse qui
en résulte pour les pectorales. Elles sont placées au
niveau du subopercule; leur forme est un peu celle
d'une faux; leur longueur du dixième du total; leurs
rayons au nombre de dix-huit, dont les derniers très-
petits. Les ventrales ne consistent qu'en un seul brin
osseux, comprimé, d'un tiers plus long que la pectorale et finissant en pointe grêle ou plutôt en filament.
Il représente l'épine des ventrales ordinaires des
acanthoptérygiens. Je soupçonne que dans le frais
il y a quelques vestiges de rayons mous à sa base;
mais dans ce squelette il n'en reste pas de trace
distincte.

La première dorsale commence au-dessus du milieu de l'opercule; le premier et le second rayon en
sont très-courts; le troisième et le quatrième s'alon-

gent par degrés; le cinquième, le sixième et le septième sont les plus longs, et égalent presque la hauteur du corps sous eux. Ils décroissent ensuite jusqu'au douzième; à partir duquel ils gardent à peu
près la moitié de cette hauteur. Vers la fin ils s'abaissent encore davantage, et les trois ou quatre derniers
sont fort petits. Tous sont épineux, mais assez minces,
proportion gardée; et si l'on excepte les trois premiers, ils sont un peu frangés à la pointe, comme si
les fibres de l'os s'y étaient séparées. Le quarante-
troisième termine cette première nageoire, et immédiatement après commence la seconde, qui se relève
en forme de rhomboïde, et se compose de six rayons
branchus, dont le dernier fait un peu la pointe.

La première anale commence sous le trente-
deuxième rayon de la dorsale; elle a d'abord un rayon
court, puis un plus long. Le troisième et le quatrième
le sont le plus et égalent presque la hauteur de la
partie déjà amincie du corps qui est au-dessus d'eux.
Ils diminuent jusqu'au neuvième. Les suivans, jusqu'au quinzième et dernier, sont fort courts, au
point que M. Rafinesque paraît ne les avoir pas
aperçus. Leurs extrémités sont divisées ou frangées
comme dans la première dorsale. Il y a entre la première et la seconde anale un intervalle plus marqué
qu'entre les dorsales; la seconde répond à la deuxième
dorsale par la position, la forme et la grandeur; mais
elle a un rayon de plus. On lui en compte sept. Ni
l'une ni l'autre n'est adipeuse, comme l'annonce
M. Rafinesque.

Entre ces nageoires et la caudale est un espace

nu, du treizième de la longueur totale, et dont la hauteur n'est pas moitié de la longueur.

La caudale est un grand croissant, dont chaque lobe est du cinquième de la longueur totale, et l'écartement de leurs pointes à peu près de même dimension. Il n'y a proprement que quinze rayons entiers, auxquels s'en ajoutent dix, diminuant par degrés le long de chaque bord. Tous ensemble sont roides et soudés, de manière que la caudale ne peut se plier. De chaque côté de sa base sont deux petites crêtes saillantes.

Tels sont les caractères extérieurs que nous avons déjà pu vérifier sur ce squelette.

D'après le rapport de M. Biberon, qui a vu le poisson frais, la peau était semblable à celle de l'espadon, mais un peu plus lisse; la couleur du dos était d'un brun bleuâtre; celle du ventre d'un blanc argenté; l'œil avait l'iris argenté.

La plus grande partie de la dorsale se cachait dans un sillon du dos.

Sauf les différences de proportion des parties, la tête osseuse du tétrapture ressemble beaucoup à celle de l'espadon commun, mais ses maxillaires sont moins en avant, et son occiput est plus alongé et plus rétréci.

Ses branchies sont aussi, comme dans l'espadon, composées chacune de deux lames, non pas divisées en simples feuillets, mais réticulées; toutefois les feuillets sont plus saillans, et les mailles sont cachées dans le fond de leurs intervalles, excepté vers la base, où elles paraissent à la surface.

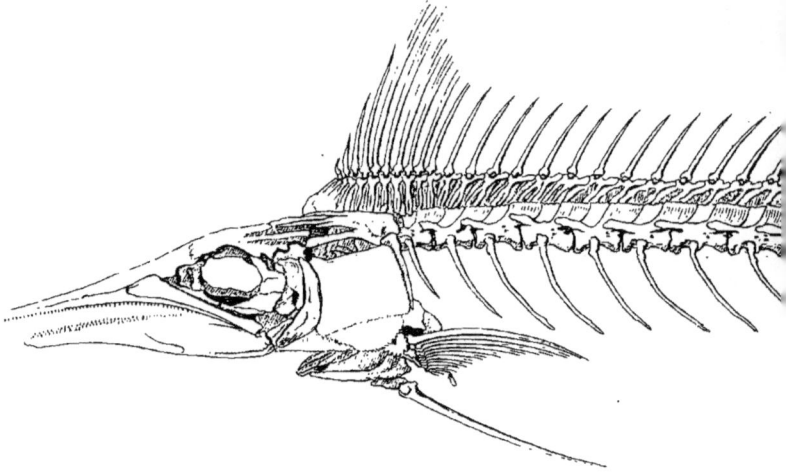

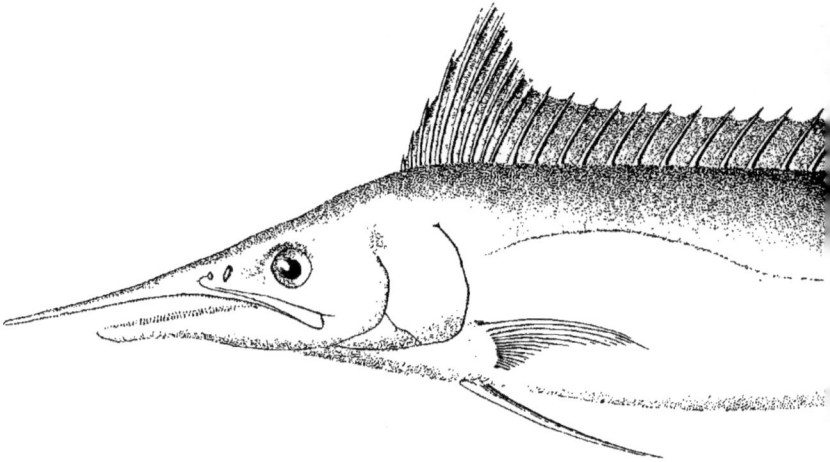

TÉTRAPTURE orphie.

Werner del.

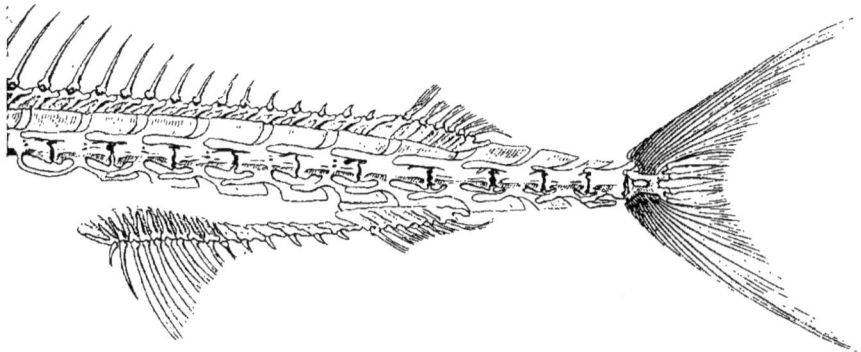

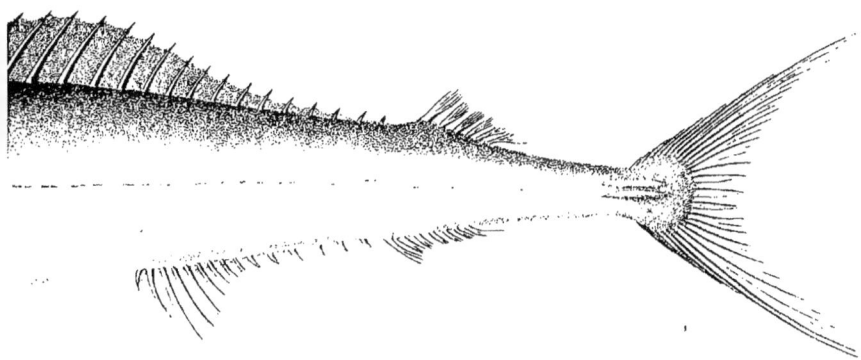

TETRAPTERUS belone. Raf.

Francois sculp.

Ses vertèbres, au nombre de vingt-quatre, sont beaucoup plus alongées qu'au xiphias, et près de quatre fois plus longues que larges. Chacune d'elles a une très-large crête verticale, placée de manière qu'elle répond en partie sur la vertèbre suivante, qui l'embrasse par deux longues apophyses dirigées en avant, d'où il résulte que l'épine doit avoir très-peu de mobilité dans le sens latéral; une structure analogue, mais plus singulière encore, a lieu sous les vertèbres de la queue. Leur anneau inférieur donne en arrière une large lame qui se porte sous la vertèbre suivante, mais en laissant un espace libre entre elle et les corps des vertèbres; et il donne en avant deux longues apophyses, qui embrassent la lame fournie par la vertèbre précédente, et même s'y soudent entièrement.

Les vertèbres abdominales, au nombre de douze, portent chacune, de chaque côté, une côte simple, qui n'embrasse pas tout l'abdomen. La première paire est aplatie en lame de faux.

La dernière vertèbre caudale a de chaque côté une petite crête, comme dans beaucoup de scombres.

Les interépineux, soit de la dorsale, soit de l'anale, surtout à leur partie antérieure, sont aussi très-larges et en partie réunis les uns aux autres.

M. Rafinesque annonce que ce poisson devient très-grand, qu'il pèse cent cinquante livres et atteint quatre ou cinq pieds de longueur. Nous sommes certains qu'il va au-delà, car notre individu en a six.

Il avait été pris au harpon, auprès de Messine, dans le détroit.

La chair du tétrapture est blanche, mais d'un goût médiocre.

On l'appelle aussi à Messine *aguglia imperiale*.

Selon M. Rafinesque, c'est un poisson de passage, qui ne paraît que très-rarement sur les côtes de Sicile, si ce n'est en automne, lorsqu'il poursuit les coryphènes, les pilotes et les exocets, dont il fait sa principale nourriture. On a observé qu'il va ordinairement par paires, un mâle et une femelle ensemble, et qu'ils se prennent le plus souvent tous les deux dans les mêmes filets. C'est ce que l'on raconte aussi de l'espadon vulgaire.

Le Tétrapture des Indes.

(*Tetrapturus indicus*, nob.)

Broussonnet rapporte à la fin de son Mémoire sur le *voilier*, que sir Joseph Banks lui avait communiqué la figure d'un poisson presque entièrement semblable, avec cette différence, que les rayons de la première dorsale étaient très-courts.

Il avait été pris dans les parages de Sumatra, était long de neuf pieds et pesait deux

cents livres. Les Malais de cette île le nommaient *joo-hoo*. Nous en avons vu le dessin.

Son museau est plus long à proportion, et du
cinquième de sa longueur; ses ventrales en ont à
peine moitié autant. Sa première dorsale, d'abord
élevée en pointe des trois quarts à peu près de la
hauteur du corps sous elle, s'abaisse rapidement,
et demeure quatre ou cinq fois plus basse sur tout
le reste de sa longueur.

On croyait que c'était le mâle du voilier à
dorsale haute ; mais cette idée est peu vraisemblable : c'est sous tous les rapports un *tetrapturus,* et même fort voisin de celui de la
Méditerranée, mais à bec plus alongé. Peut-
être est-ce à lui qu'appartient l'un des becs
inconnus que nous décrirons à la fin de ce
chapitre. C'est un objet que nous devons re-
commander à la sollicitude des navigateurs.

DU MAKAIRA.[1]

M. de Lacépède a publié dans son quatrième
volume (pl. 13, fig. 3), un dessin et (p. 688 et
689) quelques traits de la description d'un
grand poisson de la famille des espadons, qui

1. *Makaira noirâtre*, Lacép.; *Xiphias makaira*, Shaw, t. IV,
part. 1, p. 104.

fut pris auprès de la Rochelle, à la suite d'une
tempête (en Octobre 1802), par des pêcheurs
de l'île de Ré, et auquel on donna, je ne sais
pourquoi, dit-il, le nom de *makaira*. Le
pourquoi n'était cependant pas difficile à
trouver : μάχαιρα en grec, aussi bien que
machœra et *machœrium* en latin, signifie une
épée ou un *poignard*, et quelque Helléniste de
la Rochelle aura trouvé tout simple d'appliquer
cette dénomination à une espèce aussi voisine
que celle-ci de l'espadon ou xiphias ordinaire ;
seulement celui qui avait rapporté ce nom à
M. de Lacépède, l'avait mal orthographié.

Cependant ce n'était pas tout-à-fait un
espadon, pas même, comme on pourrait le
soupçonner d'après sa figure, un espadon qui
aurait eu le bec mutilé ; car ce bec, au rapport de M. Fleuriau de Bellevue, naturaliste
bien connu de la Rochelle, n'était ni aplati
ni tranchant, mais arrondi, droit, uni, sans
sillons et d'une substance assez semblable à
l'ivoire. Par cette circonstance, ainsi que par
la brièveté de cette arme, qui n'avait pas le
cinquième de la longueur totale, ce *makaira*
ressemblait au *tetrapturus* ; il lui ressemblait
encore par les deux crêtes ou boucliers qui gar-
nissaient chacun des côtés de sa queue, ainsi
que par la disposition générale de ses nageoires ;

mais la figure originale ne lui donne point de
ventrales, et lui place les pectorales très-bas,
comme au xiphias vulgaire.

Cette figure, la seule que l'on en ait prise
et que nous avons retrouvée dans les papiers
de M. de Lacépède, est très-grossière et faite
par quelque pêcheur.

Son corps y paraît aussi épais qu'aux plus vieux
espadons, car sa hauteur fait le tiers de sa longueur.
Sa première dorsale y forme un triangle vertical,
dont la partie antérieure est deux fois plus haute
que le corps lui-même; après avoir occupé sur le
dos un espace presque égal à la moitié de la hauteur
totale, elle se termine au pied de la seconde dorsale,
qui forme elle-même un autre triangle, près de trois
fois moindre en tous sens que celui de la première.
Il n'y a qu'une anale, commençant sous le quart
postérieur de la première dorsale, et paraissant se
terminer sous le tiers postérieur de la seconde,
qu'elle égale en hauteur, mais qu'elle surpasse en
longueur. La caudale forme un grand croissant, dont
les deux pointes sont écartées de près du tiers de la
longueur totale. Les pectorales ont à peu près le
cinquième de cette longueur.

Mais il faut observer que les dimensions
écrites à côté des parties ne s'accordent point
avec le dessin, qui doit par conséquent être très-
défectueux dans ses proportions. Ainsi l'on y
dit la longueur du corps de dix pieds; celle

de l'épée de deux pieds ; celle des pectorales d'un pied onze pouces : la hauteur de la
première dorsale d'un pied onze pouces ; celle
de la deuxième de neuf pouces : la distance
d'une pointe à l'autre de la queue de quatre
pieds.

M. de Lacépède a fait refaire le dessin d'a-
près ces dimensions écrites; mais je crois qu'il
a trop raccourci le corps, et que l'auteur du
dessin n'entendait pas comprendre dans les
vingt pieds l'épée ni la caudale.

Cette peinture est entièrement barbouillée
de noir. On y a marqué des rayons aux nageoires dorsales et anale ; mais je ne pense
pas que l'on ait songé à les compter exactement.

Ce poisson pesait cent trente livres. Sa chair
était très-blanche, compacte, un peu sèche et
d'un goût assez fade, selon M. Fleuriau. Néanmoins il est dit que quelques habitans de l'île
de Ré en mangèrent avec plaisir.

On m'avait assuré que sa tête était encore
conservée à la Rochelle, et je m'empressai d'en
demander des dessins et des dimensions plus
précises; M. d'Orbigny, correspondant du Muséum d'histoire naturelle dans cette ville, a
bien voulu se charger de cette tâche; mais
il s'est trouvé que la tête dont on m'avait

parlé, est celle d'un *voilier,* pris plus anciennement. Elle n'en constate pas moins un fait
très-curieux, car elle porte pour étiquette de
la main de feu M. de Lafaye : *tête de makaira,*
péché à l'île de Ré, Juin 1772. On voit aussi
par là que le nom de *makaira* pour la famille
des poissons à épée, est d'un usage antérieur
à 1802.

DES VOILIERS OU HISTIOPHORES.

Les *voiliers* ne diffèrent des tétraptures que
par la grande hauteur de leur dorsale. Quoique
décrits très-anciennement, ils ont été long-
temps méconnus des naturalistes méthodiques.
Artedi considéra le *guebucu* de Margrave [1], qui
en est un, comme une variété du xiphias ordinaire [2] : cette erreur fut adoptée par Linnæus ; et
bien que Bloch l'ait évitée, elle s'est reproduite
dans Gmelin [3] et dans M. de Lacépède (t. II,
p. 296), qui ne l'a pas même rectifiée lorsqu'il
a écrit un article spécial sur le voilier (t. III,
p. 375).

C'est Broussonnet qui, le premier, a donné

1. *Brasil.,* p. 171.
2. Artedi, *Syn. pisc.,* p. 48. *Guebucu Margravii ad hanc speciem quoque pertinet.*
3. *Syst. nat.,* p. 1149.

une description méthodique d'un voilier, jusqu'à présent la seule que l'on ait d'après nature[1]. Sa figure[2] n'est guère qu'une ébauche; mais il y en a une meilleure, faite, je crois, d'après le même individu, dans l'ouvrage de Shaw.[3]

Broussonnet a rangé ce poisson parmi les scombres; il l'a appelé *scombre épée*, et son exemple a d'abord été suivi par Bloch.[4]

M. de Lacépède, justement déterminé par la singularité de ses caractères et surtout de la hauteur de sa dorsale, en a fait un genre à part sous le nom d'*istiophore*[5], qu'il aurait dû orthographier *histiophore* (porte-voile, d'ἱϛίον, voile de navire). Long-temps avant lui, Hermann l'avait aussi séparé, et l'avait appelé *notistium* ou *voile sur le dos;* mais son travail à ce sujet n'a paru que dans ses Observations posthumes, en 1804[6]. Bloch, dans son Système posthume, a été plus hardi encore, et l'a introduit dans le genre des xiphias[7]. Shaw en avait fait autant de son côté, sans connaître encore le dernier ouvrage de Bloch.[8]

---

1. Mémoires de l'Académie des sciences pour 1786, p. 454. — 2. *Ibid.*, pl. 10. — 3. *Gener. zool.*, t. IV, part. 1, pl. 15, p. 101. — 4. *Scomber gladius*, Bloch, grande Ichtyologie, pl. 345. — 5. Lacépède, t. III, p. 374 et 375. — 6. Hermann, *Obser. zool. posth.*, p. 305. — 7. *Xiphias velifer*, Bloch, *Syst. posth.*, p. 93. — 8. *Xiphias platypterus*, Shaw, *Gen. zool.*, t. IV, part. 1, p. 101.

C'est en effet des xiphias qu'il se rapproche
le plus, quoi qu'en ait dit Broussonnet, trop
servilement attaché aux méthodes artificielles
en vogue de son temps, et lorsqu'il ajoute que
le voilier se rapproche davantage de la famille
des thons, il ne fait que confirmer l'affinité
qu'il veut combattre; car c'est aussi de la famille des thons que l'espadon se rapproche
par les rapports naturels.

Le Voilier des Indes.

(*Histiophorus indicus,* nob.)

L'individu décrit par Broussonnet, et qui
est conservé au Muséum britannique, avait été
rapporté de la mer des Indes par M. Banks :
il n'a pas été comparé avec assez de soin à ceux
d'Amérique, pour que l'on puisse avoir une
idée positive de l'identité de l'espèce dans les
deux océans; mais il faut convenir qu'à en
juger d'après les figures de Margrave [1] et du
prince Maurice [2], d'une part, et celles de
Nieuhof [3], de Renard [4], de Broussonnet [5] et de
Shaw [6], de l'autre, et en tenant compte du

---

1. *Brasil.*, p. 171. — 2. *Liber principis*, t. I, p. 403. —
3. Willughby, appendice, pl. 5, fig. 9. — 4. Renard, part. 1,
fol. 34, fig. 182; et beaucoup plus mal, part. 2, pl. 54, fig. 233.
— 5. Mém. de l'Acad. des sciences pour 1786, pl. 10, fig. 454.
— 6. *Gener. zool.*, t. IV, part. 1, p. 101.

peu de soin des anciens dessinateurs, la ressemblance de ces poissons doit être extrême.

La description que nous allons donner de
ce voilier des Indes, est prise en partie de
celle de Broussonnet, et en partie des observations que nous avons faites à Londres sur
son individu : nous la complétons au moyen
de celle que M. Valenciennes a prise à Berlin
sur un individu rapporté de la mer Rouge par
M. Ehrenberg, et représenté par ce savant
voyageur sur sa planche 10.

La forme du corps du voilier est à peu près celle
du xiphias, mais son museau est moins alongé, et
au lieu d'être aplati, il est à peu près arrondi, et
semblable à une broche plus qu'à une épée. Sa nageoire dorsale est aussi beaucoup plus élevée, et c'est
elle qui lui a valu le nom de *voilier*, parce qu'elle
paraît, en effet, lui servir à prendre le vent lorsqu'il
nage à la surface de l'eau.

La hauteur de son corps aux pectorales est de
sept à huit fois dans sa longueur totale. La longueur
de sa tête entière, le museau compris, y est quatre
fois [1]. Sa mâchoire inférieure est pointue, et de plus
de moitié moins longue que la supérieure. Celle-ci
est un peu aplatie à sa base et presque cylindrique
dans le reste de sa longueur. Elle se termine en pointe

---

1. La figure de Broussonnet paraît trop épaisse et surtout trop
renflée de la nuque.

aiguë. Sa longueur de la pointe jusqu'à l'œil est cinq fois et demie dans celle du corps.

Broussonnet dit : « Que l'intérieur du palais est « recouvert de dents petites, inégales, un peu poin- « tues et très-rapprochées, qui s'étendent jusqu'à la « partie supérieure de la mâchoire la plus longue, « où elles deviennent obtuses, ce qui rend cette par- « tie semblable à du chagrin; » description un peu obscure, et que j'ai cru devoir rendre dans les pro- pres termes de l'auteur.

M. Valenciennes s'exprime sur le même su- jet de la manière suivante :

Le bec est un peu aplati en dessus, rond à son ex- trémité, chargé en dessous et latéralement de gra- nulations fines, pointues, plus fortes sur les côtés, devenant plus pointues, et se changeant presque en vraies dents dans la partie des bords qui répond à ceux de la mâchoire inférieure, qui elle-même a aussi de petites dents pointues.

Les opercules sont arrondis, mous et lisses à leurs bords; la membrane des ouïes grande, unie antérieu- rement à sa semblable, sans adhérence à l'isthme. Sept rayons larges et un peu arqués la soutiennent.

Les pectorales en forme de faux, du sixième ou du septième de la longueur totale, ont quinze rayons, dont le supérieur est fort large et osseux. Sous elles sont des ventrales beaucoup plus longues, compo- sées chacune de deux rayons osseux, aplatis et très- unis, et d'un troisième très-petit : elles peuvent ren- trer en partie dans une rainure le long de l'abdomen.

La première dorsale commence sur la nuque, et s'élève diversement jusqu'au double de la hauteur du corps aux pectorales. C'est à sa partie antérieure, et ensuite vers son tiers postérieur, qu'elle est le plus haute ; elle peut, en se repliant, se cacher en partie dans une rainure assez profonde du dos. On y compte quarante-cinq rayons, tous grêles, réunis par une membrane assez épaisse, et occupant une longueur de plus de moitié de celle du poisson. Les derniers s'abaissent beaucoup, et immédiatement derrière eux commence une autre dorsale, petite, triangulaire ou rhomboïdale, composée de sept rayons très-séparés, et qui rappellent les fausses nageoires des scombres.

Il paraît y avoir aussi deux anales, dont la première ne commence que sous le quart postérieur de la première dorsale, et dont la seconde, qui est plus petite, répond, pour la position et la grandeur, à la seconde du dos.

La caudale forme un grand croissant, dont les pointes sont écartées d'une distance égale aux trois huitièmes de la longueur du poisson. Sa partie moyenne n'a pas le tiers de la longueur de ses lobes.

B. 7; D. 45 — 7; A. 10 — 7; C. 17 et 11; P. 18; V. 1/2.

De chaque côté de la queue se voient deux crêtes adipeuses, horizontales, placées l'une au-dessus de l'autre, arrondies et très-saillantes.

Des écailles dures, alongées, rétrécies vers leur base, larges de trois ou quatre lignes dans un individu de sept pieds, sont répandues sans ordre sur tout le corps, et presque entièrement recouvertes par la peau. La ligne latérale, formée par des écailles un peu arrondies, descend d'abord par une ligne un peu concave, et se continue ensuite en ligne droite jusqu'à la queue. Il y a sur la tempe des écailles osseuses, étroites et pointues comme dans les thons et beaucoup de scombres. Ce poisson, comme l'espadon, a sa sclérotique entièrement garnie de deux demi-sphères osseuses.

Broussonnet ne dit autre chose touchant les couleurs, sinon que la membrane de la dorsale était parsemée de grandes taches noires. Shaw ajoute que la partie supérieure du corps est d'un bleu foncé, qui dégénère en brun dans l'état sec, et que le reste est d'un blanc bleuâtre argenté. Mais M. Ehrenberg, qui a observé le poisson frais sur la mer Rouge, nous apprend qu'il est brun rougeâtre, que sa dorsale est noirâtre avec des taches rondes plus foncées; sur la base des treize premiers rayons règne une grande tache triangulaire blanchâtre. La pectorale est noirâtre, et a sur son milieu une tache jaunâtre alongée. Les ventrales sont d'un noir foncé; l'anale et la caudale, noirâtres et sans taches.

Les intestins du voilier ont été observés et dessinés avec beaucoup de soin par M. Ehrenberg, qui a bien voulu nous communiquer son dessin; ils ressemblent beaucoup à ceux de l'espadon ordinaire. Le foie a deux lobes séparés par une large échancrure; le droit, qui est le plus long, occupe le tiers de la longueur de l'abdomen; l'autre est un peu plus court. La vésicule du fiel s'attache au premier, et a le double de sa longueur. A l'ouverture du corps

tout l'intervalle des lobes est rempli par d'innombrables cœcums, répartis en grappes, et réunis par
des vaisseaux et de la cellulosité, de manière à présenter l'aspect d'un pancréas. Ils s'insèrent dans l'intestin par deux conduits seulement, dont le premier
est un peu au-dessous de l'insertion du canal cholédoque. L'estomac est un grand sac large, et aussi long
que l'abdomen. Le canal intestinal ne fait que deux
plis avant de prendre sa direction vers l'anus. Il
garde à peu près partout la même direction.

Le Cabinet d'anatomie du Muséum possède
la tête osseuse d'un grand voilier, qui a été
rapportée des Séchelles par M. Dussumier.

Elle a deux pieds dix pouces de longueur, depuis le bout du museau jusqu'à l'occiput, et trois
pieds six pouces jusqu'au bord de l'opercule : ce qui
annonce un individu de quatorze pieds. Sa composition ne diffère point de celle du xiphias, mais les
os offrent des variétés assez considérables dans leurs
proportions.

Ainsi les intermaxillaires, les nasaux se portent
davantage en arrière; l'ethmoïde tient moins de place
à la base du bec; les frontaux sont bien moins alongés et beaucoup plus larges; toute la partie pariétale,
occipitale et mastoïdienne est plus étendue. Les
crêtes intermédiaires et latérales du crâne sont plus
saillantes, et surtout beaucoup plus alongées, et ont
leurs pointes postérieures plus considérables. L'orbite est moins grand, et le sphénoïde antérieur plus
rapproché du crâne et formant une cloison verti-

cale plus élevée. Les pièces de la lame, sous la joue, ont aussi plus de développement.

Le sous-orbitaire se compose de trois pièces; l'antérieure longue et étroite sous l'œil; les deux autres plus petites et en arrière de l'orbite.

La pointe de la mâchoire inférieure forme un os séparé, qui s'articule avec le reste.

Le surscapulaire est profondément fourchu et a deux longues apophyses, dont la supérieure est augmentée d'une lame latérale.

Le scapulaire est en rectangle mince et étroit; l'huméral est grand, élargi; au-dessous de la pectorale est une surface triangulaire. Le cubital est aussi très-large, creusé en gouttière peu profonde; le radial, gros et court, n'a qu'un petit trou. Le coracoïdien est fort, mais peu alongé.

La charpente des pectorales de ce poisson leur donne une force prodigieuse. Le premier rayon, qui est le plus long et le plus fort, est comprimé et tranchant comme une lame de sabre. Les six ou huit suivans sont fourchus et un peu branchus vers le bout, mais très-solides et sans apparence d'articulation; les derniers sont courts, très-divisés et étalés à leur extrémité. L'on n'y voit pas non plus d'articulation. Le tout forme une grande lame en triangle alongé, aussi inflexible qu'une nageoire de cétacé, et peut-être davantage.

Le reste du squelette a été décrit à Berlin par M. Valenciennes d'après une préparation faite par M. Ehrenberg.

Il y a compté vingt-quatre vertèbres, dont quatorze abdominales et dix caudales; toutes alongées, rétrécies dans leur milieu, comme si elles se composaient de deux cônes réunis par le sommet. Elles donnent en avant deux apophyses, aplaties, horizontales, qui reçoivent entre elles l'apophyse épineuse de la vertèbre précédente, qui est carrée, mince, élevée, et s'étend presque jusque sur le milieu de la vertèbre, qui l'embrasse. L'apophyse latérale de la vertèbre caudale est très-forte.

Il y a quatorze paires de côtes grêles et de peu de longueur. Les interépineux sont peu élevés; les antérieurs sont larges, et ont de doubles crêtes latérales, etc.

Tels sont les voiliers rapportés par Banks de la mer des Indes, et par M. Ehrenberg de la mer Rouge. Le premier était long de sept pieds et demi, le second de quatre pieds sept pouces; la tête osseuse de notre Muséum en annonce, comme nous venons de le dire, un de quatorze pieds.

Je les crois de même espèce que celui que Valentyn (n.° 125) et Renard (pl. 34, n.° 182) ont copié du recueil de Corneille de Vlaming.

La couleur de la figure originale est grisâtre sur le corps, avec des lignes verticales, irrégulières, noirâtres; d'un bleu foncé aux nageoires, avec des taches rondes et noires sur les intervalles des rayons de la dorsale.

Renard a un peu altéré cette enluminure,
et il a de plus supprimé les deux carènes des
côtés de la queue; mais du reste son trait est
assez conforme à son modèle. Il paraîtrait,
d'après ce dessin, que dans l'état frais les longues ventrales sont attachées au ventre par
une membrane qui les élargit beaucoup vers
leur base.

Renard en donne une autre figure, mais beaucoup plus mauvaise (part. 2, pl. 54, fig. 233).

Les Malais d'Amboine nomment ce poisson
ikan-layer (poisson éventail), et les Hollandais *zeyl-vish* (poisson à voile).

On nous dit en effet qu'il relève et abaisse
sa dorsale comme un éventail, et qu'il s'en sert
comme d'une voile. Il y en a de fort grands,
comparables, dit Renard, à de petites baleines;
et lorsqu'ils élèvent leur voile, on les distingue
d'une lieue en mer.

D'après Valentyn, le bec aurait jusqu'à quatre pieds de long, et les couleurs seraient
beaucoup plus variées que ces figures ne les
présentent; des lignes vertes et pourpres or-
neraient la tête, et il y en aurait une orangée
le long du dos; les taches des nageoires auraient du blanc au milieu, et seraient par conséquent œillées, etc.; ce qui, ajoute cet auteur,
le rend un des poissons les plus jolis qu'il ait

vus. Il le nomme en hollandais *bezaan-vish*, nom encore plus précis que celui de *voilier*; *bezaan* signifiant la voile d'artimon. Selon lui, ce poisson est très-gros et d'un goût excellent. [1]

Un dessin conservé dans la bibliothèque de Banks, et fait d'après un individu de huit pieds et du poids de cent cinquante livres, pris sur la côte de Sumatra, est intitulé *ikan-jegan* (poisson voilier).

Shaw rapporte un fait tout semblable à ceux dont nous avons parlé à l'article de l'espadon commun; c'est qu'un de ces poissons avait enfoncé son bec dans la cale d'un navire avec tant de force qu'il s'était rompu et y était demeuré fixé; accident heureux, sans lequel le vaisseau aurait infailliblement coulé bas. Le morceau de bois et le museau qui le traverse sont déposés au Muséum britannique. [2]

Le Cabinet du Roi possède aussi deux fragmens d'un bec de voilier, qui lui ont été donnés par M. de Jussieu, et que l'on avait retirés de la quille d'un navire en réparation à l'Isle-de-France.

Tout récemment M. le capitaine Ducamper,

1. Valentyn, t. III, p. 5o9.
2. Shaw, *Gener. zool.*, t. IV, part. 1, p. 102.

commandant la corvette *l'Espérance*, qui a accompagné *la Théthys* dans le voyage autour du monde de M. le capitaine Bougainville, a donné au Cabinet un fragment de bec de la même espèce, qu'en radoubant son navire on trouva enfoncé dans le bordage, à quatre pieds au-dessous de la ligne de flottaison.

Il est tout simple que ces poissons prennent des vaisseaux pour des baleines ou d'autres grands cétacés, leurs ennemis naturels, et fassent usage contre eux des armes que la nature leur a données.

*L'*Histiophore d'Amérique.

(*Histiophorus americanus*, nob.)

On n'a publié d'authentique sur les voiliers d'Amérique que la figure de Margrave[1]; car celle que l'on voit dans Rochefort[2] sous le nom de *bécasse de mer*, n'est, ainsi que son article, qu'une copie de Margrave. Cette figure de Margrave n'est pas copiée de celle du prince Maurice, et elle est même plus exacte que celle-ci pour les crêtes de la queue. Bloch donne la sienne (pl. 345) comme une copie

1. *Brasil.*, p. 171, et Pison, p. 56.
2. Histoire des Antilles, p. 183.

de celle du prince Maurice; mais ici, comme
en d'autres occasions, il a falsifié son original
dans la vue de faire mieux correspondre sa
planche avec celle de Broussonnet, et même
sur d'autres points, sans que l'on puisse en
apercevoir de raison. Ainsi il lui donne sur
les côtés de la queue une carène semblable à
celle de l'espadon commun; il double les ventrales, et en fait les rayons plus courts et plus
gros, etc.

La figure de Margrave paraît différer de l'espèce des Indes, telle que la représente Broussonnet,

> Par une mâchoire inférieure plus longue à pro-
> portion; la supérieure est dite longue de seize pou-
> ces, et l'inférieure de dix; par des ventrales plus lon-
> gues et plus grêles, en forme de bâtons, et parce que
> sa première dorsale s'unirait à la seconde au moyen
> d'une portion plus basse que l'une et que l'autre.
> Les deux anales sont séparées. Du reste, tous les
> caractères de ce poisson se rapportent à ceux du
> voilier des Indes, et Margrave fait remarquer jus-
> qu'aux deux petites crêtes de chaque côté de la queue.
> L'individu qu'il décrit avait quatre pieds entre l'oc-
> ciput et la caudale, ce qui au total devait lui en don-
> ner plus de six. Il avait le dessous du corps blanc,
> les côtés d'un argenté tirant sur le cendré; le dos,
> le dessus de la tête et le bec teints de brun. Toutes
> les nageoires étaient d'un cendré argenté; des taches

rondes étaient répandues sur la dorsale, et l'anale était variée d'ondes brunâtres.

Guebucu est son nom brasilien, et *bicuda* son nom portugais ; ce dernier revient à celui de *bécasse de mer,* qu'on lui donne dans nos îles, et qui s'applique aussi à la sphyrène bécune.

Sa chair est abondante, sans arêtes, grasse et non glutineuse; Rochefort assure qu'on peut la manger sans péril, au contraire de la bécune, qui est souvent empoisonnée. Margrave trouva plusieurs poissons entiers dans son estomac.

Pison dit que l'on a plusieurs fois trouvé son bec enfoncé dans la carène des navires.

Le voilier habite aussi les côtes de l'Afrique sur l'Atlantique. Barbot l'a dessiné (pl. 18) d'après un individu long de sept pieds, qui avait été pris devant Commendo. Les Nègres l'appelaient *fetisso* (fétiche), par où ils voulaient, selon la conjecture de l'auteur, désigner sa rareté et son excellence. Il était d'un brun noirâtre, et avait le dessous blanchâtre.

L'HISTIOPHORE JOLI.

(*Histiophorus pulchellus ,* nob.)

M. Raynaud, en revenant du Cap en France, en Janvier 1829, a pris un charmant petit pois-

8.   20

son du genre des voiliers, qui ne paraît pas seulement différer des autres par l'âge, mais qui semble offrir des caractères spécifiques très-marqués.

Le principal consiste dans une épine forte et pointue, qui est à l'angle de son préopercule, dont aucun autre de ces poissons à épée ne montre de trace. Sa mâchoire inférieure, jusqu'à la commissure, est cinq fois et demie dans la longueur totale, et son épée, en avant de la mâchoire inférieure, a encore une longueur égale à cette mâchoire. La tête entière, depuis le bout de l'épée jusqu'à l'ouïe, égale le reste du corps sans la caudale. L'épée est un peu comprimée verticalement; toute sa face inférieure, ainsi que les deux mâchoires, sont garnies de dents en velours, mais inégales et assez fortes pour un si petit poisson. Sa caudale est divisée en deux lobes obtus, dont le supérieur est un peu plus court, et quoiqu'elle ne paraisse point avoir été tronquée, elle n'a que le neuvième de la longueur totale. Ses ventrales filiformes ont plus du cinquième de la longueur.

B. 7; D. 48 — 8; A. 20 — 8; C. 17; P. 18; V. 2.

Il est argenté, teint de brun et de bleu d'acier sur le dos. La grande dorsale est blanche, semée de grandes taches irrégulières, très-inégales, brunes, dont quatre, plus grandes que les autres et ovales, en suivent la base. Les autres nageoires sont blanchâtres. La caudale a sa moitié postérieure noire.

L'individu sur lequel est faite cette description n'est long que de quatre pouces. Il y en

avait, dit M. Raynaud, une grande quantité de
semblables dans les parages où il a été pris.

De quelques Poissons de cette famille dont on ne connaît que les museaux.

Je n'y rangerai point l'espèce que M. de
Lacépède (t. II, p. 296) a nommée *xiphias
ensis,* parce que le museau sur lequel il l'a
établie, et que l'on conserve encore au Cabinet
du Roi, n'est autre que celui d'un voilier.
Mais on y conserve aussi deux autres museaux,
faits comme celui-là, en forme de broche, qui
ne peuvent venir ni des tétraptures ni des
voiliers que nous connaissons, et qui paraissent en conséquence annoncer des espèces
particulières, et il y en a un troisième au
Cabinet de la Rochelle, pris d'un individu qui
avait échoué à l'île de Ré en 1772, et dont
nous avons déjà parlé à l'article du macaira;
celui-là est le plus grêle de tous.

Nous ne pouvons caractériser ces espèces
qu'en comparant les proportions de leurs
museaux entre elles et avec les deux espèces
déjà connues.

Dans le tétrapturus la largeur transverse
de cette partie, prise au milieu de sa longueur,

est du dixième à peu près de cette longueur, à prendre depuis la pointe jusqu'aux narines. Cette largeur va en diminuant régulièrement depuis la base jusqu'à la pointe.

Dans le voilier ordinaire (celui dont M. de Lacépède a fait son *xiphias ensis*), la largeur au milieu est du quinzième à peu près de cette longueur, et cette largeur demeure la même en avant jusqu'assez près de la pointe, où elle commence à diminuer.

Dans la première de nos espèces inconnues, que nous appellerons *gracili-rostris,* la largeur prise au milieu est vingt-cinq ou vingt-six fois dans la longueur; elle diminue graduellement. Les côtés sont plus arrondis encore que dans le tétrapturus et le voilier commun. L'intervalle des yeux est plus étroit et plus bombé. La mâchoire inférieure avance sur les deux premiers cinquièmes de la supérieure. C'est à celle-là que la tête conservée à la Rochelle ressemble le plus; mais son museau est encore plus grêle. Sa largeur est vingt-neuf ou trente fois dans sa longueur. Je ne crois pas cependant que cette différence excède ce qui peut avoir lieu dans une même espèce. Nous venons même de voir, dans les collections de M. Lamarre-Piquot, une troisième tête, qui est dans des proportions intermédiaires, et qui vient des îles Séchelles; elle est accompagnée des ventrales, qui sont droites, comprimées, et longues, ainsi que la tête, de plus de deux pieds : on y voit des traces de trois rayons, un très-court et un second de deux tiers de la longueur du dernier. Malheureusement M. Lamarre n'a pu nous rien dire de la dorsale ni de la caudale. Ce poisson, connu aux Séchelles sous le nom d'*empereur,* en quitte rarement l'archipel. On en a vu de vingt-cinq à trente pieds de longueur.

Notre deuxième espèce inconnue, que nous appellerons *ancipiti-rostris,* a la largeur du milieu dix-neuf ou vingt fois dans sa longueur; elle diminue graduellement, et est plus aplatie que les autres. Toutefois ses bords sont encore très-arrondis et nullement tranchans. Nous possédons la tête entière de cette espèce, et elle ressemble beaucoup par ses détails à celle du *tetrapturus;* l'intervalle des yeux y est large et aplati, presque comme dans l'espadon. Nous n'en avons aucune autre partie.

D'après un fragment de museau trop incomplet pour que nous en puissions donner les proportions, mais qui diffère par son contour de tous les précédens, nous pouvons affirmer qu'il existe encore au moins une troisième espèce inconnue.

DEUXIÈME GRANDE TRIBU.

LES SCOMBÉROÏDES A RAYONS ÉPINEUX DU DOS SÉPARÉS.

Les scombéroïdes ont la caudale généralement très-robuste ; mais souvent leurs autres nageoires verticales sont très-faibles. Déjà nous en avons vu une première grande tribu où l'arrière de la seconde dorsale et de l'anale n'a point de membrane continue entre ses rayons, qui ainsi demeurent libres et séparés, sous le nom de fausses pinnules. Dans ceux dont nous allons faire l'histoire, c'est la première dorsale qui manque de membrane, et dont les épines sont libres et se meuvent isolément. Nous en verrons même qui joignent à ce caractère celui de la première tribu, et qui ont des fausses pinnules, en même temps que des épines libres sur le devant du dos.

A la suite des genres de cette deuxième tribu, qui se tiennent par le plus grand nombre des caractères, les pilotes, les liches, etc., nous en plaçons qui sont à peu près avec eux dans le même rapport que les espadons avec la première, c'est-à-dire qui manquent de ventrales, et dont par un hasard singulier le museau est aussi un peu proéminent : ce sont les *rhynchobdelles* et les *mastacembles;* et encore à la suite de ceux-là viennent les *notacanthes,* qui ont des ventrales et des ventrales sous l'abdomen, mais où le défaut de membrane dorsale est encore plus sensible que dans aucuns des autres, puisqu'il n'y a sur cette partie que des épines libres, sans aucuns rayons réunis en nageoires.

Ce sont deux petits groupes qui ne se joignent point aux véritables membres de la tribu aussi intimement que ceux-ci se joignent entre eux ; mais les distributions naturelles sont nécessairement sujettes à ces apparentes anomalies. La nature n'a jamais eu en vue dans ses créations la symétrie de nos méthodes.

CHAPITRE X.

Des Pilotes (Naucrates, Rafin.) et des Élacates (Elacate, nob.).

———

DES PILOTES,

*Et particulièrement de l'*Espèce commune.

(*Naucrates ductor*, nob.; *Scomber ductor*, L.)

Le *pilote,* ainsi nommé de l'habitude qu'il
a de suivre ou d'accompagner les navires, et
de celle qu'on lui prête de conduire le requin,
est un poisson qui tient de plusieurs de ceux
qui précèdent ; il a des maquereaux la forme
oblongue et peu comprimée, et les écailles
menues et uniformes ; des thons la carène
cartilagineuse des côtés de la queue ; mais il
se distingue des uns et des autres par sa première dorsale, dont les rayons sont libres
comme dans les liches.

M. Rafinesque en a fait un genre à part, qu'il
appelle *naucrates;* mais le caractère qu'il lui
donne de ventrales unies ensemble, n'est ni
assez conforme à la véritable disposition de
ces nageoires, ni assez caractéristique.

C'est d'après la réunion des traits que nous

venons d'indiquer, que l'on peut distinguer
ce genre plus sûrement. Les bandes argentées
et violettes dont l'espèce vulgaire est ornée, la
rendent d'ailleurs très-facile à reconnaître.

Il nous paraît, comme à M. Schneider[1], que
notre pilote était le pompile des anciens; poisson qui, disaient-ils, indiquait la route aux
navigateurs inquiets[2], qui les accompagnait jusqu'au voisinage de la terre, et leur en annon-
çait l'approche en les quittant[3]. C'est de cette
habitude qu'ils dérivaient son nom[4]. Ils le re-
gardaient comme sacré[5]. Ce qu'ils nous disent
des caractères extérieurs de ce pompile, qu'il
ressemblait à la pélamide et était de couleur
variée[6], convient assez à notre pilote pour ne
pas contrarier ce qui est rapporté de ses habitudes. Il faut se souvenir, en effet, que la
pélamide était le jeune thon, et que le jeune
thon a aussi des bandes transversales sur le
corps. Pline dit (l. IX, c. 15), à la vérité,
que l'on donne le nom de pompile à ceux
des thons qui suivent les vaisseaux; mais le
même nom a été souvent donné à des pois-

---

1. *Synon. pisc.*, Artedi, p. 29. — 2. Nicander, *ap. Athen.*,
l. VII, p. 282. — 3. Ælien, l. II, c. 15, et Clitarchus, *ap. Athen.*,
l. VII, p. 284. — 4. De πομπη, *comitatus;* Oppien, *Hal.*, t. I,
p. 188. — 5. Ælien, l. XV, c. 23, et Athénée, l. VII, p. 283.
— 6. Dionysius Jambus, *ap. Athen.*, l. VII, p. 284.

sons différens qui avaient quelque ressemblance dans les habitudes ; de nos jours même
le pilote et le remora ont été confondus.

Rondelet (p. 250) a cru voir dans des passages de Callimaque et d'Érathostène, cités
par Athénée (l. VII, p. 284), que le pompile
devait avoir les sourcils dorés ; mais ces passages se rapportent à un autre poisson, qui
n'avait de commun avec le pompile que d'être
aussi regardé comme sacré.

La fable que ce poisson sert de guide au
requin, n'est pas une de celles qui nous ont
été transmises par les anciens, bien qu'elle soit
imitée de ce que dit Pline (l. IX, c. 61) sur
un petit poisson conducteur de la baleine.
Elle paraît avoir été appliquée assez tard au
requin par les navigateurs ; les ichtyologistes
du seizième siècle du moins n'en disent rien
dans l'histoire de ce squale, et la première
mention que j'en trouve, est dans la Description des Antilles de Dutertre, imprimée en
1667 ; mais depuis lors une foule de voyageurs de toutes les nations l'ont soigneuse-
ment répétée, et Osbeck ne manque pas d'en
faire un sujet de réflexions pieuses sur les voies
de la Providence. [1]

---

1. Osbeck, Voyage, n.° 73, traduction allemande, p. 95.

D'autres confondent ou mêlent l'histoire du remora avec celle du pilote, et parlent de pilotes attachés au dos du requin.[1]

Le fait paraît se réduire à ce que le pilote suit les vaisseaux comme le requin, et avec encore plus de persévérance, pour s'emparer de ce qui en tombe, et que le requin ne l'attaque pas, ou n'est pas assez prompt dans ses mouvemens pour en faire sa proie : c'est ainsi que Dutertre explique déjà leur alliance apparente[2], et son assertion est confirmée par les meilleurs observateurs.

M. Bosc, qui a vu des centaines de ces poissons, assure qu'ils se tiennent toujours à quelque distance du requin, et qu'ils nagent assez vite dans tous les sens pour être sûrs de l'éviter. Si on leur jette quelque menue nourriture, comme des purées ou des bouillies, ils s'arrêtent pour s'en saisir et abandonnent et le vaisseau et le requin, ce qui ne peut laisser de doute sur l'objet qui les attirait.[3]

On peut voir cependant le récit que fait M. Geoffroy, dans son Mémoire sur l'affec=

---

1. Feuillée, Observations, t. I, p. 173; Kolbe, Description du Cap, traduction française, t. III, p. 138, etc.

2. Dutertre, Histoire des Antilles, t. II, p. 224.

3. Voyez M. Bosc, dans le Dictionnaire d'histoire naturelle de Déterville, au mot *Pilote*.

tion mutuelle de quelques animaux [1], d'une circonstance dans laquelle deux pilotes semblèrent amener, et avec beaucoup de peines et de mouvemens, un requin vers un appât : en admettant qu'ils aient eu dans cette occasion sur le requin toute l'influence que l'auteur du récit leur suppose, ce serait un bien mauvais service qu'ils lui auraient rendu, et ils auraient mérité la qualification de *traîtres* plus que celle de *pilotes.*

Ces poissons se laissent conduire à des distances immenses par cette ardeur à suivre les vaisseaux. Dutertre prétend avoir vu un de ces pilotes qui accompagna son vaisseau pendant plus de cinq cents lieues.

Au reste, ce n'est pas seulement à notre poisson actuel que le nom et les habitudes de pilote ont été attribués ; déja nous avons vu que le *remora* a quelquefois été confondu avec lui.

A la Jamaïque on nommait *pilot-fish,* selon Sloane, son *faber marinus fere quadratus,* etc. (pl. 251, fig. 4), qui est le *chætodon faber,* L.

Le pilote [2], tel que nous l'avons reçu de

1. Annales du Muséum d'histoire naturelle, t. IX, p. 469.

2. *Naucrates ductor,* nob.; *Gasterosteus ductor,* Linn.; *Scomber ductor,* Bl. et Sh.; *Centronote pilote,* Lacép. et Risso ; *Naucrates*

Marseille, de Gênes et de Naples, a pour l'ensemble à peu près la tournure d'un maquereau.

Les lignes du dos et du ventre sont presque parallèles, et ne se rapprochent que vers la queue et le bout du museau. Sa hauteur est cinq fois dans sa longueur, et son épaisseur deux fois dans sa hauteur. La longueur de sa tête est quatre fois et demie dans sa longueur totale, et elle est d'un quart moins haute que longue. Le dessus a en largeur un peu plus de moitié de sa hauteur, et est lisse et transversalement convexe; mais dans les individus maigres ou macérés, la crête du crâne se montre au travers de la peau. Son profil descend peu à peu par une ligne légèrement convexe. Le diamètre de l'œil est d'un cinquième de la longueur de la tête, et l'espace derrière lui est double de celui qui est en avant. Le bord supérieur de l'orbite se continue en avant de l'œil par une légère saillie linéaire. Cette cavité est rétrécie, surtout en avant et en arrière, par un cercle de membrane adipeuse. Le museau est obtus transversalement, et la mâchoire inférieure avance un peu plus que l'autre.

Les orifices de la narine sont près de la ligne du profil, fort rapprochés l'un de l'autre et un peu plus voisins du bout du museau que de l'œil. L'antérieur est un petit trou rond, légèrement rebordé. Le postérieur une petite fente verticale. Le sous-orbitaire,

---

fanfarus, Rafin.; *Scomber an ductor,* Kœlreuter, *Nov. comm. petr.,* t. IX, p. 464, pl. 10, fig. 3 et 4.

oblong, plus étroit en arrière, ne va guère plus loin dans ce sens que le milieu du dessous de l'œil, et ne se fait point remarquer au travers de la peau.

La bouche est peu fendue, et le maxillaire, qui est large et strié, ne s'avance que jusque sous le bord antérieur de l'œil. Des dents en velours ras occupent chaque mâchoire sur une bande étroite. Il y en a une bande semblable à chaque palatin; une plus large, mais plus courte, le long du devant du vomer et une sur le milieu de la langue. Le voile de la mâchoire supérieure est fort saillant. La langue est large, mince, obtuse et très-libre. Le limbe du préopercule n'a point d'arête, et ne se distingue de la joue que par sa nudité, tandis que la joue est écailleuse. Son angle est arrondi; ses bords offrent à la loupe une très-fine crénelure, imperceptible à l'œil nu. Les pièces operculaires sont divisées à peu près comme dans les scombres, et forment un ensemble arrondi. L'opercule a des stries en rayon, mais peu profondes, plus marquées le long de son bord antérieur. Sa partie osseuse a, vers le haut, une échancrure obtuse. Les ouïes sont fendues jusque sous le bord postérieur de l'œil. Leurs membranes s'y croisent un peu, et dans l'état de repos elles sont cachées par les interopercules, qui non-seulement se rapprochent, mais croisent un peu l'un sur l'autre; elles ont chacune sept rayons.

L'épaule n'a rien de remarquable. La pectorale est un peu au-dessous du milieu. Sa forme est ovale et sa longueur est sept fois et demie dans la longueur totale. On y compte dix-huit rayons. Son aisselle est très-creuse, et à la face interne de sa base se voit un petit lobe charnu, qui rentre dans le creux de l'aisselle. Les ventrales naissent très-près l'une de l'autre sous le tiers antérieur des pectorales, et étant à peu près de même longueur, elles les dépassent un peu de leur pointe. Une continuation de leur membrane, du tiers de leur longueur, les attache à l'abdomen. Leur forme est pointue; leur substance plus épaisse qu'aux pectorales; leur épine égale les deux tiers de leur premier rayon mou. Les épines qui remplacent la première dorsale ne commencent presque que vis-à-vis la pointe des pectorales; elles sont si petites que, pour peu qu'elles soient couchées dans leur sillon, il faut les chercher et les relever avec la pointe du scalpel pour les bien voir, et qu'elles ont dû échapper à beaucoup d'observateurs et de dessinateurs. Dans nos individus de la Méditerranée je n'en trouve d'ordinaire que trois, et plus rarement quatre. La seconde dorsale commence sur le milieu du corps; elle a vingt-six ou vingt-sept, et quelquefois vingt-huit rayons mous, dont les antérieurs, qui sont les plus longs, n'ont qu'un peu plus du tiers de la hauteur du corps; ils diminuent graduellement jusqu'au onzième ou douzième, et restent au tiers à peu près de la hauteur des premiers jusqu'aux deux ou trois derniers, qui s'alongent un peu en pointe. Dans le bord antérieur est cachée une épine, du tiers de la longueur du premier rayon mou. L'anale ne commence guère que sous le milieu de cette dorsale, et a à peu près la même forme. En avant de sa base sont deux petites

épines libres, dont l'antérieure est souvent presque
imperceptible. Une épine plus longue est cachée
dans son bord antérieur, et elle a seize ou dix-sept
rayons mous, dont les derniers finissent en pointe,
comme ceux de la dorsale, et vis-à-vis le même point.
Ces deux nageoires sont épaisses, et leur membrane
a des stries qu'on pourrait aisément prendre pour
des écailles. La portion de queue entre elles et la
caudale est du onzième de toute la longueur. La
caudale en fait le cinquième; elle est fourchue jusqu'au milieu. Ses lobes sont assez larges et médiocrement pointus : elle a dix-sept rayons entiers et
huit petits. On doit donc exprimer les rayons comme
il suit :

B. 7; D. 3 ou 4 — 1/26, 27 ou 28; A. 2/16 ou 17; C. 17 et 8;
P. 18; V. 1/5.

Il n'y a point d'écailles au front, au museau, aux
mâchoires, au limbe du préopercule, ni sur la plus
grande partie des pièces operculaires; mais on en
voit sur la joue, sur la tempe et sur le haut de
l'opercule, ainsi que sur tout le corps, un triangle
excepté au-dessus de la base de la pectorale; toutes
petites, ovales, entières au bord visible, échancrées
une ou deux fois à la racine. Une forte loupe y
découvre de fines stries concentriques. Leur éventail a cinq ou six rayons. La ligne latérale est une
série étroite de très-petites élevures. Au-dessus de
la pectorale elle devient un arc légèrement convexe
vers le haut; puis elle se recourbe lentement en
sens contraire, et à compter du tiers antérieur de la
dorsale, elle suit en droite ligne le milieu de la hau-

teur. Sous les derniers rayons commence une carène membraneuse ou cartilagineuse, horizontale, tranchante, qui saille davantage dans le milieu de sa longueur, et règne jusques entre les rayons mitoyens de la caudale ; mais on ne voit pas les deux petites crêtes qui l'accompagnent dans les thons et qui sont seules dans les maquereaux.

Tout ce poisson est d'un gris-bleuâtre argenté, plus foncé vers le dos, plus pâle vers le ventre. De larges bandes verticales, d'un bleu ou d'un violet plus ou moins foncé, entourent son dos et ses flancs. Leur nombre ordinaire est de cinq sur le corps, et de sept en comptant celle de la tête et celle de la caudale. La première du corps est au défaut de l'opercule ; la seconde, en avant de la dorsale. Les trois autres répondent aux divers points de sa longueur, et s'étendent même sur elle. Les deux dernières descendent aussi sur l'anale. La caudale est en grande partie de ce bleu foncé ; mais les pointes de ses lobes sont blanches. Dans les jeunes individus, bien frais de couleur, elle a une bande violette sur sa base et une autre plus noire sur son milieu, séparées par une bande grise. Les pectorales sont nuancées de blanc et de violâtre. Les ventrales sont presque noires, surtout à leur face supérieure, et ont un trait blanc au bord externe près de leur pointe. L'iris est doré.

Nous avons de ces pilotes de la Méditerranée depuis quatre pouces jusqu'à un pied de longueur. Les grands ont tout-à-fait le port de maquereaux.

Le foie du pilote est médiocre. La vésicule du

8. 21

fiel est grande et alongée. Le canal cholédoque es
long, gros, remonte sous le foie jusqu'au somme
de l'angle que forment les deux lobes, et descen-
ensuite le long de l'œsophage, pour déboucher prè
du pylore, au-dessus de la première paire des appen
dices cœcales.

L'œsophage est large, à parois épaisses, plissées lon
gitudinalement ; il se continue sans dilatation n
étranglement en un sac alongé, obtus à sa pointe
c'est l'estomac, dont les parois sont un peu plu
minces que celles de l'œsophage.

La branche montante est alongée, à parois épaisse:
Le pylore est muni de douze appendices cœcales
placées symétriquement de chaque côté de la branch
montante et la recouvrant tout-à-fait. Chaque cœcum
est profondément divisé en deux, de façon qu'a
premier aperçu on pourrait en compter vingt-quatre

Le canal intestinal se replie deux fois sans offri
d'étranglemens ou de dilatations ; il est assez large

La rate est très-noire, médiocre et cachée entr
les appendices cœcales.

Les laitances d'un individu pris à Naples, a
mois de Mai, étaient pleines ; elles ne sont pas très
grosses, et sont rejetées vers l'arrière de l'abdomen

La vessie natatoire est d'une petitesse extrême, e
de forme elliptique, pointue aux deux bouts.

Les reins sont gros, réunis en une seule masse, qu
occupe toute la longueur de l'abdomen. Ils versen
l'urine dans une vessie très-petite, attachée au rein lui-
même, sans qu'il paraisse d'uretères extérieurement

Le squelette du pilote a vingt-six vertèbres, don

dix abdominales et seize caudales; toutes comprimées, plus longues que hautes, et rétrécies dans leur milieu. Les dernières vertèbres abdominales ont bien des apophyses descendantes, qui portent les côtes, mais sans former d'anneaux complets; il n'y en a de tels que sous la queue. La dernière de la queue a de chaque côté un petit crochet. Les interépineux de la deuxième dorsale commencent sur la septième et finissent sur la vingt-unième.

Le pilote s'est trouvé à peu près dans tous les parages de la Méditerranée. C'est le *fanfre* des matelots provençaux et le *fanfré* de ceux de Nice; c'est aussi le *fanfaru* des Siciliens et le *naucrate fanfaro* de M. Rafinesque. Si ce naturaliste a cru son *fanfaro* différent du pilote vulgaire, c'est pour n'avoir jugé de ce dernier que sur de mauvaises figures.

On le nomme *pampana* à Messine, où l'on en prend beaucoup en automne.[1]

Brünnich dit que ce poisson est rare à Marseille, et ne s'y montre que quelquefois au printemps à la suite des vaisseaux.[2]

M. Risso assure, au contraire, qu'à Nice on n'en prend qu'au mois de Septembre.[3]

Laroche ne le nomme point parmi ceux

1. Rafinesque, *Caratteri*, etc., p. 44, pl. 12, fig. 1, et *Indice*, p. 19. — 2. Brünnich, *Pisc. massil.*, p. 67. — 3. Risso, Ichtyologie de Nice, p. 194.

qu'il a vus à Iviça; mais c'est précisément près de cette île que Hasselquist a décrit le sien.

L'espèce se répand aussi dans l'Océan atlantique, car c'est bien elle qu'Osbeck a décrite près de l'équateur[2], et Daldorf plus au midi, sous le nom de *gasterosteus antecessor*.[3] Elle vient jusque dans la Manche. On en a pris deux individus près de Cayeux, en Juin de cette année 1831, et deux autres en Février à Plimouth. Ces derniers avaient suivi un vaisseau qui venait d'Alexandrie.

On jugerait même qu'elle se porte beaucoup plus loin, si l'on croyait pouvoir lui rapporter, comme Bloch et Lacépède, les figures de Nieuhof[4] et de Lebrun[5], faites dans la mer des Indes, et celles de Plumier[6],

1. Hasselquist, Voyage, édition suédoise, p. 368.
2. Par les 2° 39′ de latitude nord.
3. Mémoires de la Société d'histoire naturelle de Copenhague, t. II, part. 2, p. 166.
4. Nieuhof, Voyage aux Indes orientales, copié dans Willughby (app., pl. 8, fig. 2) et dans l'Encyclopédie méthodique (poissons, pl. 35, fig. 126), mais sous le faux nom de *coryphène cinq-taches*.
5. Corneille Lebrun, Voyage par la Moscovie en Perse et aux Indes, p. 325, fig. 190.
6. Cette figure de Plumier a peut-être été faite en Provence, comme quelques-unes de celles que l'on trouve dans son recueil. Elle a été copiée par Bloch (pl. 338) et par Lacépède d'après une copie peinte d'Aubriet (t. III, pl. 10, fig. 3). On ne se douterait pas que ces deux figures dérivent du même dessin original; elles ne sont d'ailleurs exactes ni l'une ni l'autre.

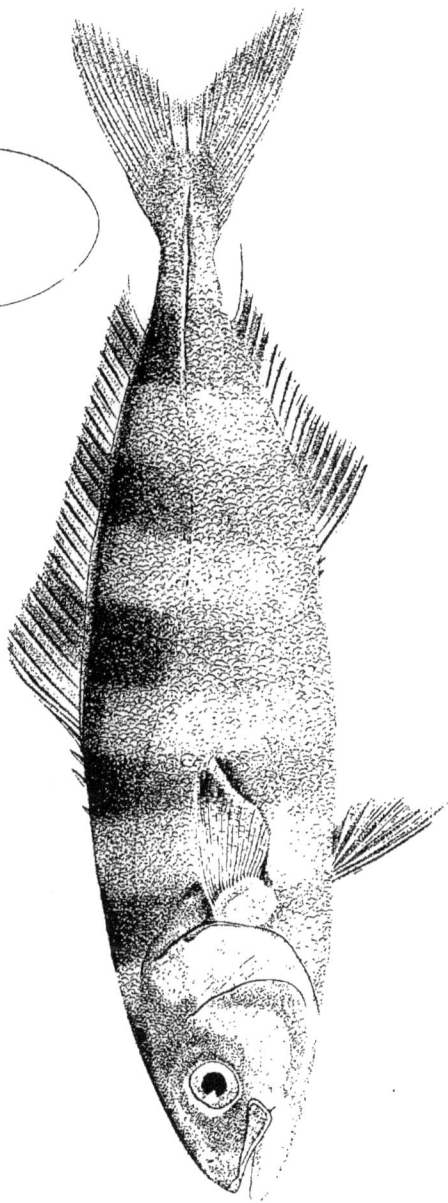

NAUCRATE pilote.

Werner del.

NAUCRATES ductor n.

Pedretti sculp.

Impr.d de Langlois.

de Pernetty[1] et de Duhamel[2], faites sur les côtes de l'Amérique ou aux Antilles.

Mais ces figures sont trop peu soignées pour que l'on puisse en conclure ni identité ni diversité d'espèce.

Au reste, il ne serait pas bien étonnant qu'un poisson qui suit les navires avec tant de constance, eût fini par s'établir dans des parages fort éloignés de ceux de son origine, et il est vrai de dire que les pilotes des mers étrangères que nous avons observés, ne montrent que des différences bien légères avec les nôtres.

Le PILOTE DE NEW-YORK.

(*Naucrates noveboracensis*, nob.)

Ainsi nous avons reçu de New-York par M. Milbert un petit pilote semblable, pour les formes et le nombre des rayons, à celui de la Méditerranée, mais qui n'a point de stries à l'opercule. Le fond de sa couleur paraît jaune; à la vérité, il pourrait avoir été altéré par la liqueur; et néanmoins je ferai remarquer que la peinture d'Aubriet, faite sur le dessin de Plumier et que M. de Lacépède a fait graver,

---

1. Voyage aux îles Malouines, t. I, p. 170, pl. 1, fig. 8.
2. Pêches, part. 2, sect. 4, pl. 4, fig. 4, et pl. 9, fig. 3.

offre aussi un fond de couleur jaune avec de bandes lilas.

M. Mitchill nomme bien le pilote dans so Histoire des poissons de New-York; mais l jugeant assez connu, il se borne à son suje à une phrase distinctive qui lui suppose qua tre épines libres sur le dos et quatre bande transverses : or, dans notre individu les bande sont en même nombre que dans ceux d'Eu rope; ainsi le témoignage de ce naturaliste n peut éclaircir nos doutes.

Le Pilote des Indes.

(*Naucrates indicus,* nob.)

Un pilote d'Amboine, rapporté par MM Lesson et Garnot, est plus sûrement d'un espèce distincte.

Il a en avant de la dorsale cinq épines libres, san compter celle qui se cache dans son bord, et l nombre de ses rayons mous est de vingt-neuf. E avant de son anale sont deux épines libres, et ell a dix-sept rayons mous outre l'épine de son bor antérieur. Son corps est plus épais; son museau plu bombé et son œil plus petit que dans l'espèce commune; mais les stries de son opercule sont les mêmes.

Dans un dessin fait par les naturalistes de la dernière expédition russe, le fond de la couleur paraît d'un beau bleu clair, et les bandes d'un bleu noirâtre.

Notre individu est long de sept pouces. Sa vessie natatoire est plus grande que dans le pilote d'Europe, et occupe le tiers de la longueur de l'abdomen. Nous n'avons pu examiner suffisamment ses autres viscères.

C'est, je crois, cette espèce en particulier, qui a été représentée par Corneille Lebrun; il lui marque même jusqu'à six ou sept épines. Son individu avait été pris en Décembre 1705 près de la côte de Malabar, et il y en avait de semblables depuis sept pouces jusqu'à un pied de longueur.

C'est probablement aussi celle que donne Statius Müller dans sa traduction allemande de Linnæus (t. IV, pl. 7, fig. 2), et où l'on a marqué sept épines.

Le Pilote de Koelreuter.

(*Naucrates Kœlreuteri,* nob.; *Scomber Kœlreuteri,* Bl. Schn., p. 570.)

Kœlreuter, dans le neuvième volume des *Novi commentarii* de Pétersbourg (p. 464, et pl. 10, fig. 3 et 4), décrit un poisson qui offre

les nombres de rayons et toutes les formes des pilotes, mais qui paraissait dans la liqueur entièrement roussâtre en dessus, et argenté en dessous et sur les côtés.

D. 4 — 29 ; A. 2 — 19 ; C. 30 ; P. 17 ; V. 5.

Cet individu, long de cinq pouces, n'était
peut-être qu'un pilote ordinaire, dont les
couleurs avaient été altérées par son séjour
dans l'esprit de vin.

L'auteur ne nous dit point de quels parages
il était originaire.

C'est sur cette indication que Schneider,
dans le Système posthume de Bloch (p. 570),
a établi son espèce du *scomber Kœlreuteri*.

DES ÉLACATES.

Les mers de la zone torride ont des poissons assez semblables aux pilotes par leurs
épines libres du dos et par d'autres détails;
mais qui manquent entièrement de carène à
la queue et d'épines au-devant de l'anale,
et dont la tête est aplatie horizontalement,
au lieu d'être comprimée latéralement. J'em-
prunte, pour en désigner le genre, le nom
d'*élacate* ou *élacatène*, qui chez les Grecs
était celui d'un poisson de la famille des thons,
ou d'une des préparations que l'on en faisait.[1]

------

1. Gesner, *Aquat.*, p. 359.

L'ÉLACATE DE PONDICHÉRY.

(*Elacate pondiceriana*, nob.)

Russel a représenté un de ces poissons (pl. 153) sous le nom de *pedda-mottah*, qu'il porte à Vizagapatam; et M. Leschenault nous a envoyé, sinon la même espèce, du moins une espèce excessivement voisine, que l'on nomme à Pondichéry *katé-véra*.

La forme de ce poisson de Pondichéry est alongée et presque cylindrique. Sa hauteur est six fois et demie dans sa longueur, et son épaisseur presque égale à sa hauteur. Sa tête fait le cinquième de sa longueur; elle est deux fois plus longue que haute, et sa largeur surpasse d'un quart sa hauteur. Le dessus est plat, et le museau se termine horizontalement en arc de cercle. La mâchoire inférieure avance un peu plus que l'autre. L'œil est voisin de la ligne du profil et presque au milieu de la longueur. La fente de la bouche ne prend que les deux tiers de l'espace au-devant de l'œil, et le maxillaire ne se porte que jusque sous son bord antérieur. Les deux orifices de la narine, petits et ronds tous les deux, et très-près l'un de l'autre, sont un peu plus rapprochés de l'œil que du bout du museau. Le sous-orbitaire, fort rétréci en arrière, ne se porte que jusque sous l'œil et n'a qu'un bord sans dentelure, sous lequel le maxillaire fait rentrer un peu de son bord supérieur.

Chaque mâchoire a une large bande de dents en

fort velours ou en cardes. Il y en a, en velours plus
ras, une bande rhomboïdale en travers du devant
du vomer, une bande longitudinale plus étroite en
arrière sur chaque palatin et une plaque ovale sur le
milieu de la langue. D'ailleurs toute la peau du palais est âpre, et les côtés de la langue aussi; celle-ci
est large, tronquée en avant, et a les bords libres et
minces. Les dents pharyngiennes sont en fortes cardes.

Le dessus du crâne a deux faisceaux d'arêtes ou
de stries, qui s'écartent en rayonnant en avant et
en arrière. Le limbe du préopercule est large et a
un rebord assez marqué; son angle est arrondi.
L'opercule osseux n'est que faiblement échancré;
mais la surface est relevée de huit ou neuf arêtes
saillantes, rayonnant irrégulièrement. Les ouïes sont
fendues jusque sous la commissure des lèvres, et leurs
membranes, découvertes et séparées l'une de l'autre,
ont chacune sept rayons.

L'épaule a un espace triangulaire sans écailles au-
dessus de la pectorale, qui est attachée fort bas, et
dont la longueur est à peu près du sixième du total.
Sa forme est assez pointue. L'attache des ventrales répond sous celle des pectorales; mais leur longueur
est de moitié moindre; elles sont étroites et pointues.
La première dorsale est remplacée par huit épines
courtes, comprimées, libres, qui commencent vis-
à-vis l'attache des pectorales, et se suivent sur un
espace à peu près égal à la longueur de ces nageoires,
c'est-à-dire du sixième de la longueur totale. Ensuite
vient la seconde dorsale, d'abord un peu élevée,
sans l'être autant que le corps; puis assez basse et

contenant deux épines cachées dans son bord antérieur, et vingt-huit ou vingt-neuf rayons mous.
L'anale commence sous le tiers antérieur de la seconde dorsale, et finit vis-à-vis du même point
qu'elle. On y compte vingt-trois rayons mous et
deux épines dans son bord antérieur; mais elle n'a
point d'épine libre en avant. L'espace entre ces deux
nageoires et la caudale est du douzième ou du treizième de la longueur totale. La caudale elle-même,
mesurée à son bord supérieur, est d'un peu moins
du cinquième de la longueur totale; elle est assez
fortement échancrée, et son lobe inférieur est un
peu plus court que l'autre; elle a dix-sept rayons
entiers. Les petites écailles qui la couvrent empê-
chent qu'on ne distingue les petits rayons de sa base.

Les nombres sont donc comme il suit :

B. 7; D. 8 — 2/28; A. 2/23; C. 17; P. 23; V. 1/5.

La joue, la tempe, l'arrière du crâne et le haut de
l'opercule, sont, ainsi que le corps, couverts de très-
petites écailles rondes et entières. Il y en a de plus
petites encore sur la caudale et sur la partie antérieure de la deuxième dorsale et de l'anale. La ligne
latérale a de très-légères ondulations, surtout dans sa
partie moyenne; mais elle ne forme aucune carène
sur les côtés de la queue.

Ce poisson, à l'état sec, paraît d'un brun plus
foncé dessus, plus pâle dessous. M. Leschenault nous
dit qu'à l'état frais il est noirâtre en dessus et blanchâtre en dessous.

L'individu qu'il nous a envoyé est long de deux
pieds trois pouces; mais il nous apprend qu'il y en
a de cinq pieds.

L'espèce est rare dans la baie de Pondichéry. Sa chair est estimée.

L'ÉLACATE D'ORIXA.

(*Elacate motta*, nob.)

Russel marque à son *pedda-mottah*
une tache blanchâtre à chaque angle de la caudale
dont nous ne trouvons point de trace dans notre
individu. Il lui donne pour nombres :

B. 7; D. 7, et quelquefois 9 — 2/35; A. 2/24; C. 20; P. 18;
V. 1/5.

Le reste de sa description, même pour les
couleurs, correspond à celle que nous venons
de faire.

Un examen comparatif plus détaillé pourra
seul nous apprendre s'il y a quelque chose de
constant dans ces différences.

L'ÉLACATE DE MALABAR.

(*Elacate malabarica*, nob.)

Il faudra aussi faire entrer dans cette comparaison une élacate de la côte de Malabar,
qui nous a été envoyée de Mahé par M. Bélenger, et qui a pour nombres :

D. 8 — 2/33; A. 2/25, etc.

Assez mal conservée, comme nous l'avons reçue,
elle paraît toute entière d'un gris brun; du reste, sa

ressemblance est des plus grandes avec la précédente. L'individu est long de près d'un pied.

On nomme cette espèce à Mahé *mosou-min;* elle s'y mange.

M. Dussumier vient de nous rapporter un individu sec, long de quatre pieds trois pouces, qui semble avoir la tête un peu plus courte à proportion. Les stries antérieures du crâne y sont effacées.

Commerson a, dans sa Faune manuscrite de Madagascar, la description d'un poisson qu'il nomme *spinax*[1], et qui est évidemment une élacate semblable de tout point à celle du Malabar, et longue de deux pieds huit pouces. Il marque ses nombres : B. 7; D. 9—35; A. 29; ce qui répond encore assez bien à ceux que nous avons observés.

Ce poisson avait été pris à la fin de Novembre 1770 au Fort-Dauphin. Il avait dévoré de petits poissons et des crabes, que Commerson retrouva presque entiers dans son estomac : il y trouva aussi un tænia long d'un pied.

M. de Lacépède n'a pas eu connaissance de cet article de Commerson, qui n'était accompagné d'aucune figure.

---

1. *Spinax edax, vorax, bivorax, aculeis in dorso novem distinctus.*

L'Élacate d'Amérique.

(*Elacate atlantica*, nob.; *Scomber niger*, Bl.)

M. Delalande a envoyé du Brésil un poisson tellement semblable au katé-véra de Pondichéry, que c'est à peine si nous osons l'offrir comme une espèce distincte.

Cependant le nombre de ses rayons n'est pas tout-à-fait conforme (B. 7; D. 8 — 2/33; A. 2/24; P. 20; V. 1/5), et les arêtes de son crâne sont moins marquées, surtout en avant.

Ses couleurs paraissent généralement brunes ou noirâtres; mais une bande d'un brun plus pâle semble suivre le côté du corps au-dessus de la ligne latérale, et le long de cette ligne il y en a une d'un brun ou d'un noir plus foncé. On ne voit point de taches à sa queue.

Notre individu est long de quatorze pouces; mais il est probable que l'espèce devient aussi grande que celle des Indes.

Une comparaison soignée que nous avons faite de ce poisson avec le dessin du prince Maurice, qui a servi d'original à la figure du *scomber niger* de Bloch (pl. 337), et qui avait auparavant été copié par Margrave (p. 158) et par Pison (p. 48) avec le nom de *ceixu-pira*, ne nous permet pas de douter que ce ne soit notre élacate. Mais il faut remarquer que le graveur de Margrave, et plus encore celui de Bloch, ont arrangé et altéré cette figure. Bloch a surtout fait des écailles trop grandes, malgré l'autorité de Margrave, qui les dit si petites que le poisson semble n'en point avoir : *Totum corpus exiguis squamulis vestitur, ita ut totus piscis glaber videatur.*

Margrave dit de son *ceixu pira,* qu'il est très-noir et a le ventre blanc comme de la craie, mais qu'une couleur passe à l'autre sur les flancs. Les nageoires sont noires, excepté les ventrales, qui sont blanches et bordées de noir. C'est aussi de cette manière que Bloch a fait enluminer sa planche, corrigeant ainsi le dessin du prince, qu'il prétendait copier, et où l'on ne voit pas les ventrales.

Le prince Maurice fait ce poisson grand comme un wels (*silurus glanis,* L.), ce que Margrave commente en disant qu'il atteint une taille de neuf ou dix pieds et une épaisseur égale à celle du corps de l'homme.

Il assure que ce poisson passe pour un des meilleurs du Brésil, surtout lorsqu'il est encore d'une taille médiocre. Pison répète les mêmes choses, et ajoute que la chair en est très-tendre.

C'est, à ce qu'il nous paraît, la même es-

pèce que M. Mitchill a décrite parmi ses poissons de New-York[1] sous le nom de *centronotus spinosus* ou de *crab-eater*.

Son individu, long de trente et un pouce
(anglais), pesait six livres et demie. On l'avai
pris dans la baie de New-York le 11 Jui
1815. La figure qu'il en donne et tout c
qu'il dit des détails, répondent à ce que nou
voyons dans notre individu du Brésil.

Tout le dessus en était brun foncé ou noirâtre, e
le dessous blanc de lait. Les pectorales, noirâtres
la face interne, étaient blanchâtres à l'externe. Derrière elles était un trait noir, et de leur base com-
mençait un ruban argenté, qui s'étendait jusqu'à l
queue. Les ventrales, blanches à l'extérieur, étaien
noirâtres au bout et à la face qui regarde le corps

M. Mitchill donne les nombres comme il suit
mais avec quelque doute :

B. 7; D. 8/33; A. 24; C. 20; P. 16; V. 1/5.

L'estomac de ce poisson contenait des crabes et de petits pleuronectes. Il fut trouv
excellent par tous ceux qui en mangèrent.

Il y a toute apparence que cette élacat
est encore le *gasterosteus canadus,* donn
par Linnæus (12.ᵉ édit., t. I, p. 492), d'aprè
un individu envoyé par Garden.

1. Mémoires de New-York, t. I, p. 490, et pl. 3, fig. 9.

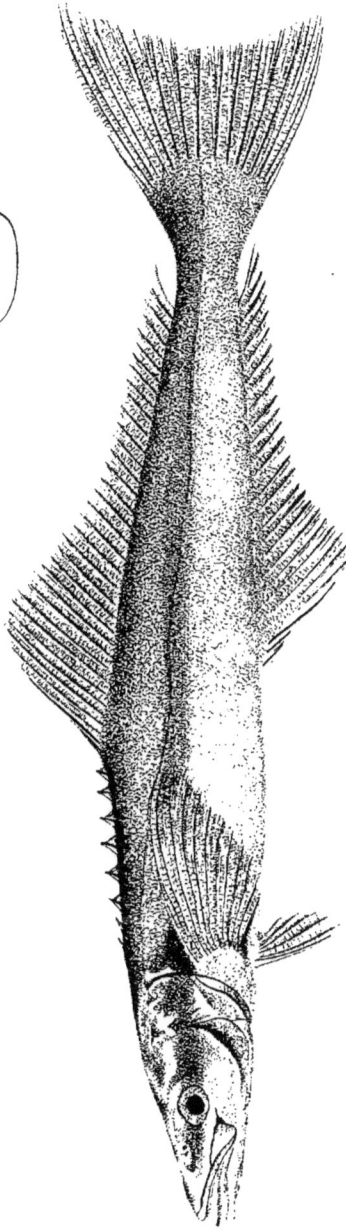

ÉLACATE de l'atlantique.

Werner del.

Imp.^e de Langlois.

ELACATE atlantica. n.

Pedretti sculp.

Son corps est oblong; sa caudale un peu bilobée; sa deuxième dorsale et son anale sont taillées en faux, et ses nombres indiqués comme il suit :

B. 7; D. 8—33; A. 26; C. 20; P. 2; V. 7.

Mais il y a probablement erreur à refuser des épines à l'anale et à donner sept rayons aux ventrales. Quant au nombre des pectorales, c'est évidemment une faute d'impression, 2 pour 20. Linnæus dit des épines dorsales : *Spinæ pinnam dorsalem priorem mentientes;* phrase assez ambiguë, mais qui doit probablement indiquer leur séparation.

M. de Lacépède fait de cette espèce de Linnæus son *centronote gardénien.*

Bloch considère comme identique avec le *ceixu-pira* un poisson dessiné par Barbot à la côte de Guinée, et dont la figure ressemble en effet beaucoup aux individus que nous venons de décrire. Les Anglais du Cap-Corse le nomment *poisson royal,* parce que c'est un des plus délicats de ce pays. On l'y appelle aussi *saffer* et *nègre,* à cause de sa couleur noire. Sa retraite ordinaire est entre les rochers; mais dans certains temps il approche si près de terre que les Nègres le percent à coups de dards dans leurs pêches aux flambeaux. [1]

1. Barbot, p. 222, et Histoire générale des voyages, édition française, t. IV, p. 258, et pl. 6, fig. 1.

8.   22

On croit aussi que c'est peut-être le *saffre* ou *konings-vish* de Bosmann, qui n'en donne aucune description, mais dit que l'on en prend en Guinée des quantités prodigieuses; qu'ils sont dans la saison très-gros et très-bons, et à peu près du goût de l'anguille, et qu'on les sèche comme le saumon. [1]

Nous n'avons pas besoin d'avertir nos lecteurs qu'il faut bien distinguer ces poissons royaux de ceux qui appartiennent au genre des tassards ou cybiums.

L'ÉLACATE A DEUX RAIES.

(*Elacate bivittata*, nob.)

M. Reinward a rapporté des Moluques et a bien voulu nous donner un quatrième poisson de ce genre, qui nous paraît former une espèce plus distincte que les précédentes.

Sa tête est presque lisse. Sa queue est tronquée et non échancrée. Les nombres de ses rayons sont:

B. 7; D. 8 — 2/34; A. 2/26; C. 17; P. 20; V. 1/5.

Il est brun. Une bande blanchâtre règne depuis le bout du museau et par le sourcil, tout le long du corps au-dessus de la ligne latérale jusqu'au bord supérieur de la caudale. Sous elle en est une plus brune que le fond. Il y a aussi, comme dans le *pedda-*

---

1. Bosman, Voyage en Guinée, traduction française, p. 288.

mottah de Russel, une tache blanchâtre à chaque
angle de la caudale.

L'individu est long de sept pouces et demi.

Le foie de cette élacate à deux raies ne se compose que d'un seul lobe, presque entièrement placé
dans l'hypocondre gauche, un peu échancré vers
sa pointe postérieure. Il s'avance sous l'œsophage,
et donne attache dans cette portion à la vésicule du
fiel, simple_tube très-étroit, qui descend en arrière
à plus des deux tiers de la cavité abdominale.

L'œsophage est assez large, et se continue, sans
aucune marque de séparation, en un estomac, dont
la forme est oblongue, arrondie en arrière. La branche
montante est très-étroite et courte. Le pylore est
caché par un amas glanduliforme de cœcums serrés
et subdivisés, semblables à ce que nous avons vu
dans la pélamide ou dans la liche ordinaire. L'intestin fait deux replis très-courts : il est étroit. La
rate est petite, ovale, brune, et placée dans la crosse
du second repli de l'intestin.

Le rein est très-gros, et va depuis le diaphragme
jusqu'à l'anus. Il n'y a point de vessie aérienne.

CHAPITRE XI.

*Des Liches (**Lichia**, nob.).*

Les *liches* ont le corps oblong, comprimé, sans carène latérale, sans crêtes saillantes aux côtés de la queue. Au lieu de premières nageoires, elles ont, comme les centronotes, des épines qui peuvent se mouvoir isolément, et ne sont retenues chacune que par une petite membrane particulière : en avant de la première, et plus ou moins cachée sous la peau, est une épine fixe, dirigée en avant, qui appartient à un interépineux. Deux épines libres, semblables à celles qui représentent la première dorsale, sont placées derrière l'anus, et y forment une sorte de première anale.

La Méditerranée nourrit trois de ces poissons, que Rondelet avait déjà parfaitement caractérisés sous le nom générique de *glaucus*, mais dont l'histoire et la synonymie sont tellement embrouillées dans les modernes, qu'il nous aurait été impossible d'y rien entendre, si nous ne nous étions procuré les trois espèces, et si nous ne les avions comparées entre elles et avec les figures de Rondelet.

La plus grande, la plus facile à distinguer par

la forte courbure en ∽ de sa ligne latérale, est la deuxième de Rondelet (p. 254), celle qu'il dit s'appeler *liche* en Provence et *pélamide* ou *vadigo* à Montpellier, *stella* à Rome. Salvien l'a très-bien représentée (fol. 121) sous les noms d'*amia* en latin, et de *leccia* en italien. Aldrovande en a une figure bien moins exacte (p. 303); il la nomme *glaucus,* et en reconnaissant son identité avec le deuxième *glaucus* de Rondelet, il avoue ne connaître que cette espèce-là.

Les deux autres ont la ligne latérale à peu près droite : mais l'une des deux, qui est la première de Rondelet (p. 252), et selon lui, le *derbio* de Montpellier, la *liche* et la *cabrolle* de Provence, la *lechia* des Romains, a des dents en velours et une grosse tache noire à la dorsale et à l'anale : c'est elle que Bélon paraît avoir décrite (p. 155) sous le nom de *lampuge* des Marseillais.

La troisième, qui est aussi la troisième de Rondelet (p. 255), et que cet auteur a seul décrite, mais sans lui donner de nom, a des dents coniques et pointues sur une seule rangée.

Ces désignations sont, comme l'on verra par la suite, parfaitement conformes à la nature.

Willughby a le premier introduit le désordre dans une histoire si bien commencée. Il n'a connu que deux espèces de liches.

La première, qu'il décrit page 296, et qu'il croit la première de Rondelet, n'est vraiment que la seconde, comme on peut s'en assurer par la couleur grise et sans tache noire de la deuxième dorsale. Il lui donne avec raison sept épines à la première dorsale ; mais son éditeur Ray les réduit mal à propos à cinq.

La seconde (p. 297), sur laquelle Willughby est en doute de savoir si c'est la première ou la seconde de Rondelet, est réellement la première, d'après la tache noire de la dorsale et les quatre ou cinq taches des flancs ; il en convient même à la fin de son article, et ne trouve de différence que relativement au nombre des cœcums.

Après ces deux descriptions, prises des papiers de Willughby, Ray ajoute le deuxième et le troisième *glaucus* de Rondelet, ce qui lui fait quatre espèces ; une de plus que dans la nature.

Artedi, suivant, comme à son ordinaire, les traces de Willughby, admet ses deux espèces, et les deux seulement, dans son catalogue. Il caractérise la première par la longueur du dernier rayon de la seconde dorsale [1]; la seconde,

1. *Scomber dorso dipterygio ossiculo ultimo pinnæ dorsalis secundæ prælongo.* (Artedi, *Gen. pisc.*, p. 31, et *Spec.*, p. 51.)

par la hauteur du deuxième rayon[1] ; mais les synonymes qu'il ajoute à ces caractères sont un mélange confus de toutes sortes de poissons. Sous la première espèce, avec l'*amia* de Salviani, qui lui appartient véritablement, on voit figurer l'*amia* de Rondelet (p. 238), qui est notre *pélamide* ou *bonite à dos rayé*, poisson d'un tout autre genre, et le premier *glaucus* du même auteur, qui est la deuxième espèce de Willughby ; et ce premier *glaucus* est encore allégué sous la deuxième espèce.

Dans Linnæus, la première espèce d'Artedi devient le *scomber amia,* la seconde, le *scomber glaucus;* mais le caractère de celui-ci se prend, non plus dans la hauteur du second rayon de la deuxième dorsale, mais dans l'épine couchée en avant de la première, qui est commune aux deux espèces. Linnæus les débarrasse l'une et l'autre des anciens synonymes accumulés par Artedi : mais à leur place il met sous le *scomber glaucus* le *scomber Ascensionis* d'Osbeck [2], qui est évidemment un *caranx;* et voilà tout d'un coup un poisson tiré originairement de Willughby et de Rondelet, lesquels l'avaient décrit dans la Médi-

---

1. *Scomber ossiculo secundo pinnæ dorsalis secundæ altissimo.* (*Id., Gen. pisc.,* p. 32, et *Spec.,* p. 51.)

2. Osbeck, Voyage, n.° 296, traduction allemande, p. 387.

terranée, devenu propre à l'île de l'Ascension :
habitat ad insulam Ascensionis [1]. Quant au
scomber amia, ce poisson si commun et si
connu jusque-là, Linnæus ne sait plus même
d'où il vient : *habitat........* [2]

Bloch, qui n'avait décrit dans ses poissons
d'Allemagne aucune de nos trois espèces,
compose dans ses poissons étrangers [3] le plus
bizarre amalgame de la seconde espèce de
Rondelet, de la lampuge de Bélon, qui est la
première de Rondelet, du *quiebra-acha* de la
Havane [4], du *leather-coat* de la Jamaïque [5], et
d'une espèce des Indes qu'il représente pour
la première fois à sa planche 336, fig. 1, et, ne
se doutant pas que le poisson de Rondelet
est déjà dans Linnæus sous le nom de *scomber amia,* il établit pour ce monstrueux assemblage le nom nouveau de *scomber aculeatus.* Dans son Système posthume il donne
le *scomber aculeatus* (p. 25, n.° 12), et les
deux espèces de Linnæus, *glaucus* (p. 33,
n.° 34) et *amia* (p. 34, n.° 36); mais il les place

---

1. Linnæus, *Syst. nat.,* 10.ᵉ édit., t. I, p. 298; 12.ᵉ édit., t. I,
part. 1, p. 494. — 2. *Idem, ibid.,* 10.ᵉ édit., p. 299; 12.ᵉ édit.,
p. 495. — 3. Grande Ichtyologie, part. 10, p. 43.

4. Qu'il cite même tout de travers dans Parra, où ce poisson
est représenté planche 12, fig. 1 ; mais Bloch le nomme *catalufa,*
qui est la figure 2, laquelle représente un priacanthe.

5. Brown, *Jam.,* pl. 46, fig. 2.

dans des divisions différentes : son éditeur Schneider y fait la remarque très-juste, que le *scomber glaucus* et le *scomber Ascensionis* ne peuvent être le même.

Quant à Shaw, il n'a pas tenu à lui que l'*amia* ne disparût de l'ichtyologie; il n'en parle plus du tout, et il renvoie le *glaucus*, comme Linnæus et Gmelin, à l'île de l'Ascension.[1]

Mais M. de Lacépède est plus étonnant encore que tous ses prédécesseurs; il fait du *scomber amia*, qu'il prend dans Linnæus et dans Artedi, un *caranx amia*, et blâme Bonnaterre d'avoir fait copier sous ce nom la figure de Salvien, qui était cependant la meilleure de toutes[2]. Le *scomber glaucus* devient aussi pour lui un *caranx glauque*, et cependant il lui laisse pour synonyme la figure du premier *glaucus* de Rondelet, qui assurément ne donnait lieu a aucune équivoque, et ne pouvait être prise pour un *caranx*.

Mais ce n'est pas tout : dans son genre *centronote* il fait reparaître les deux *glaucus* de Rondelet; savoir, le deuxième, qui est le *scomber amia*, sous le nom de *centronote vadigo*[3], et le troisième sous celui de *centronote*

---

1. Shaw, *Gener. zool.*, t. IV, part. 2, p. 593. — 2. Lacépède, t. III, p. 65. — 3. *Idem*, t. III, p. 318.

glaycos[1]*;* et il fait encore une espèce à part,
sous le nom de *centronote lyzan*[2]*,* de l'*amia*
de Salviani, qui est le même poisson et que
son *centronote vadigo* et que son *caranx
amia,* mais qu'ici il identifie avec le *lyzan*
de la mer Rouge de Forskal, qui est un chorinème. Il ne fait aucune mention du *scomber
aculeatus* de Bloch, ni des espèces étrangères
accumulées sous ce nom.

M. Risso, le seul depuis Rondelet qui ait
connu par lui-même les trois espèces de la
Méditerranée, en décrit bien les couleurs,
mais compte mal les épines de leurs premières
dorsales, et ne trouve pas leurs vrais noms,
ni dans Rondelet ni dans Lacépède. Son
centronote glaycos (p. 194, et 2.e éd., p. 429)
n'est point, comme il paraît le croire, le *glaycos* de Lacépède, ou le troisième *glaucus* de
Rondelet, mais bien le premier, ou le *caranx
glauque* de Lacépède, le *scomber glaucus* de
Linnæus. Son *centronote lyzan* (p. 195, et
2.e éd., p. 430) est bien le centronote lyzan
de Lacépède, dans ce sens que celui-ci lui
donne pour synonyme l'*amia* de Salvien; mais
c'est aussi le deuxième *glaucus* de Rondelet,
ou le *caranx amia,* et le *centronote vadigo*

---

1. Lacépède, t. III, p. 315. — 2. *Idem*, t. III, p. 316.

de Lacépède, le *scomber amia* de Linnæus,
et ce n'est rien moins que le *lyzan* de Forskal.
Enfin, son *centronote vadigo* (p. 196, et 2.ᵉ éd.,
p. 430) est le troisième *glaucus* de Rondelet
ou le *centronote glaycos* de Lacépède, qui
n'est point mentionné dans Linnæus.

Nous espérons que nos lecteurs nous par-
donneront cette longue discussion; elle était
nécessaire pour faire voir dans quel désordre
sont encore quelques parties de l'histoire naturelle qu'il aurait été si facile d'éclaircir, si l'on
eût consulté la nature, et dont on n'a cessé
d'augmenter l'obscurité, pour avoir voulu
travailler sur des descriptions d'autrui, sans
apporter à ce travail l'esprit de critique in-
dispensable pour y réussir; car il faut bien
remarquer que ces divergences ne viennent
point de ce que chaque auteur aurait fait des
observations particulières, qui ne se seraient
point accordées avec celles de ses prédécesseurs; personne entre Willughby et M. Risso
n'avait rien observé. Artedi avait copié Willughby, et tous les autres avaient copié Artedi, soit immédiatement, soit en copiant
Linnæus.

C'est à peu près avec la même confiance
qu'ils ont tous supposé, d'après Rondelet, que
ces poissons étaient les *glaucus* des anciens.

Rien n'est moins prouvé ; on pourrait dire
même que c'est le contraire qui l'est, car
Aristote dit que le *glaucus* a les appendices
du pylore en petit nombre, comme la dau-
rade[1], et les liches les ont presque en plus
grand nombre que la plupart des poissons.
Rondelet (p. 253) n'en donne qu'une seule à
sa première espèce ; mais c'est qu'elles y sont
réunies en une seule masse par une cellulosité
serrée.

La LICHE AMIE.

(*Lichia amia*, nob.; *Scomber amia*, Linn.[2])

Nous décrirons d'abord l'espèce à ligne
latérale très-arquée en avant, qui est le
deuxième *glaucus* de Rondelet, et l'*amia* de
Salviani.

Son corps est comprimé verticalement et en forme
d'ovale alongé. Sa plus grande hauteur est dans le
milieu entre le commencement de la deuxième dorsale et de l'anale, et est contenue trois fois et demie
dans la longueur totale. L'épaisseur est deux fois et
demie dans la hauteur. A compter du point dont

---

1. Aristote, *Hist. anim.*, l. II, c. 17.
2. *Secunda glauci species*, sive *glaucidium*, Rondelet, p. 254;
Amia, voce *Leccia*, Salv., p. 121 ; *Scomber amia*, L. et Bl. Schn. ;
Caranx amie, Lac. ; *Centronote vadigo*, id. ; *Centronote lyzan*, id. ;
Centronote lyzan, Risso ; mais ce n'est point du tout le vrai *lyzan*
de Forskal.

nous venons de parler, la ligne du dos descend, et celle du ventre monte assez uniformément vers le museau et vers la queue ; ici elles deviennent horizontales pour un petit espace. La longueur de la tête fait le cinquième de la longueur totale. Sa hauteur à la nuque égale à peu près sa longueur. Le diamètre de l'œil est cinq fois et demie dans sa longueur. L'espace qui est derrière lui est de trois diamètres ; celui qui est devant, d'un diamètre et demi. L'intervalle d'un œil à l'autre est de deux diamètres. Le museau devant les yeux est légèrement convexe et un peu obtus entre les yeux. Le front est presque plan ; mais immédiatement après commence une nuque assez tranchante, et tout le dos demeure ainsi. Les orifices de la narine sont plus près de l'œil que du museau, et consistent en deux trous ovales, verticaux, rapprochés l'un de l'autre, dont le postérieur est le plus grand. La mâchoire inférieure avance à peine plus que l'autre. La bouche est fendue jusque sous l'œil. Le sous-orbitaire entre l'œil et la bouche est étroit, sans aucune partie saillante, et ne couvre dans l'état de repos que la moitié antérieure du maxillaire. L'extrémité de celui-ci se porte jusque derrière le bord postérieur de l'orbite. L'intermaxillaire est faiblement protractile, assez large dans le milieu. Il s'amincit beaucoup vers la commissure. Le maxillaire s'y élargit comme de coutume. Il n'y a point de lèvres. Chaque mâchoire est garnie d'une large bande de dents en fort velours, et il y en a une bande étroite à chaque palatin, et une petite plaque triangulaire au-devant du vomer. Le voile derrière la mâchoire supérieure est bien marqué. La langue est triangulaire, large, très-libre, et a dans son milieu une petite plaque ovale, chargée de dents en velours ras. Le bord antérieur du limbe du préopercule est en arc de cercle. Le bord de l'os lui-même fait dans le bas un angle un peu saillant, mais arrondi. L'ensemble operculaire n'a pas le tiers de la tête en longueur, et est aussi arrondi, mais fait à son tiers supérieur un angle légèrement saillant, qui semble commun à l'opercule et au sous-opercule, et l'on sent avec le doigt que l'opercule osseux se termine par deux pointes obtuses et faibles, entre lesquelles est une légère échancrure. La ligne de séparation de ces deux pièces descend obliquement en avant, jusqu'un peu au-dessus de l'angle arrondi du préopercule, où elle rencontre celle de l'interopercule, qui descend obliquement en arrière. Toutes ces pièces ont leurs bords entiers. La fente de l'ouïe règne jusque sous le bord postérieur de l'œil, où les deux membranes croisent un peu l'une sur l'autre, et s'insèrent sous un repli de la peau, qui réunit les deux branches de la mâchoire. Chaque membrane a neuf rayons. Le museau, les mâchoires et les opercules sont nus ; mais la joue est écailleuse. L'épaule a un petit espace lisse au-dessus de la base de la pectorale. Cette nageoire s'attache un peu au-dessous du milieu, et sa base finit obliquement en arrière : elle n'a pas le huitième de la longueur totale. Sa largeur fait moitié de sa longueur. On y compte vingt-un rayons, dont le quatrième, le cinquième et le sixième, sont les plus longs. L'aisselle est lisse et a dans le haut une petite

membrane, qui y forme une espèce de poche dirigée vers le bas. Les ventrales naissent sous l'extrémité postérieure de la base des pectorales et, les éga-
lant en longueur, en dépassent un peu les pointes; très-
rapprochées l'une de l'autre, elles attachent leur bord
interne au ventre par une très-courte membrane, et
n'ont point entre elles d'écaille particulière. Leur
aisselle est lisse. L'épine, cachée dans leur bord, ne
fait que moitié de la longueur du premier rayon
mou. Les rayons suivans vont en décroissant un peu.
La première dorsale est remplacée par sept et quelquefois six, quelquefois huit épines fortes et courtes,
munies chacune en arrière d'une petite membrane
triangulaire, qui ne s'attache point à l'épine suivante.
La première répond sur le tiers postérieur de la
pectorale, et est à une distance du museau qui est
comprise trois fois et demie dans la longueur totale.
L'espace qu'elles occupent elles-mêmes y est six fois
et demie. Leur propre hauteur n'est que le dixième
ou le douzième de celle du corps; elles peuvent se
coucher dans un sillon du dos, de manière à ne
point paraître. En avant de la première est une épine
couchée, la pointe en avant et immobile. On ne
l'aperçoit qu'en pressant la peau avec le doigt; elle
fait partie intégrante de l'interépineux qui précède
celui qui porte la première épine. La seconde dorsale suit immédiatement la septième de ces épines;
elle en a elle-même une dans son bord, moitié moindre
que son premier rayon, qui a à peu près moitié de
la hauteur du corps. Les suivans diminuent rapidement jusqu'au septième, qui n'a que moitié de la

hauteur du premier; puis ils restent ainsi peu élevé:
Il y en a vingt en tout. Le dernier fait un peu l
pointe. L'anale répond à la seconde dorsale pou
l'étendue, pour la forme et pour le nombre des rayons
elle est précédée de deux petites épines libres; pui
il y en a une plus grande dans son bord antérieu:
L'espace entre ces nageoires et la naissance de l
caudale est du quatorzième de la longueur totale
un peu moins haut que long, et son épaisseur e:
des deux tiers de sa longueur. Le bord supérieur e
l'inférieur en sont plats; ce qui a pu faire dire qu
cette queue est carrée. La longueur de chaque lob
de la caudale, à partir de la naissance du premie
petit rayon, est quatre fois et un tiers dans la lon
gueur totale; elle est fourchue jusqu'aux deux tier
de sa longueur, et les écailles avancent presque jus
que-là sur sa base; elle a, comme à l'ordinaire, dix
sept rayons entiers et cinq ou six plus petits à chaqu
bord. Ses lobes sont pointus.

B. 9; D. 7 — 1/20; A. 2 — 1/20; C. 17; P. 21; V. 1/5.

La joue et le corps sont couverts de très-petite
écailles serrées, sans ordre, et qui ressemblent à de
papilles, plutôt qu'à des écailles. Vues à la loupe, elle
paraissent ovales, plus longues que larges, lisses et
bords un peu crénelés. Il y en a de beaucoup plu
petites entre les rayons de la caudale. La dorsale e
l'anale sont épaisses, mais semblent avoir de léger
plis de la peau plutôt que des écailles. Dans tous le
cas elles ne ressembleraient point à celles du corp:
La ligne latérale n'est guère marquée que par un trai

étroit, formé d'écailles plus petites que les autres, et par une teinte noirâtre. Partant du haut de l'ouïe, à distance égale entre la pectorale et la nuque, elle est d'abord un peu concave et monte un peu jusque vis-à-vis l'épine couchée en avant de la première dorsale. Là elle fait un angle obtus, devient un peu convexe, et descend obliquement, mais assez rapidement, jusque sous la quatrième épine, où, arrivée à moitié de la hauteur du corps, elle reprend de la concavité; elle marche ainsi jusque sous les premiers rayons de la seconde dorsale, où elle remonte un peu, et, après avoir pris une courbure convexe, suit en ligne droite le milieu de la hauteur jusqu'à la caudale.

Ce poisson est argenté, et a le quart supérieur, depuis le museau jusqu'à la queue, d'un plombé bleuâtre. Ses nageoires sont jaunâtres. La deuxième dorsale et l'anale ont leur pointe teinte d'un gris noirâtre. L'anale l'a même généralement plus foncée.

Les jeunes individus, à quatre ou cinq pouces par exemple, sont marqués de sept ou huit bandes noirâtres, verticales, qui descendent un peu au-dessous de la ligne latérale. Il en reste des traces jusqu'à ce qu'ils aient six ou huit pouces.

Le foie de la *liche amie* se compose de deux lobes aplatis et arrondis à leur extrémité. Le gauche est plus long que le droit. La vésicule du fiel est longue, étroite et attachée à un long canal cholédoque qui remonte jusque dans le pli des deux lobes du foie. Il y reçoit un grand nombre de vaisseaux hépato-cystiques, qui viennent du lobe gauche, et il descend

8.   23

ensuite le long de l'œsophage, pour se rendre aupr
du pylore sous les appendices cœcales.

L'œsophage est long et large, et se dilate en u
estomac assez large et qui a un étranglement trè
marqué vers la pointe. Les parois en cet endroit so
plus épaisses.

La branche montante qui va au pylore est ass
épaisse, mais très-courte; elle forme avec l'œsophag
un angle très-ouvert. Les appendices cœcales sont e
nombre considérable, mais toutes réunies en ur
masse d'apparence glanduleuse, qui entoure le du
dénum, et qui remplit vers le diaphragme l'espac
compris entre l'œsophage et la branche pyloriqu
C'est cette réunion qui peut seule nous expliquer c
que dit Rondelet, page 253, qu'il n'a trouvé dans l
glaucus qu'une seule appendice au pylore; encor
faut-il supposer que c'est à sa seconde espèce qu
cette observation s'applique, et non à sa premièr
dans l'histoire de laquelle elle se trouve, mais o
cette soudure n'a pas lieu.

L'intestin est étroit, ne fait que deux replis ass
courts. Il se dilate un peu vers le rectum, et à l'en
droit où commence sa dilatation il y a une valvul
dont la place est indiquée à l'extérieur par un épais
sissement et un léger étranglement de l'intestin.

La rate est médiocre, arrondie, placée sous le
dernières appendices cœcales.

Les ovaires sont petits et reculés vers l'arrière d
l'abdomen, auprès de l'anus.

La vessie aérienne est très-grande et un peu di
latée vers l'arrière de l'abdomen. Ensuite elle donn

deux pointes, qui pénètrent dans l'épaisseur de la queue, de chaque côté des interépineux de l'anale.

Les reins sont épais, longs et réunis presque aussitôt leur origine en un seul lobe, qui suit la vessie natatoire jusqu'à sa bifurcation. Ils donnent alors chacun un uretère qui, passant entre les fourches de la vessie aérienne et s'appuyant sur le premier interépineux de l'anale, va déboucher dans la vessie urinaire : celle-ci est épaisse, petite, comprimée, presque carrée et un peu échancrée sur son bord antérieur. Chaque pointe du croissant reçoit l'uretère.

Nous avons trouvé de petits poissons dans l'estomac.

Dans le squelette les cinq crêtes du crâne sont bien prononcées. La mitoyenne, plus longue et surtout plus haute que les autres, s'étend jusque sur l'ethmoïde ; elle est un peu ouverte sur le devant. Il n'y a point de trous entre elle et les crêtes mitoyennes ; mais on en voit un entre celles-ci et les externes, près de l'arête occipitale. Le dessus de l'orbite est épais et celluleux, ou plutôt faveux, c'est-à-dire que des lamelles osseuses y forment des cavités tubuleuses.

Le second os styloïde est plus grêle que dans les thons. Le cubital, large dans le haut, se termine vers le bas par un stylet, qui laisse un large trou entre lui et l'huméral. Le radial n'a qu'un trou rond. Les os du carpe n'ont rien de particulier.

Il y a à l'épine vingt-quatre vertèbres, dont dix appartiennent à l'abdomen ; elles n'ont point de parties annulaires inférieures, comme on en voit dans les thons, et portent des côtes simples, rondes et assez fortes. La dernière seule porte les siennes par des apophyses descendantes, percées chacune d'un trou. Il y a un trou semblable de chaque côté de la partie annulaire des apophyses inférieures de la queue. Les trois dernières vertèbres de la queue se réunissent pour porter la nageoire.

La nuque a trois interépineux avant celui qui se termine dans le haut par une épine fixe, dirigée en avant, et qui précède ceux de la première dorsale.

M. Risso (p. 195) dit que cette espèce atteint quatre pieds et demi de longueur et un poids de cent livres. Salvien (fol. 121, verso) dit aussi qu'il a souvent une coudée et quelquefois trois. Selon M. de Martens[1], il y en a dans l'Adriatique de plus de cinquante livres.

C'est à l'espèce suivante que Rondelet attribue une grande taille : il dit que celle-ci demeure toujours plus petite[2]; mais j'ai lieu de croire qu'il s'est trompé, ou plutôt que ce qu'il dit de l'histoire et de l'anatomie de ses deux premiers *glaucus* a été transposé. Nous possédons une tête de l'espèce actuelle qui annonce un poisson de trois pieds et demi. Duhamel[3] parle d'une liche qui pesait quarante-

---

1. Voyage à Venise, t. II, p. 434.
2. *Quod differt, ejus magnitudinem nunquam attingit, unde* γλαυκίδιον *jure dici potest.* (Rondelet, p. 234.)
3. Pêches, part. 2, sect. 8, p. 240.

deux livres. Mais la figure qu'il en donne (pl. 7, fig. 4) est si mauvaise qu'on ne sait à laquelle des trois espèces on pourrait la rapporter.

On pêche celle dont nous parlons à Nice, au mois de Septembre, selon M. Risso, et on l'y nomme *lica;* à Venise on l'appelle *lizza,* et c'est un des poissons que l'on y estime et que l'on y recherche le plus.[1]

Cette première liche, ainsi que la seconde, est du nombre des poissons de la Méditerranée qui se trouvent sans différence au cap de Bonne-Espérance.

Nous en avons reçu du Cap par MM. Delalande et Verreaux plusieurs individus, qu'il nous serait impossible de distinguer de ceux de Marseille et de Naples.

Les Hollandais de cette colonie l'appellent *yre-vish.*

On la pêche aussi à Gorée, d'où M. Rang vient de nous l'envoyer, et elle remonte à l'embouchure du Sénégal, d'où nous en avons reçu des individus par M. Jubelin.

Je ne pense pas néanmoins que ce soit, comme l'a cru M. Risso, le *scomber lyzan* de Forskal.

C'est sur cette espèce ou, en d'autres termes,

---

1. Martens, *loc. cit.*, p. 435.

sur le *centronote vadigo* de M. de Lacépède,
que M. Rafinesque dit avoir établi son genre
hypacanthus [1]; mais le caractère qu'il lui assigne d'épines libres en avant de l'anale, se
retrouve aussi dans les deux autres le *glaycos*
et son *binotatus*, qu'il laisse parmi les *centronotus*: ainsi c'est pour n'avoir pas bien observé ces deux dernières espèces, qu'il a cru
devoir ériger ce genre, et on ne peut le conserver.

Ce poisson est le *cerviola* des Siciliens.

La LICHE GLAYCOS.

(*Lichia glaucus*, nob.; *Scomber glaucus*, Linn.[2])

Notre seconde espèce, qui est le premier
glaucus de Rondelet, comparée à celle que
nous venons de décrire, présente, indépendamment de sa ligne latérale non coudée, un
grand nombre de différences.

Son corps est un peu moins alongé, et sa caudale
l'est davantage. La longueur de ses lobes est trois
fois deux tiers dans la longueur totale. Sa tête est
plus courte à proportion. Son œil un peu plus grand;

1. Rafinesque, *Caratteri di alcuni gen. e spec.*, p. 43, g. 32.
2. Premier *glaucus* de Rondelet; *Lampuge*, Bélon, p. 155;
Scomber glaucus, Linn.; *Caranx glauque*, Lacép.; *Centronote
glaycos, Liche glaycos*, Risso, 2.ᵉ édition; *Centronotus binotatus*,
Rafin.

son profil un peu plus arqué ; la nuque s'élève davantage ; la crête en descend plus avant sur le front,
qui, en conséquence, est moins aplati. La gueule
est beaucoup moins fendue, et le maxillaire ne se
porte que jusque sous le bord antérieur de l'œil.
Les bandes de velours de ses mâchoires sont beaucoup plus étroites, et les dents en sont plus fines
et plus courtes. Les épines qui représentent la première dorsale, sont en général au nombre de six,
quelquefois de cinq. La seconde dorsale a sa partie
antérieure moins haute, moins pointue. Sa longueur
est plus considérable ; elle a vingt-quatre ou vingt-
cinq rayons mous, sans compter l'épine de son bord
antérieur. L'anale a la même forme, et ses rayons
sont au nombre de vingt-trois. Les deux épines libres
qui la précèdent, sont plus longues que dans la
première espèce. Les pectorales ont la même forme ;
mais les ventrales sont de moitié plus courtes.

Les écailles sont un peu plus grandes que dans
la précédente, et la ligne latérale fait à peine un ou
deux très-légers serpentemens ; l'un sur la pointe
de la pectorale, l'autre sous le commencement de
la dorsale ; en sorte qu'au total on peut dire qu'elle
est droite.

Les couleurs de cette espèce paraissent plus brillantes : son argenté et le plombé du dos sont plus
vifs. M. Risso dit même que le dos est d'un bleu
d'outremer[1]. Je vois sur tous mes individus, d'une
certaine taille, trois, quatre ou même cinq taches

1. Risso, p. 194.

noirâtres, verticalement oblongues, qui coupent l
ligne latérale; mais les jeunes, ceux de quatre pouce
par exemple, n'en ont encore aucunes. La deuxièm
dorsale et l'anale sont d'un jaune doré, et ont cha
cune, et dans tous les âges, à leur pointe antérieur
une large tache ronde, d'un noir foncé, et très
tranchée. Les pectorales sont d'un gris jaunâtre; le
ventrales blanchâtres; la caudale d'un brun noirâtr
le long de ses bords supérieur et inférieur, blanchâtr
au postérieur, et tout-à-fait noire vers le bout de se
lobes.

B. 8; D. 7 — 1/25; A. 2 — 1/23 ou 24; C. 25; P. 17; V. 1/5

A l'intérieur, la liche glauque diffère un peu des
autres, parce qu'elle a beaucoup moins d'appendices
cœcales, et que ces appendices ne sont point réunies
en masse.

Le foie se compose de deux lobes, dont le gauche
est lui-même divisé en deux. Le droit est simple,
épais, triangulaire, et soutient la vésicule du fiel,
qui a la même forme que dans la liche amie; mais
elle est plus grande. L'œsophage est court, et l'estomac, de forme triangulaire, est un simple sac,
qui n'a point d'étranglement.

Il y a treize appendices assez grosses au pylore,
et non réunies comme dans l'espèce précédente.
L'intestin est large, et fait deux replis à peu près
égaux avant de se rendre à l'anus. La dilatation du
rectum est considérable. La rate est alongée, de couleur très-noire, et rejetée tout-à-fait vers l'arrière de
l'abdomen.

La vessie natatoire est bifurquée. Ses fourches sont

plus longues que dans la précédente espèce, et les parois beaucoup plus minces.

Le squelette de cette seconde espèce ressemble à celui de la première par le nombre des vertèbres; mais il n'y a point de trous aux bases des apophyses inférieures de la queue, et chaque vertèbre a en dessous à ses deux extrémités un petit crochet, qui manque à l'espèce précédente.

Le crâne est aussi moins celluleux sur l'orbite, ou plutôt il ne l'est pas du tout.

C'est à cette espèce que Rondelet attribue une grandeur quelquefois de trois coudées; mais je pense qu'il y a eu, comme je l'ai déjà dit, quelque transposition de ses notes : M. Risso ne lui donne que quinze pouces, et dans le fait les individus qui nous sont parvenus sont en général plus petits que ceux de l'espèce précédente. Il y en a au Cabinet du Roi, de Marseille, de Nice, de Naples, de Morée et de la côte d'Égypte, tous très-semblables entre eux.

Le *centronotus binotatus* de M. Rafinesque[1] nous paraît simplement un individu de cette espèce, qui n'avait que deux taches latérales; mais leur nombre est sujet à varier. Tout le reste des caractères est parfaitement d'accord, et sa figure[2] est aussi fort exacte, si ce

---

1. *Caratteri, etc.*, p. 43, n.° 119. — 2. *Ibid.*, pl. 8, fig. 2.

n'est qu'il y a oublié les deux épines libres
devant l'anale; erreur qui l'a engagé dans une
autre, celle de la création de son genre *hypacanthus*. Il nous apprend que les noms siciliens de cette espèce sont *cionana*, *cionera*,
ciodena ou *ciodera*. A Nice on l'appelle *lecco*.

L'espèce se répand au loin dans l'Océan. Nous
avons d'Algésiras, de Madère, de Ténériffe, de
Gorée, du Brésil, de l'Ascension, de Sainte-
Hélène et du Cap, des individus qu'il nous est
impossible de distinguer de ceux de la Méditerranée. Tout au plus varient-ils par l'étendue de la tache noire de la dorsale et de
l'anale, et par le plus ou moins d'apparence
de celles des flancs.

Forster en avait aussi dessiné à San-Iago et
à l'Ascension, qu'il avait très-bien nommés
scomber glaucus. Ses dessins, conservés à la
bibliothèque de Banks, sont parfaitement conformes à notre espèce, et sa description, publiée par Schneider dans le *Systema* de Bloch
(p. 539), le serait aussi de tout point, sans les
nombres des rayons, qui sont portés à vingt-
huit pour la seconde dorsale, et à vingt-six
pour l'anale.

Dans un autre endroit[1] Schneider a fait

---

1. Bloch, *Syst.*, p. 33 et 34.

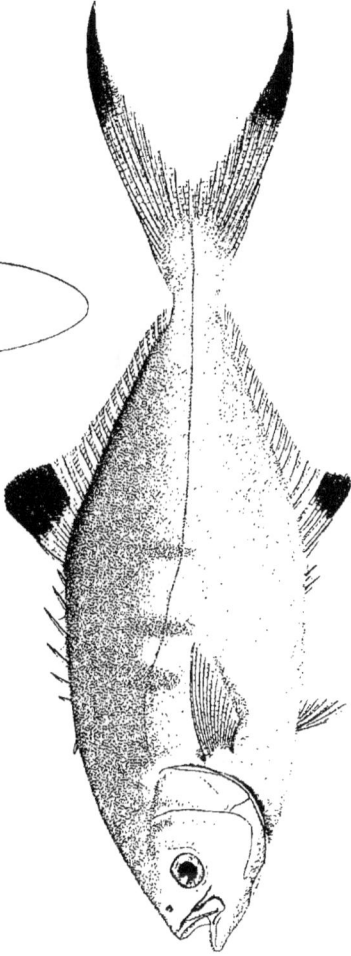

LICHE glaycos.

Werner del.

Impr.^e de Langlois.

LICHIA glaycos. n.

Pedretti sculp.

je ne sais quel mélange de la description de ce *scomber glaucus* avec celle de quelque poisson plus ou moins analogue au *chætodon glaucus* ou à l'*acanthinion,* dont nous parlerons plus bas.

M. Bowdich a dessiné encore à la Gambie un individu très-semblable aux nôtres; mais ne lui trouvant que quatre épines libres sur le dos, il l'a nommé *lichia tetracantha.*

Nous ne pensons pas que ce soit un caractère suffisant pour en faire une espèce.

La LICHE VADIGO.

(*Lichia vadigo,* nob.; *Centronotus vadigo,* Risso.[1])

Notre troisième espèce, qui est aussi la troisième de Rondelet, est beaucoup moins commune que les deux autres, car nous ne voyons que Rondelet et M. Risso qui l'aient décrite d'après nature, et tous deux la disent rare: *Littoribus nostris vix notus est,* dit le premier. En effet, il ne nous en est encore arrivé que deux individus.

C'est un poisson moins haut et plus épais que les deux autres, et qui se rapproche ainsi un peu

---

1. Troisième *glaucus,* ou *glaucus sinuosus* de Rondelet; *Centronote glaycos,* Lacép.; *Centronote vadigo,* Risso; *Liche vadigo, id.,* 2.ᵉ édit.

du sous-genre des pilotes. Le tranchant de sa nuque et de son front est assez obtus, et à peu près également. Sa bouche est fendue jusque sous le bord antérieur de l'œil, et le maxillaire, qui s'élargit beaucoup, se porte jusque sous le bord postérieur. Au lieu d'une bande de dents en velours, il n'y a aux mâchoires qu'une rangée de dents coniques, pointues, un peu crochues, séparées les unes des autres. Le vomer a une plaque en losange, et chaque palatin une en carré, de dents en velours ras. Une plaque semblable est sur la langue, plus grande à proportion qu'aux deux autres. Les épines dorsales sont au nombre de sept; mais la septième est très-petite. La deuxième dorsale et l'anale sont aussi pointues de l'avant que dans la première espèce; mais leur dernier rayon se prolonge davantage. La dorsale a vingt-neuf rayons mous, et l'anale, qui commence un peu plus en arrière, n'en a que vingt-trois. Les proportions de la caudale sont aussi à peu près comme dans la première espèce. Les écailles sont grandes comme dans la seconde. La ligne latérale, après avoir fait au-dessus de la pectorale un arc légèrement convexe vers le haut, se rend à la caudale avec quelques ondulations, mais très-peu marquées.

B. 8; D. VII—1/29; A. 2—1/23; C. 24; P. 17; V. 1/5.

Le bleu ou le plombé du dos et l'argenté du ventre se joignent d'une façon très-remarquable par des endentures ou des festons rétrécis à leur base et dilatés à leur extrémité, qui entrent du plombé dans l'argenté et de l'argenté dans le plombé. La ligne latérale, qui d'abord était au-dessus du zigzag profond

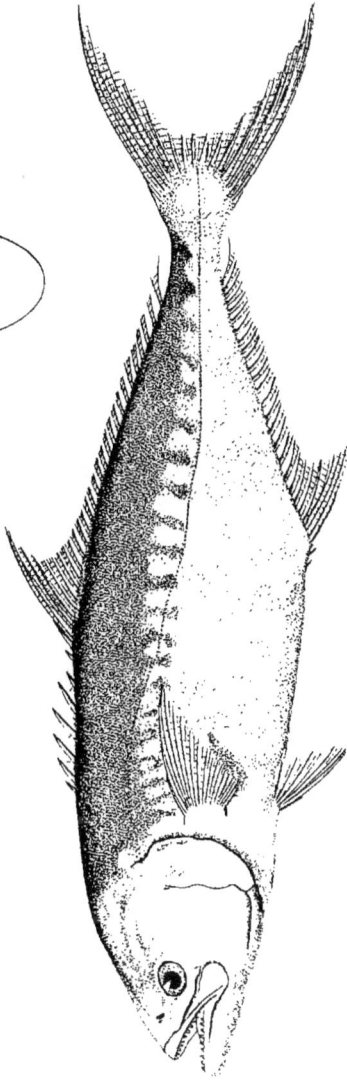

LICHE vadigo.

LICHIA vadigo. n.

Werner del.

Imp.r de Langlois.

Pedretti sculp.

qui résulte de ces endentures, le traverse obliquement, et vers la queue elle reste au-dessous.

L'individu que nous avons décrit est long de dix-neuf pouces, sur quatre et demi de hauteur. M. Laurillard en a rapporté un de près de deux pieds, d'ailleurs entièrement conforme.

Rondelet a pris la ligne de séparation des deux couleurs pour la ligne latérale, et c'est pour cela qu'il dit : *Linea a branchiis ducta longe magis flexuosa tortuosaque est : nimirum instar serpentum an vermium corporis gradientium, vel undarum sese attollentium et mox deprimentium, dorsum ex cæruleo nigrescit ad linæam prædictam usque; pars lineæ subjecta candidissima.*

Sa chair, selon cet auteur, est grasse et agréable au goût, mais dure.

M. Risso rapporte que cette espèce s'approche des rivages de Nice en Février et en Mars, en poursuivant les petites clupées, dont elle fait sa nourriture. On en prend alors du poids de quatre à six livres.

Son nom à Nice est *lezia*; en Sicile, selon M. Rafinesque, on l'appelle *cerviola impiriali*.[1]

---

1. Rafinesque, *Indice*, p. 18, n.° 37.

La LICHE ÉPERON.

(Lichia calcar, nob.; *Scomber calcar,* Bl.[1])

Bloch a fait connaître une liche des côtes d'Afrique, à laquelle il n'attribue

que trois épines libres, mais toutes les trois assez fortes. Son corps est plus court, à proportion, que dans les précédentes, la hauteur n'étant dans sa longueur qu'un peu plus de trois fois. Le dessin lui donne une ligne latérale à peu près parallèle au dos, et il n'est dit autre chose sur la nature de ses tégumens, si ce n'est qu'elle est alépidote; ce qui n'est probablement pas exact à la lettre.

Sa couleur est argentée et teinte sur le dos de violâtre ou de plombé. Ses nageoires paraissent d'un gris jaunâtre.

B. 6? D. 3 — 1/20; A. 2 — 1/21; C. 13? P. 14; V. 1/5.

On ne lui marque point de rayons libres en arrière.

Elle avait été prise à Acara, sur la côte de Guinée, par le docteur Isert. Sa taille égale celle du maquereau, et l'espèce vit aussi en troupes. Sa chair n'est pas mauvaise. C'est la seule liche étrangère à la Méditerranée dont il soit question dans les auteurs, et peut-être n'est-ce même qu'un chorinème.

---

1. *Scomber calcar,* Bloch, pl. 336, fig. 2; *Centronote éperon,* Lacépède, t. IV, p. 713.

CHAPITRE XII.

Des Chorinèmes (*Chorinemus*, nob.; *Scombéroïdes*, Lacép.).

M. de Lacépède a nommé *scombéroïdes*, des liches semblables aux autres par la plupart de leurs organes, mais dont les rayons de la deuxième dorsale ou de l'anale sont ou entièrement détachés, ou réunis par une membrane si basse ou si frêle qu'elle disparaît aisément, et qu'ils semblent former des fausses nageoires, semblables à celles que nous avons observées dans les scombres et les thons.

Le nom de *scombéroïde* ne pouvant être conservé, attendu qu'il ferait équivoque avec celui de la famille, j'ai cru pouvoir leur donner celui de *chorinème* (de νἒμα, filet, rayon, et de χωρὶς, séparé, séparément), pour indiquer leur caractère principal.

Il y en a dans les deux océans, mais seulement dans leurs parties chaudes. Dans les uns le corps est couvert d'écailles rondes ou ovales, plus ou moins semblables à celles des liches de la Méditerranée; d'autres ont sous un épiderme brillant et satiné de petites écailles pointues et très-étroites, qui font

paraître la peau comme si elle était, non pa
écailleuse, mais seulement marquée d'un
multitude de petites stries serrées les une
près des autres.

Russel, dans ses Poissons de Vizagapatam
en donne quatre espèces, très-semblables entre
elles, et toutes comprises à la côte d'Orixa sou
le nom générique de *parah,* qui leur est com
mun avec les caranx. On l'emploie aussi à Pon
dichéry, mais en le prononçant *parei* ou *paré*

Le *tala-parah* de Russel (fig. 140) a un
angle obtus, mais bien marqué, à la ligne latérale en avant, et six taches noires, dont la
première est sur la ligne même en avant de
l'angle; son maxillaire se porte jusque sous le
bord postérieur de l'œil; il atteint vingt-hui
pouces.

D. 7 — 1/21; A. 2 — 1/20; C. 20; P. 18; V. 1/5.

L'*aken-parah* (fig. 141) a un angle moins
prononcé et les mêmes taches, mais moins
noires; sa tête est plus tranchante, les lobes
de sa caudale plus en forme de faux; son
maxillaire se porte plus en arrière que l'œil
il atteint trente-deux pouces.

D. 7 — 1/21; A. 2 — 1/19; C. 24; P. 18; V. 1/5.

Le *toloo-parah* (fig. 137) a les écailles plus
grandes et plus marquées que les autres; la

ligne latérale presque droite, six taches toutes
au-dessus de la ligne; le maxillaire se porte
plus en arrière que l'œil. Sa taille est de dix-
huit pouces.

D. 6 — 1/21; A. 2 — 1/20; C. 19; P. 17; V. 1/5.

Le *tol-parah* (fig. 138) est le plus petit
des quatre : sa taille n'est que de sept pouces.
Son corps n'a point d'écailles apparentes, et
est marqué de dix taches, toutes au-dessus
de la ligne latérale, laquelle est presque droite,
comme dans le *toloo-parah;* sa bouche n'est
pas même fendue jusque sous l'œil.

D. 7 — 1/21; A. 2 — 1/19; C. 20; P. 17; V. 1/5.

Les épithètes de ces poissons se retrouvent
en partie à Pondichéry; mais elles n'y paraissent pas appliquées précisément aux mêmes
espèces, et même les chorinèmes qui nous
ont été envoyés de là, ne répondent exactement à aucune des figures de Russel, ce qui
pourrait tenir cependant à quelque négligence
de la part du dessinateur.

8.   24

Le Chorinème commersonien.

(*Chorinemus commersonianus*, nob.; *Scombéroïd*
commersonien, Lacép.[1])

Ainsi nous avons reçu de Pondichéry, par
M. Leschenault et par M. Dussumier, plusieurs
échantillons d'un poisson qui s'y nomme *télé*
et qui cependant nous paraît plutôt l'*aken-*
parah que le *tala-parah;* mais ils sont bien
sûrement de l'espèce dont Commerson a laissé
un beau dessin fait au Fort-Dauphin de Madagascar, dessin sur lequel M. de Lacépède
établi son *scombéroïde commersonien*. Nous
en avons trouvé depuis une bonne description dans les papiers de Commerson que M
de Lacépède n'a pas connus. La même espèce
a été rapportée par M. Ehrenberg de la mer
Rouge, où on la nomme *dorab;* nom qui a été
attribué par Forskal au *chirocentre*, qu'il appelle *clupea dorab;* mais M. Ehrenberg croit
que c'est une méprise du voyageur danois.

M. Ruppel assure que cette espèce est très-
commune dans toutes les parties de la mer
Rouge, et l'a entendu nommer *lysan* à Djidda.
Il la regarde comme le vrai *scomber lysan* de
Forskal.[2]

---

1. *Scomber maculatus*, Forst., ou *Scomber Forsteri*, Schn.
2. Ruppel, Atlas zoologique, poissons, p. 91.

C'est un beau poisson, qui atteint une taille de trois pieds, et dont la chair, divisée en feuillets, passe pour un manger excellent. Sa plus grande hauteur, qui est à peu près au milieu, est près de quatre fois dans sa longueur. La longueur de sa tête y est près de cinq fois. Son épaisseur fait à peu près moitié de sa hauteur.

Son profil, un peu tranchant, descend en arc légèrement convexe. Son museau est très-court; ce qui est en avant de l'œil ne faisant pas tout-à-fait le quart de la longueur de la tête. La bouche au contraire est très-fendue jusque loin derrière l'œil, et prend ainsi moitié de la longueur de la tête. Ces proportions, jointes à la hauteur de la mâchoire inférieure, lui donnent quelque chose de la physionomie d'un anchois ou d'un *saurus*. Les deux orifices de la narine, en ovale vertical et très-près l'un de l'autre, sont un peu plus rapprochés de l'œil que du bout du museau. Le sous-orbitaire est étroit, alongé, et ne se distingue point sous la peau. Il ne cache pas le maxillaire, qui lui-même est assez étroit, et ne s'élargit presque point à son extrémité, où il s'arrondit. L'intermaxillaire, étroit aussi, se prolonge autant que le maxillaire; il est garni de deux rangées de petites dents coniques et serrées, entre lesquelles en sont en velours. La mâchoire inférieure est armée de même. Une plaque ovale sur le devant du vomer; une plus grande sur chaque palatin; une encore plus grande sur chaque ptérygoïdien, et une sur la langue, sont garnies de velours ras et serré. Le limbe du préopercule est en arc de cercle; mais il s'élargit vers le bas par un bord presque membraneux, qui y forme un angle arrondi. Le bord de l'ensemble operculaire est aussi en arc de cercle; mais on sent que l'opercule osseux a une échancrure arrondie. La largeur de l'opercule d'avant en arrière est trois fois et demie dans la longueur de la tête. Les ouïes sont fendues jusque sous le milieu de la mâchoire inférieure, et ont sept rayons, et même peut-être un huitième très-petit.

L'épine interosseuse, couchée en avant de la dorsale, ne se voit point au travers de la peau. Les épines libres qui représentent cette première dorsale, sont au nombre de six ou de sept, toutes aplaties de l'avant et tranchantes sur les côtés. Les premières commencent vis-à-vis le milieu de la pectorale et sont très-courtes, et même la première de toutes est si petite qu'elle a pu échapper à quelques observateurs, surtout dans le poisson frais. Les suivantes croissent graduellement, de manière cependant que la septième n'a guère encore que le dixième de la hauteur du corps sous elle. Il y en a une huitième, collée sur le bord antérieur de la seconde dorsale. Cette nageoire s'élève en pointe à peu près des deux tiers de la hauteur du corps sous elle; elle décroît rapidement jusqu'au septième et au huitième rayon. Les suivans, jusqu'au dix-huitième, sont à peu près égaux, et ne se tiennent que par une membrane si basse et si frêle, qu'on peut les regarder comme autant de fausses nageoires. Le dix-neuvième et dernier est uni de près au dix-huitième, et se prolonge en pointe; il y en a quelquefois vingt, et alors c'est le dix-neuvième et le vingtième qui s'unissent. En avant de l'anale sont deux épines libres et plates comme celles du dos, mais un peu plus grandes. L'anale elle-même commence un peu plus en arrière que la deuxième dorsale; elle a une épine et dix-huit rayons mous, disposés comme ceux de la dorsale, mais de manière qu'il n'y en a que cinq dans la partie antérieure et bien continue qui forme sa pointe. On pourrait donc compter treize fausses nageoires. C'est aussi de cette manière, dix en haut et treize en bas, que les marque la figure de Commerson. La caudale est échancrée des trois quarts, et la longueur des lobes de la caudale est moins de cinq fois dans la longueur totale : ils sont pointus et un peu arqués en faux. Les rayons entiers sont au nombre de dix-sept, et il y en a quatre petits en dessus et quatre en dessous. La pectorale, un peu taillée en faux ou en demi-ovale, a en longueur un peu moins du huitième de la longueur totale; elle est soutenue par dix-huit rayons. La ventrale est à peu près aussi longue. Son premier rayon mou est très-fort vers la base. L'épine est de moitié plus courte. Le dernier est attaché au ventre par toute sa longueur.

B. 8; D. 7 — 1/19; A. 2 — 1/18; C. 17 et 8; P. 18; V. 1/5.

La tête de ce poisson n'a point d'écailles, et il en manque aussi sur les os de l'épaule; mais tout son corps est couvert de petites écailles molles, ovales, pointues, marquées dans leur milieu d'un sillon longitudinal et presque absorbées dans l'épiderme. Commerson les a comparées à celles du dos d'une couleuvre, et cette comparaison est juste, si l'on ajoute

qu'elles sont beaucoup plus petites à proportion. La
ligne latérale se marque par une suite d'élevures ou
d'écailles plus étroites et plus petites; partie du haut
de l'ouïe à distance égale entre la pectorale et le
dos, elle fait au-dessus du milieu de la pectorale un
angle très-obtus, dirigé vers le haut, et de là elle
descend lentement jusques entre les pointes de la dorsale et de l'anale, où, arrivée au milieu de la hauteur,
elle se continue en ligne droite jusqu'à la caudale,
sur laquelle elle se perd.

Tout le dessus de ce poisson est d'un beau bleu-clair
d'acier bruni, reflétant souvent en vert métallique.
Ses côtés et son ventre sont d'une couleur brillante
d'argent avec des reflets dorés, surtout aux opercules.
Sur la limite des deux couleurs est une rangée de
taches rondes, d'un gris ou d'un bleu plus foncé que
celui du dos. La première, et quelquefois la seconde,
sont placées sur la ligne latérale même. Les autres
restent au-dessus. Commerson en marque huit sur sa
figure; mais il dit dans son texte qu'il n'y en a quelquefois que six. J'en trouve tantôt six, tantôt sept,
et dans plusieurs individus j'en vois une de plus,
irrégulière, noirâtre, près de l'ouïe, entre la ligne
latérale et la pectorale. M. Leschenault dit que les
nageoires sont jaunâtres. Commerson les décrit, au
moins les supérieures, comme teintes de bleuâtre.
Selon M. Dussumier, la dorsale, l'anale et la caudale sont plombées, les pectorales jaunâtres et les
ventrales blanches. Il y a du jaune vif mêlé à l'argenté du ventre près de la pectorale. Dans nos individus desséchés, le bleu du dos est changé en

gris roussâtre; celui des taches en brun, et toutes les nageoires paraissent jaunes.

Dans le squelette de ce poisson, que M. Valenciennes a examiné à Leyde, les cinq crêtes frontales sont très-élevées et très-longues. La mitoyenne s'élève sur l'extrémité du museau, au-devant des yeux, et se prolonge jusque sur l'occiput.

L'os qui a la forme la plus remarquable est le surscapulaire, dont le corps, épais, ovale et comprimé, est placé de chaque côté de la grande crête du crâne, et donne par l'extrémité de sa face interne une lame qui s'articule avec la base de l'occipital.

Le scapulaire est large, en carré long. La colonne vertébrale a douze vertèbres abdominales et quinze caudales.

L'individu décrit par Commerson était long de deux pieds; nous en avons de deux pieds et demi, et M. Leschenault nous dit qu'il y en a de trois pieds. La chair en est bonne à manger.

Tous ces caractères me paraissent aussi exactement conformes à la figure de l'*aken-parah,* donnée par Russel (n.° 141), qu'il est possible de l'attendre d'un dessin fait aux Indes. Les seules différences sont, que le profil est moins courbe, et que toutes les taches sont marquées au-dessus de la ligne latérale; mais dans le texte il est dit qu'elles sont les mêmes que dans le *tala-parah*, qui les a comme dans notre poisson. D'après la figure du n.º 140, le *tala-parah* de son côté différerait de notre poisson par une tête plus courte, un profil moins arqué, un angle plus saillant au bord du préopercule, un angle moins ouvert à la ligne latérale.

M. Schneider a fait imprimer dans le Système posthume de Bloch (p. 26, n.º 15), sous le nom de *scomber Forsteri*, une description laissée par Forster, d'un poisson de la mer Pacifique, que ce voyageur avait appelé *scomber maculatus*, et qui devait encore singulièrement ressembler, soit à l'*aken-parah*, soit au *tala-parah*; mais la description, quoique fort détaillée, ne suffit pas pour dire duquel il se rapprochait le plus; et malheureusement nous n'avons pas trouvé le dessin de cette espèce parmi ceux que l'on conserve à la bibliothèque de Banks.

Il est dit dans cette description que les taches sont *au-dessous* de la ligne latérale; mais je crains qu'il n'y ait à cet endroit quelque faute d'impression ou de copiste.

Le Chorinème tala.

(*Chorinemus tala,* nob.)

M. Bélenger a rapporté de la côte de Malabar un poisson très-voisin du précédent, mais qui en diffère

par une bouche moins fendue, son maxillaire ne se portant guère au-delà du bord postérieur de l'orbite. Il est en outre plus couvert par le sous-orbitaire, et ne montre que son tiers postérieur ; il s'élargit davantage en arrière et y est coupé un peu plus carrément. Les dents sont plus fortes à proportion. Le limbe du préopercule est plus arrondi et plus large dans le haut. La courbe du museau est un peu plus droite ; ce qui le rend moins obtus et moins raccourci ; mais le reste de ses formes, ainsi que ses écailles, la ligne latérale, le nombre de ses rayons, sont comme dans la première espèce. On voit très-peu les taches de notre individu. Les premières paraissent coupées par la ligne latérale. Sa longueur est de treize pouces.

C'est cette espèce qui nous paraît approcher le plus du *tala-parah* de Russel (t. II, pl. 140).

Le Chorinème tolou.

(*Chorinemus toloo,* nob.)

Une autre espèce, rapportée aussi du Malabar et par le même voyageur,

a le museau, les dents et la bouche à peu près

comme la précédente, mais le limbe du préopercule plus semblable à celui de la première. On lui compte un rayon de plus à la dorsale et à l'anale.

D. 7 — 1/20; A. 2 — 1/19, etc.

Les taches sont effacées dans notre individu, qui n'est long que de huit pouces.

Nous soupçonnons que ce pourrait être ici le *toloo-parah* de Russel (t. II, pl. 137).

La figure lui marque six petites taches toutes au-dessus de la ligne latérale, une ligne latérale à peine légèrement courbée, et pour nombres :

D. 6 — 1/20; A. 2 — 1/19; C. 19; P. 18; V. 1/5.

Le dessus de sa tête est d'un bleu foncé, le dos d'un bleu un peu plus clair, le ventre d'un blanc jaunâtre, les taches noirâtres, les nageoires verticales obscures, les autres transparentes.

La longueur de l'individu décrit par M. Russel était de dix-huit pouces.

M. Ruppel croit avoir retrouvé le *toloo-parah* dans un scombéroïde très-abondant à Massuah,

mais dont la taille ordinaire n'est que de neuf pouces, et qui, d'après sa description, n'aurait pas tout-à-fait la même physionomie ni les mêmes couleurs. Ses yeux sont plus en arrière; mais six ou sept traits verticaux mats se voient en travers de sa ligne latérale. Ses nageoires sont rougeâtres, et ont les pointes noires. Chaque mâchoire a une double rangée de fines dents.

D. 7 — 20; A. 2 — 19; C. 17; P. 17; V. 1/5.

Le CHORINÈME EFFACÉ.

(*Chorinemus exoletus*, nob.; *Lichia exoleta*, Ehr.)

Nous trouvons dans les dessins faits sur les côtes de la mer Rouge par M. Ehrenberg la figure d'un poisson de cette subdivision,

et fort semblable pour la forme à notre première espèce, si ce n'est qu'il paraît avoir eu l'œil bien plus petit à proportion, et la bouche encore plus fendue. Sa ligne latérale n'offre dans le dessin que trois ondulations légères au-dessus de la pectorale. Son dos est légèrement teint de jaunâtre et pointillé de gris. Ses taches, au nombre de quatre ou cinq, se voient à peine, tant elles sont d'un jaunâtre pâle : il y en a une noirâtre sur la pectorale près de son angle inférieur. Ses nombres sont les mêmes que dans les précédens.

Sa taille est de huit à neuf pouces.

M. Ehrenberg l'a observé à Lohaia, où les Arabes le nommaient *seenai*.

Le CHORINÈME DE SAINT-PIERRE.

(*Chorinemus Sancti Petri*, nob.)

Un autre beau et grand poisson de ce genre, apporté par M. Dussumier de la côte de Malabar, est remarquable par une double rangée de taches sur chaque flanc.

Sa forme est plus alongée que dans notre pre-

mière espèce. Il a sa hauteur cinq fois dans sa longueur, son épaisseur trois fois dans sa hauteur. Sa
tête, d'un quart moins haute que longue, a sa longueur cinq fois dans la longueur totale. Son profil
n'est point convexe, mais descend en ligne droite,
ce qui fait paraître son museau plus long et plus
pointu. Le diamètre de l'œil n'est que du cinquième
de la longueur de la tête, et il est placé à un diamètre et demi du bout du museau. Le maxillaire
ne se porte que sous le bord postérieur de l'orbite;
il a son tiers postérieur seulement à découvert, et
est coupé carrément en arrière. On voit sur le crâne
une ligne qui part du sourcil, se porte vers le haut
de l'opercule, s'y recourbe et revient en avant à sa
première origine. Le crâne et toute la tête sont nus.

Ses écailles sont rhomboïdales, pointues au bout,
avec une petite strie dans le milieu. Leur partie ra-
dicale est rétrécie comme un manche de pique.

Ses épines dorsales sont plates et ne s'écartent
point à droite et à gauche en se relevant. La ligne
latérale fait son angle vis-à-vis la sixième épine dorsale, et il est précédé d'une ou deux ondulations.
Les fausses nageoires sont presque aussi séparées
que dans les thons et les maquereaux.

D. 7 — 1/20; A. 2 — 1/18, etc.

Son dos est d'un plombé bleuâtre; ses flancs et
son ventre argentés. Une bande d'un bleu plus foncé
descend obliquement de l'occiput vers la pectorale.
Les taches de la rangée supérieure, au nombre de
six ou sept, commencent sur la ligne latérale, et sont
ensuite au-dessous jusque sous les premières fausses

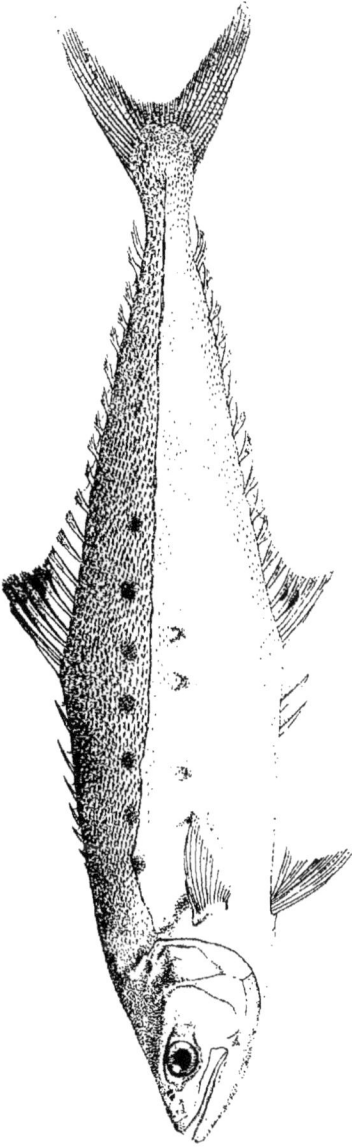

CHORINÈME. Saint Pierre.

Werner del.

CHORINEMUS Sancti Petri. n.

Depuismailler sculp.

Impr.^{ie} de Langlois.

nageoires. Celles de l'inférieure, au nombre de quatre ou cinq, ont l'air de continuer la bande bleue
de l'occiput, et tranchent beaucoup sur l'argenté du
flanc. Les nageoires sont jaunâtres : il y a une large
tache noire sur la partie antérieure de la deuxième
dorsale.

Cette espèce devient grande. L'individu rapporté
par M. Dussumier est long de vingt pouces.

Nous en trouvons une assez bonne figure
dans le Recueil de Vlaming (n.° 34) sous les
noms hollandais de *sanct-pieters-vis*, *viif-
vinger-vis* : on ajoute qu'en malais il se
nomme *lasi*, et en portugais *pesque-pao*.

Renard a copié cette figure, mais peu exactement (1.ᵉ part., pl. 15, fig. 86), et le nomme
saint-peters ou *poisson de cinq doigts*, ce
qui est la traduction de ses noms hollandais.
Elle est aussi dans Valentyn (n.° 11), mais autrement altérée, et y porte le nom de *konings-
vish-met-oogen* (poisson royal avec des yeux).
Cet auteur le dit ferme, gras et de très-bon
goût.

M. Dussumier n'est pas du même avis; il
en a trouvé la chair sèche et peu agréable :
mais cette différence tient peut-être à la saison où il en a mangé.

Le Chorinème moadetta.

(*Chorinemus moadetta,* nob.; *Lichia moadetta,* Ehrenb.)

M. Ehrenberg a rapporté de la mer Rouge un poisson qui est exactement de la forme du précédent,

et dont les écailles ont aussi la forme de rhombes pointus; mais qui ne montre à sa ligne latérale qu'un angle à la place ordinaire, c'est-à-dire au-dessus de la pectorale, et où la rangée inférieure de taches n'existe point. Du reste il a de même le dos teint de bleuâtre. Une bande bleue plus foncée, mal terminée, va de la nuque à la pectorale. Les taches sont peu marquées. Il y a du noir à la deuxième dorsale. Les nageoires sont grises.

D. 7/19; A. 1/18, etc.

Les individus sont longs de huit à dix pouces.

Les Arabes de Massuah le nomment *moadettais.*

On l'a aussi de Trinquemalé par M. Raynaud.

Le Chorinème de Maurice.

(*Chorinemus mauritianus,* nob.)

MM. Lesson et Garnot ont rapporté de l'Isle-de-France un petit poisson de ce sous-genre très-semblable au *moadetta,*

même par la tache noire de la deuxième dorsale,
mais qui n'a aucunes taches sur les côtés ; cependant il se pourrait que cette absence de taches ne
fût, comme dans le *glaucus*, qu'un signe du jeune
âge. Sa peau offre une infinité de petites écailles
ovales et lisses, dont on ne distingue bien la nature
qu'à la loupe, et qui à l'œil nu ne semblent que des
pores. Elles se distinguent de celles des deux précédentes, parce qu'elles sont arrondies à leur extrémité. L'angle de sa ligne latérale est aussi très-obtus
et arrondi. Ses épines dorsales, au nombre de sept,
dont la première est très-petite, ne sont pas très-
aplaties, et s'écartent un peu en se redressant.

D. 7 — 1/19 ; A. 2 — 1/17 ; C. 17 et 8 ; P. 18 ; V. 1/5.

Ce poisson est argenté, et a le dos teint de bleuâtre,
sans taches sur les flancs ni à l'épaule. Ses nageoires
paraissent d'un gris jaunâtre, et il y a une tache noire
sur la pointe antérieure de la deuxième dorsale.

L'individu n'est long que de quatre pouces et
demi.

M. Bélenger nous en a aussi envoyé de
Mahé un tout semblable, mais qui a vingt
rayons mous à la deuxième dorsale et dix-
huit à l'anale. Ces légères différences de nombres ne sont probablement pas spécifiques.

MM. Quoy et Gaimard l'ont trouvé à Va-
nicolo et à Célèbes.

Le Chorinème a fortes épines.

(Chorinemus aculeatus, nob.; *Scomber aculeatus*
Bloch.)

M. Leschenault nous a envoyé de Pondichéry, sous le nom de *tol-paré,* un petit poisson de ce sous-genre,

sans aucune tache, pas même à la dorsale, et dont
les épines, du moins les cinq dernières, sont plus
hautes, plus fortes à proportion que dans les espèces
précédentes, et s'écartent davantage à droite et à
gauche, de manière à former une défense très-res-
pectable. Sa forme est un peu plus haute que dans
le *mauritiana*, et son maxillaire est un peu plus
étroit. Ses écailles ne paraissent aussi que comme des
petits pores arrondis.

L'individu de M. Leschenault n'est long que de
deux pouces; mais M. Desjardins vient de nous en
envoyer de l'Isle-de-France qui en ont trois.

De tous les chorinèmes que nous connaissons, celui-ci est le seul qui réponde à la figure
donnée par Bloch (pl. 336, fig. 1) pour représenter son *scomber aculeatus.* C'est donc à lui que
nous laisserons ce nom, mais en ayant bien soin
d'en écarter les espèces d'Europe ou d'Amérique, que Bloch a confondues dans son texte.
S'il avait fait connaître l'origine de l'individu
qu'il a fait représenter, nous mettrions plus
de certitude encore dans ce rapprochement.

Le CHORINÈME TOL.

(Chorinemus tol, nob.)

M. Leschenault nous a aussi envoyé de Pondichéry, sous le nom de *tol-paré,* un chorinème qui nous paraît se rapprocher beaucoup
du *tol-parah* de M. Russel[1] (pl. 138), et qui
cependant n'est pas tout-à-fait le même.

Sa forme, plus alongée que celle du *commersonien,* et sa tête plus courte, lui donnent la même
apparence qu'au *moadella.* Sa hauteur est cinq fois
et demie dans sa longueur, et sa tête y est six fois.
Sa bouche n'est fendue que jusque sous le bord antérieur de l'œil; sa mâchoire inférieure dépasse
l'autre; son profil n'est pas convexe, mais descend
en ligne droite, ou est même un peu concave. Ses
ventrales sont aussi longues que les pectorales. Ses
épines dorsales libres, au nombre de sept, sont plus
égales et moins plates que dans le commersonien;
mais elles se redressent de la même manière. La
deuxième dorsale et l'anale élèvent peu leur partie
antérieure. Les lobes de sa caudale sont aussi un peu
plus courts à proportion. Les douze derniers rayons
de la seconde dorsale et de l'anale sont presque libres.

D. 7 — 1/20; A. 2 — 1/19; C. 21; P. 17; V. 1/5.

---

1. Il est bon de remarquer que M. Leschenault, lorsqu'il nous
faisait ses envois, ne connaissait pas l'ouvrage de M. Russel; en
sorte que les coïncidences des noms, quand elles existent, ne
viennent pas de rapprochemens qu'il aurait faits.

Cette espèce est du nombre de celles dont la peau satinée semble n'avoir, au lieu d'écailles, qu'une infinité de petites aiguilles formant des stries très-rapprochées. Sa ligne latérale, marquée par une série très-étroite de petites élevures, fait un angle extrêmement obtus au-dessus du tiers postérieur des pectorales.

La couleur de ce poisson est bleue en dessus et argentée sur le reste du corps. La ligne latérale ne se détache point du fond. Quatre ou cinq petites taches d'un bleu foncé, de forme ovale verticale, règnent sur la ligne latérale, les dernières un peu au-dessus, sur un espace qui répond aux épines libres et au commencement de la seconde dorsale. Ces taches disparaissent dans beaucoup d'individus. Dans nos individus secs il paraît y avoir une bande bleue sur le haut de l'opercule et jusqu'à la base de la pectorale. Les nageoires paraissent jaunes, et il y a une tache noire sur la pointe de la seconde dorsale, laquelle s'élève peu : il y a aussi une teinte noirâtre aux extrémités de la caudale.

La longueur va à environ quinze pouces, selon M. Leschenault; mais nos individus ne passent pas un pied.

On pêche beaucoup de ces *tol-paré*, et durant toute l'année, dans la baie de Pondichéry. Leur chair est médiocre.

L'espèce a aussi été apportée de la côte de Malabar par MM. Dussumier et Bélenger; d'Amboine et de l'île de Bourou par MM. Quoy et Gaimard.

La *tol-parah* de Russel (pl. 138), si cette figure est exacte,

a la tête plus courte à proportion de sa hauteur, le museau plus obtus, la bouche moins fendue; des lignes plus nombreuses sur le crâne, et on lui compte jusqu'à dix taches de chaque côté.

D. 1/21 ; A. 1/20, etc.

Le CHORINÈME LYSAN.

(*Chorinemus lyzan,* nob.; *Scomber lyzan,* Forsk., p. 54, n.° 69.)

Le *lysan* des Arabes, décrit par Forskal, appartient à cette subdivision, et non pas à aucune des liches de la Méditerranée, comme l'a dû croire M. de Lacépède (t. III, p. 316, note 3), lorsqu'il a placé *l'amia* de Salvien parmi ses synonymes, et comme l'a effectivement avancé M. Risso (pl. 195, n.° 3), en donnant à *l'amia* le nom de *lyzan.*

De ses sept épines libres les deux premières sont petites; les suivantes, du double plus longues et égales entre elles, se dirigent alternativement à droite et à gauche quand elles se redressent. Les rayons postérieurs de sa dorsale et de son anale sont séparés à leur partie supérieure. La ligne latérale est d'abord ondulée, faisant deux courbures, une sous la première épine dorsale, l'autre sous la cinquième.

B. 8; D. 7 — 1/20; A. 2 — 1/18; C...; P. 17; V. 1/5.

Sa couleur est argentée, et teinte sur le dos d'un brun bleuâtre. On voit quelques taches brunes, peu marquées, aux environs de la ligne latérale. Les ventrales et l'anale sont blanchâtres, les pectorales transparentes.

C'est probablement par distraction que dans la phrase distinctive l'auteur l'appelle *albido-maculatus*, puisque dans la description il ne parle que de taches brunes : *maculæ obsoletæ fuscæ.*

D'après cette description, dont j'extrais les seuls points susceptibles de le caractériser, ce poisson pourrait bien être une de nos espèces précédentes, mais il serait difficile de dire précisément laquelle. Forskal ne faisant aucune mention de la tache noire à la seconde dorsale, nous n'osons le rapporter au *moadetta.*

Le CHORINÈME DE FARKHAR.

(*Chorinemus Farkharii,* nob.)

Ces noms de *tol,* de *toloo, tala,* se reproduisent en malais sous la forme de *talang.* Nous trouvons parmi les peintures exécutées à Malaca pour le major Farkhar, celle d'un poisson de ce genre, étiquetée *ekan-talang,*

à corps très-élevé au milieu (sa hauteur y fait tout près du tiers de sa longueur), à tête à peu près semblable à celle du commersonien, et qui a le dos vert-clair, et huit grandes taches ovales d'un vert foncé, toutes au-dessus de la ligne latérale, laquelle fait un angle très-obtus au-dessus de la pectorale. La seconde dorsale et l'anale s'élèvent médiocrement; ses nombres sont à peu près comme au commersonien : mais ce qui distinguerait éminemment ce chorinème et du commersonien et de tous les autres, si cela est exact, c'est qu'on lui a marqué onze épines libres en avant de la dorsale.

———

L'Amérique a aussi ses chorinèmes ou liches à derniers rayons libres, et tous ont la peau satinée et striée comme nos deux dernières espèces des Indes. Cette singulière disposition est produite par de petites écailles semblables à des pointes d'aiguilles, serrées les unes contre les autres sur le derme, et qui ne se montrent que par de légères saillies de l'épiderme.

Nous en possédons cinq espèces.

Le CHORINÈME SAUTEUR.

(*Scomber saliens*, Bl.; *Scombéroïde sauteur*, Lac.)

La première espèce est connue à la Martinique sous le nom de *sauteur*.

Le père Plumier l'y avait dessinée; et c'est de son dessin que dérivent les figures données par Bloch (pl. 335) sous le nom de *scomber saliens*, et par M. de Lacépède (t. II, pl. 19, fig. 2) sous celui de *scombéroïde sauteur* (*scomberoides saltator*). On ne devinerait pas, à voir deux figures aussi différentes, cette communauté d'origine, et d'autant moins que M. de Lacépède ne fait nulle mention de l'article de Bloch, bien que le sien n'ait paru que cinq ans après : la dixième partie de la grande Ichtyologie est de 1797, et le dixième tome de M. de Lacépède de 1802. Au surplus, ni l'une ni l'autre n'est exacte quant au nombre de rayons, auquel du temps de Plumier on ne donnait pas une grande attention.

Nous n'avons pas reçu ce poisson de la Martinique; mais il nous est venu de Cayenne par M. Poiteau, et du Brésil par M. Delalande.

Ses formes sont à peu près celles du commersonien; mais son corps est plus comprimé.

Sa hauteur est près de quatre fois dans sa longueur; sa tête y est cinq fois et un quart. Son épaisseur est trois fois et demie dans sa hauteur. La longueur de sa tête ne surpasse pas d'un sixième sa hauteur à la nuque. Sa bouche descend beaucoup en arrière et est fendue à peu près en ligne droite jusqu'aussi loin derrière l'œil, qu'il y a de l'œil au bout du museau; le maxillaire est étroit, couvert sur moitié de sa longueur et arrondi au bout. La joue derrière l'œil a trois sous-orbitaires qui en couvrent les deux tiers. Le préopercule est arrondi à son angle; mais presque droit à son bord montant. Son limbe a quelques pores irréguliers. La ligne latérale prend au-dessus de la pectorale une courbure légèrement convexe vers le haut, mais non un angle; ensuite elle a deux ou trois serpentemens, mais très-peu marqués. Le dos a quatre épines libres outre celle qui est couchée en avant; les premières peuvent se retourner en avant, les dernières ne peuvent même se redresser jusqu'à la verticale. La hauteur de la dorsale et de l'anale en avant est deux fois et demie dans celle du corps entre elles. La longueur des lobes de la caudale est du quart à peu près de la longueur totale.

D. 4 — 1/19; A. 2 — 1/20; C. 23, en comptant les petits rayons; P. 17; V. 1/5.

Dans la liqueur tout ce poisson paraît d'un argenté un peu brun, et teint de brun vers le dos. Les nageoires sont grises ou roussâtres, excepté les ventrales, qui sont blanches. La deuxième dorsale est teinte de brun sur le devant.

Bloch donne à sa figure une belle teinte verte sur le dos, un fond argenté, avec des pectorales et des ventrales jaunes; mais je ne sais sur quels renseignemens.

Nous avons des individus d'un pied et de dix-huit et vingt pouces.

Le squelette de ce premier sauteur ressemble beaucoup à ceux de nos liches d'Europe, sauf ce qui détermine les proportions extérieures. Il tient surtout du *glaycos* ou de la seconde espèce de la

Méditerranée, parce que ses vértèbres caudales sont munies de crochets en dessous, et n'ont pas de trous à leurs apophyses inférieures. La queue a une vertèbre de plus, ce qui en fait vingt-cinq en tout : une singularité qui le distingue, est une masse osseuse de forme oblongue, qui remplit en grande partie la concavité postérieure de l'os huméral et dont il n'y a point de trace dans les autres espèces.

Nous n'avons pas eu occasion d'examiner ses viscères.

Le Chorinème palomète.

(*Chorinemus palometa*, nob.)

M. Plée a trouvé dans le lac de Maracaïbo un scombéroïde très-voisin de ce premier *sauteur*,

et qui a les mêmes nombres de rayons ; mais qui est plus alongé. Sa hauteur est près de cinq fois dans sa longueur. Sa ligne latérale fait d'abord un ou deux serpentemens à peine sensibles ; et au total on peut dire qu'elle est à peu près droite. A l'état sec il paraît argenté, teint de brun violâtre sur le dos. Ses nageoires sont jaunâtres. Dix de ses rayons peuvent passer pour des fausses nageoires. Les sous-orbitaires qui recouvrent sa joue sont beaucoup moins étendus, surtout les supérieurs ; ils n'en occupent pas plus de moitié.

L'individu est long de vingt et un pouces.

Ce poisson est très-commun dans le lac ; on l'estime beaucoup. Les habitans l'appellent *palometa,* nom qui en Europe est celui de la castagnole, mais que les Espagnols d'Amérique donnent à plusieurs autres poissons de forme comprimée, et qui n'est peut-être qu'une corruption de *pelamys.*

Le Chorinème guaribira.

(Chorinemus guaribira, nob.)

M. le prince Maximilien de Wied nous a envoyé un troisième *sauteur,* pris au Brésil, et qui nous paraît différer des deux précédens,

parce que ses sous-orbitaires s'étendent sur la joue jusqu'à toucher le bord antérieur du limbe de son préopercule. Le bord postérieur de ce limbe osseux est bien distinct de son bord membraneux, au moyen d'une ligne irrégulièrement crénelée. La ligne latérale est comme dans le *palometa.*

Ces trois poissons pourraient bien, au reste, ne former que des variétés d'une seule espèce ; mais il n'en est pas de même des deux suivans.

Le Chorinème danseur.

(Chorinemus saltans, nob.; *Gasterosteus occidentalis,* Linn.)

La Martinique en a un que l'on y confond avec le premier sous le nom de *sauteur;* il nous en a été envoyé sous ce nom par M. Plée.

Nous l'avons aussi reçu du Brésil, et M. Ricord nous l'a envoyé de Saint-Domingue, où on l'appelle *sautille* ou *sautillet*. C'est le poisson que Brown a assez bien représenté (pl. 46, fig. 2), et qu'il caractérise d'une manière expressive, en le nommant *saurus argenteus, cute longitudinaliter striatâ, striis prominulis brevibus et interruptis.* Linnæus en a fait son *gasterosteus occidentalis,* et M. de Lacépède son *centronote argenté* (t. III, p. 316). Malgré la phrase si claire de Brown, Bloch a confondu ce poisson avec la liche d'Europe sous son espèce factice de *scomber aculeatus.* Le nom vulgaire de l'espèce à la Jamaïque est *leather-coat* (habit de cuir), et exprime aussi assez bien la nature de sa peau, qui est épaisse et tient de la consistance du cuir; caractère qui se trouve plus ou moins dans toutes ces espèces striées.

Ce *sauteur* est un peu moins haut à proportion que les premiers, et sa tête est un peu plus petite. Son profil est un peu concave, ce qui rend son museau un peu plus pointu. Sa bouche et son maxillaire ne s'étendent que jusque sous le bord postérieur de l'œil, de sorte que le point le plus voisin de l'orbite répond au tiers postérieur. Ses sous-orbitaires recouvrent plus de moitié de sa joue. Sa ligne latérale fait un angle obtus, mais non une simple convexité, au-dessus de la pectorale. Sa première dorsale a cinq

épines libres, moins fortes à proportion que dans
les précédens. Sa caudale est plus courte et comprise
cinq fois et demie dans la longueur du corps.

D. 5 — 1/19 ; A. 2 — 1/19, et le reste comme dans les précédens.

Nos individus paraissent d'une belle couleur argentée, teinte de bleuâtre sur le dos. Des dentelures
obtuses peu marquées descendent quelquefois du
bleuâtre dans l'argenté.

Ils sont longs de neuf et de dix pouces.

L'œsophage de ce chorinème est plus court que
dans nos liches d'Europe ; il se dilate en un grand
estomac en forme de sac arrondi en arrière. Le pylore
s'ouvre auprès du cardia, à l'extrémité d'une branche
montante courte, mais épaisse ; il est muni d'une
grande quantité d'appendices cœcales très-courtes et
réunies en trois paquets : elles adhèrent moins entre
elles que dans notre liche amie ; plusieurs sont di-
chotomes.

L'intestin est étroit, court, et il se replie deux fois,
mais à des distances inégales, avant de déboucher à
l'anus. Le rectum est peu dilaté, mais marqué par
une forte valvule.

La rate est noire, arrondie, et rejetée vers l'anus.

La vessie aérienne est grande, argentée, et se prolonge de chaque côté de la queue en deux longues
cornes, dont les parois sont très-minces.

Le foie est très-petit, composé de deux lobes
triangulaires à peu près égaux ; la vésicule est petite et alongée. Nous avons trouvé dans l'estomac
des débris de poissons et de crustacés.

M. Plée nous apprend que ce poisson se

nomme *sauteur*, à cause de ses mouvemens,
qui le rendent difficile à retenir dans les sennes,
et c'est probablement la même raison qui a
rendu ce nom commun aux deux espèces. On
estime peu celle-ci, parce que sa chair a une
odeur d'urine. Son poids est ordinairement
d'une livre. Elle n'est pas commune à la Martinique.

Le CHORINÈME QUIÈBRE.

(*Chorinemus quiebra*, nob.)

Notre dernière espèce ressemble beaucoup
à la précédente,

par l'angle de la ligne latérale, par les cinq épines
dorsales, par la proportion de la caudale et celle de
la bouche, et même par les couleurs; mais son profil
est sensiblement différent, et n'offre nulle concavité,
mais plutôt une convexité très-légère, ce qui fait paraître sa tête et son museau plus courts. La deuxième
dorsale est un peu moins longue à proportion.

Dans ce *quiebra* le foie est encore plus petit que
dans le *danseur*. Son estomac est aussi moins prolongé en arrière, et il se termine en pointe. Les appendices cœcales, un peu moins nombreuses, sont
aussi plus faciles à séparer l'une de l'autre : elles sont
plus longues, et ne forment pas trois groupes distincts.

Les fourches de la vessie aérienne sont encore
plus longues; les parois en sont plus épaisses, et
brillent d'un éclat argenté beaucoup plus vif.

Le squelette de cette espèce ressemble à celui du sauteur, sauf les différences de nombres et de proportions visibles à l'extérieur.

Cette espèce a été apportée du Brésil par M. Delalande et de la Martinique par M. Garnot. Il nous paraît que c'est elle que Parra représente (pl. 12, fig. 2) sous le nom de *quiebra-acha*.

Nous croyons aussi la reconnaître dans un dessin fait à la Havane par M. Poey, et intitulé *zapatero*, c'est-à-dire *cordonnier,* nom qui vient sans doute de ses épines, que l'on a comparées à des alènes.

Bloch, comme nous l'avons dit plus haut, a confondu mal à propos ce poisson de Parra avec son *scomber aculeatus,* et encore plus mal à propos avec la liche d'Europe ou *scomber amia* de Linnæus.

CHAPITRE XIII.

Des Trachinotes (*Trachinotus,* nob.) et des *Apolectus.*

DES TRACHINOTES.

Les poissons dont M. de Lacépède a composé ses genres *trachinote, acanthinion* et *cæsiomore,* ne diffèrent pas génériquement les uns des autres, et même ils ne diffèrent des lîches que par un corps plus élevé, par un profil qui tombe plus verticalement en avant de l'œil, et par de plus longues pointes à leur seconde dorsale et à leur anale; encore y a-t-il sous tous ces rapports des passages presque insensibles d'une forme à l'autre.

Du reste, ce sont les mêmes épines libres au lieu de première dorsale et de première anale, et tous les mêmes caractères génériques. On n'en trouve point qui aient des rayons libres en arrière comme les chorinèmes.

Bloch, qui en a fait graver deux espèces américaines d'après des dessins de Plumier, les a placées parmi les *chétodons* (*chætodon rhomboides,* pl. 209, et *chætodon glaucus,* pl. 210);

mais leurs dents ne sont point celles de ce genre, et le rapport que l'on pourrait leur trouver avec quelques chétodons par les épines de leur dos, ne serait pas exact. Dans les chétodons les épines ne sont pas libres, et si elles paraissent courtes, c'est qu'elles sont enveloppées d'écailles presque jusqu'à leur sommet.

Néanmoins c'est pour avoir considéré ces deux espèces comme modification du grand genre des chétodons, que M. de Lacépède en a formé son genre *acanthinion,* de même qu'il formait son genre *trachinote* d'une espèce toute semblable que Forskal avait nommée *scomber falcatus ,* et que lui, M. de Lacépède, supposait une modification du grand genre des scombres; et l'idée qu'il s'en faisait était tellement subordonnée à cette supposition, qu'ayant trouvé une espèce presque identique dans les dessins de Commerson, mais ne la jugeant que d'après ce dernier auteur, il l'érigea en un genre particulier, sous le nom de *cæsiomore.*

Nous commencerons l'énumération de ces poissons par les espèces d'Amérique, qui ont été observées le plus anciennement et sont le mieux connues.

Le TRACHINOTE GLAUQUE.

(*Trachinotus glaucus*, nob.; *Chœtodon glaucus*, Bl., pl. 210; *Acanthinion bleu*, Lacép., t. IV, p. 500.)

La plus belle est celle que Plumier avait nommée *glaucus rhomboides,* et dont Bloch a fait son *chœtodon glaucus;* c'est l'*acanthinion bleu* de M. de Lacépède. La figure que Bloch en donne (pl. 210) d'après Plumier, en représente assez bien l'ensemble; mais le profil n'en est pas assez arrondi; il y manque les deux épines libres en avant de l'anale et une de celles du dos; enfin, les rayons n'y sont pas marqués exactement. Les descriptions n'ayant été faites que d'après le dessin, ces erreurs de nombres s'y sont introduites; mais nous les rectifierons d'après la nature.

Gauthier-Dagoty avait aussi copié le dessin de Plumier dans son Journal de physique (1.re déc. 1756, p. 468), en l'appelant ridiculement le *glaucus des anciens* ou *du fleuve de la Colchide.* L'espèce n'est point de la Colchide, mais des mers chaudes de l'Amérique. Nous l'avons reçue des grandes et petites Antilles et du Brésil, et nous en avons vu une figure faite au Mexique, une faite à la Guadeloupe, et une autre faite à la Havane.

Nos colons de la Martinique la nomment
le quatre, probablement à cause des quatre
lignes noirâtres qu'elle présente le plus ordinairement. A Saint-Domingue on l'appelle
carangue à plume, par où l'on veut désigner
les deux longues pointes de ses nageoires verticales. A la Guadeloupe c'est *carangue ailée*
ou *nègre* qu'on l'appelle. Au Mexique et à la
Havane on lui donne les noms de *pampano*
et de *pampaneto,* qui sont proprement ceux
de la *saupe,* mais que les Espagnols des deux
Indes ont transportés à bien des sortes de
poissons comprimés; celui de *pampus,* dont
ils font un usage semblable, et qui est aussi
adopté en divers sens par les Anglais et les
Hollandais, vient de la même origine.

Le corps de ce poisson est comprimé et de forme
ovale, si l'on fait abstraction de la queue. Sa plus
grande hauteur entre la naissance de la deuxième
dorsale et celle de l'anale est deux fois et deux tiers
dans sa longueur totale; mais ces deux tiers appartiennent entièrement aux lobes de la caudale. Son épaisseur est quatre fois dans cette même hauteur. Le profil va en descendant lentement depuis le milieu, et
arrivé au-devant de l'œil, il descend rapidement en
faisant une courbe convexe, en sorte que le museau
est court et arrondi dans le sens vertical; il est aussi
assez arrondi dans le sens transversal. La ligne du

8.   26

ventre va en montant légèrement jusqu'à la bouche.
La longueur de la tête égale à peu près sa hauteur,
et est comprise cinq fois et demie dans la longueur
totale ; et son épaisseur fait moitié de sa hauteur.
L'œil est juste au milieu de la hauteur à son endroit ; son diamètre est un peu moindre du quart
de la longueur de la tête, et sa distance à l'ouïe est
double de celle au bout du museau. Les deux orifices de la narine, ovales et rapprochés, sont à la
hauteur de son bord supérieur et à égale distance
entre lui et le bout du museau. La bouche descend
un peu en arrière, et n'est que peu fendue, seulement jusque sous le tiers antérieur de l'œil : on ne
voit dans l'état de repos que la moitié postérieure
du maxillaire, qui est tronquée au bout et ne se
porte que sous le milieu de l'œil. Le sous-orbitaire
est étroit, membraneux, confondu sous la peau du
museau, et sans épines ni dentelures. Chaque mâchoire n'est garnie que d'une bande étroite de dents
en fin velours. Il y a une très-petite plaque d'aspé-
rités au vomer, une à chaque palatin, et une encore
plus petite sur la base de la langue, qui est large,
charnue, à bords libres et minces. Le voile de derrière la mâchoire supérieure est large. Il y a au palais des sillons longitudinaux assez profonds. L'angle
du préopercule est arrondi ; son bord montant légèrement concave. L'opercule n'a d'avant en arrière
qu'un peu plus du quart de la longueur de la tête,
et son angle est légèrement sinueux. Le bord membraneux de l'ensemble operculaire forme au-dessous
de cette sinuosité un angle très-obtus. La ligne de

séparation du sub-opercule descend obliquement en avant de cet angle vers celui du préopercule; celle de l'interopercule part du même point et se porte obliquement en arrière, faisant un angle à peu près droit avec la précédente. L'ouïe n'est fendue que jusque sous le bord postérieur de l'œil; sa membrane, cachée sous les pièces operculaires, a huit rayons. L'intervalle des branches de la mâchoire inférieure est charnu et plein.

La pectorale, à peu près ovale, a moins du septième de la longueur totale; dix-sept rayons la soutiennent. La ventrale naît sous son tiers antérieur et ne dépasse pas sa pointe; elle s'attache au ventre à peu près par la moitié de son bord interne. Son épine est grêle et de moitié plus courte que son deuxième rayon mou. Une épine fixe, couchée et dirigée en avant, précède, comme dans toutes les liches, les épines libres du dos. La première de celles-ci répond vis-à-vis le tiers postérieur de la pectorale; elle est fort petite et suivie de cinq autres, qui vont en grandissant un peu, et ont chacune une très-petite membrane. Une septième s'attache à la base de la deuxième dorsale. Cette nageoire alonge son bord antérieur, formé par ses trois premiers rayons en une pointe étroite et aiguë, dont la longueur n'est que deux fois et demie dans la longueur totale, et qui, lorsqu'elle se dirige en arrière, atteint le milieu du lobe de la caudale. Le quatrième, le cinquième et le sixième rayon diminuent rapidement; les treize suivans (car il y en a dix-neuf) sont à peu près égaux et à peine du huitième de la longueur des premiers.

L'anale est en tout semblable à la deuxième dorsale; précédée de deux épines libres, une troisième attachée à sa base, elle forme avec ses premiers rayons mous une pointe presque aussi longue. Le nombre de ses rayons mous n'est que de dix-huit. La queue derrière ces deux nageoires est comprimée, carrée comme dans les liches, du onzième à peu près de la longueur totale, et d'un tiers plus longue que haute. La caudale est fourchue jusqu'à sa racine, et ses lobes, très-pointus, ont leur longueur comprise trois fois et demie dans la longueur totale. Le supérieur a, comme à l'ordinaire, neuf rayons entiers, l'inférieur huit; et il y en a quatre petits à leurs bases.

B. 8; D. 6 — 1/19; A. 2 — 1/18; C. 17 et 8; P. 17; V. 1/5.

La tête est nue, excepté quelques écailles oblongues derrière l'œil, comme dans presque toute la famille des scombres. Il y a aussi un espace nu à l'épaule sur la pectorale; le reste du corps est couvert d'innombrables petites écailles, dont la partie visible paraît ronde, mais qui, dans le fait, sont oblongues, deux fois plus longues que larges : on ne leur voit même à la loupe ni stries ni dentelures. Il s'en avance de petites entre les rayons de la caudale; mais les autres nageoires n'en ont pas[1]. La ligne latérale n'est qu'une strie mince qui a une très-légère convexité au-dessus de la pectorale, et une autre encore moins sensible un peu plus en arrière.

---

1. Bloch représente les écailles trop grandes, et en donne aux opercules et à la joue, qui n'ent ont point.

Tout ce poisson est d'une belle couleur d'argent, teint vers le dos en bleu d'acier. Quatre raies foncées, produites par des reflets plutôt que par une teinte fixe, descendent verticalement jusqu'un peu au-dessous de la ligne latérale, l'une de la première épine dorsale, l'autre de la cinquième, la troisième de la partie antérieure de la seconde dorsale, la quatrième de son tiers postérieur; quelquefois cependant il n'y en a que trois; d'autres fois on en voit cinq.

Les individus que nous avons sous les yeux sont longs de dix pouces; mais l'espèce devient beaucoup plus grande. M. Plée nous apprend qu'elle atteint un poids de quarante et de cinquante livres.

Le foie du trachinote glauque est médiocre. Le lobe gauche est divisé en deux à peu près égaux; le lobe droit est plus petit. La vésicule du fiel consiste en un long sac étroit qui atteint jusqu'à l'anus; ses parois sont très-argentées.

L'œsophage est large, il se resserre un peu à l'entrée du cardia.

L'estomac consiste en un sac assez large, obtus en arrière; sa branche montante est grosse, mais peu alongée. On compte treize appendices cœcales au pylore; elles sont simples et peu alongées. Le canal intestinal fait deux replis sinueux; il s'élargit un peu après la valvule qui marque le commencement du rectum.

La rate est petite, arrondie, noirâtre et cachée entre la branche montante de l'estomac et le duodénum.

Les organes génitaux sont très-petits; ils commencent à peine au-dessus de la pointe de l'estomac.

La vessie natatoire est très-grande, et bifurquée
en arrière, comme celle des liches. Attachée sous le
diaphragme, elle forme un grand sac à parois argentées et fibreuses, qui occupe toute la longueur de
l'abdomen. Ce sac se divise ensuite en deux cornes
coniques, pointues, à parois membraneuses, et qui
se porte dans l'épaisseur de la queue de chaque côté
des interépineux de l'anale jusqu'à l'extrémité de cette
nageoire.

Les reins sont médiocres et réunis en un seul lobe,
un peu divisé à l'extrémité postérieure. De chaque
pointe naît un uretère assez gros, très-long, qui passe
entre les fourches de la vessie aérienne, remonte le
long du premier interosseux de l'anale, et donne dans
une petite vessie arrondie, cylindrique, qui n'a l'air
que d'être une dilatation des uretères.

Dans le squelette la crête mitoyenne du crâne,
beaucoup plus élevée que les latérales, s'étend depuis l'occiput jusque sur l'ethmoïde. Les nasaux descendent verticalement et sont au-devant plutôt qu'au-
dessus des fosses nasales; c'est ce qui rend le bout du
museau si obtus. Les os de l'épaule prennent peu de
développement. Il y a dix vertèbres abdominales et
quatorze caudales. Les quatre premiers interépineux
du dos ne portent point d'aiguillons; c'est le quatrième qui a cette apophyse épineuse couchée en
avant, que l'on voit avant les épines mobiles. Les
rayons mous de la dorsale et de l'anale ont leurs
interépineux disposés de manière que chaque apophyse épineuse en porte deux. Le premier de la

queue, qui porte les deux épines libres en avant de l'anale, est élargi vers le bas, et y fait un angle saillant vers l'abdomen; mais il n'a pas de renflement comparable à ceux de l'*ephippus gigas* ou du *chœtodon arthriticus*, comme semble l'annoncer M. Wolf[1], qui en dit autant de la crête du crâne, et avec tout aussi peu de vérité. Il y a lieu de croire que cet observateur avait sous les yeux le squelette de quelque autre espèce.

La chair de ce poisson est excellente, et on l'estime beaucoup à la Martinique, où il n'est pas commun. M. L'Herminier nous dit qu'à la Guadeloupe il n'est bon que lorsqu'il est gras, mais qu'il y passe pour suspect.

Gmelin[2] a rangé parmi les synonymes de cette espèce le *pesque-pampus* de Renard (pl. 27, fig. 151); mais nous verrons plus bas que c'est un poisson différent et qui appartient à une autre mer.

Le Trachinote rhomboïde.

(*Trachinotus rhomboides*, nob.; *Chœtodon rhomboides*, Bl.; *Acanthinion rhomboïde*, Lac.)

La deuxième espèce américaine de trachinote avait été dessinée par Plumier sous les

---

1. *De osse Wormiano*, p. 10 et 11.
2. Gmelin, *Syst. nat. Linn.*, p. 1260.

noms de *seserinus pinnis longioribus,* et de
seserinus major, cauda lunata.

Bloch a publié ce dessin (pl. 209) sous celui
de *chœtodon rhomboides.* M. de Lacépède en a
fait son *acanthinion rhomboïde* (t. IV, p. 500),
lui supposant, d'après le classement que Bloch
en avait fait, les caractères communs au grand
genre des chétodons, et particulièrement *des
dents petites, flexibles et mobiles.* Mais dans
le fait ce poisson est encore moins chétodon,
s'il est possible, que le précédent; car ses
dents sont si courtes et si rases, qu'à peine
on peut les apercevoir : s'il n'appartenait pas
autant qu'il le fait à la famille des liches, on
pourrait par ses dents le rapprocher des zeus,
d'autant que le voile de sa mâchoire supérieure
est aussi très-marqué.

Il est plus haut et plus court que le *bleu.* En faisant abstraction de sa queue derrière la dorsale et
l'anale, sa longueur n'excède sa hauteur que d'un
tiers de celle-ci; mais en prenant sa longueur totale
jusqu'au bout des pointes de sa caudale, elle comprend sa hauteur un peu plus de deux fois. Par
suite, sa tête est aussi un peu plus haute et son museau encore un peu plus obtus que dans le précédent. Les lobes de sa queue sont un peu plus longs
à proportion; ils prennent près du tiers de la longueur totale. Les pointes de la dorsale et de l'anale
sont un peu moins alongées et ne répondent que

jusque vis-à-vis le milieu de la caudale. La pectorale est un peu plus large, et les écailles encore plus petites; à l'œil elles ne paraissent que comme des points. C'est à peine si l'on peut sentir quelque âpreté sur une ligne très-étroite aux deux mâchoires; au palais je ne sens absolument rien, et sur la langue je n'aperçois qu'un point garni de dents en velours très-ras. Du reste, tout ce que nous avons dit des formes de l'espèce précédente, a lieu dans celle-ci; et, malgré cette différence assez marquée dans la force de leurs dents, il est impossible de ne pas les placer l'une auprès de l'autre.

B. 8? D. 6 — 1/19; A. 2 — 1/19; C. 17 et 8; P. 18; V. 1/5.

Dans la liqueur, nos individus paraissent argentés et légèrement teints de plombé vers le dos. Les pointes de la dorsale et de l'anale sont brunes, ainsi que les bords supérieur et inférieur de la caudale. A l'état sec ils paraissent d'un gris roussâtre, plus brun du côté du dos. La figure de Plumier fait descendre le plombé du dos par trois pointes verticales dans l'argenté des flancs, et donne une teinte jaune ou dorée à la partie inférieure.

Cette figure, telle que nous l'avons à Paris, et même la copie qu'en a faite Aubriet, est fort exacte pour le contour, excepté qu'elle supprime une épine au dos, et ne laisse apercevoir aucune des légères ondulations de la ligne latérale. Mais la copie que Bloch en a donnée est très-infidèle par les grandes écailles dont elle couvre tout le corps, où il n'y en

a que de petites, et même la tête, où il n'y
en a point du tout. Elle ne donne pas même
les nombres de rayons tels qu'ils sont dans le
dessin original. Cependant c'est sur cette
figure ainsi altérée qu'ont été faits tous les
articles qui concernent ce poisson dans les
ouvrages imprimés.

Bloch donne :

D. 5/17; A. 3/21; C. 26.

L'individu que nous avons décrit nous a
été envoyé de la Martinique par M. Achard;
on l'y nomme aussi *le quatre*, sans doute
par extension du nom donné à l'espèce précédente.

Plus récemment nous en avons trouvé un
sec dans les collections de Plée, long de vingt
pouces.

Le TRACHINOTE BRUN.

(*Trachinotus fuscus*, nob.)

Nous avons reçu du Brésil par M. Delalande
un poisson entièrement semblable au précédent

par la forme générale et les nombres des rayons, mais
qui a les lobes de la caudale et les pointes de la dorsale et de l'anale moins alongés. Ces pointes ne se
portent que jusque vis-à-vis la fin des nageoires auxquelles elles appartiennent, et les lobes de la caudale
ne font guère plus du quart de la longueur totale.

Les dents sont fort sensibles et forment à chaque mâchoire une bande assez large de velours : il y en a aussi une petite plaque sur la langue.

D. 6 — 1/19 ou 7/19; A. 2 — 1/18 ou 3/18; C. 17 et 8; P. 18; V. 1/5.

Ce poisson est beaucoup plus brun que l'autre, et ses nageoires sont toutes pointillées de noir.

Nos individus n'ont que huit pouces; mais nous ne connaissons pas la grandeur à laquelle l'espèce peut parvenir.

Le *spinous-dory* ou *zeus épineux*, représenté par M. Mitchill (pl. 6, fig. 10), nous paraît ressembler extraordinairement pour les formes à ce trachinote brun; mais comme il n'en est pas question dans le texte, nous ne pouvons confirmer cette apparence par une comparaison du nombre des rayons et des autres circonstances qui n'auraient pu être expliquées que dans une description verbale.

Le TRACHINOTE BORDÉ,

(*Trachinotus marginatus*, nob.)

qui nous a été envoyé de Montévidéo par M. d'Orbigny, commence à prendre des proportions moins élevées.

Sa hauteur est deux fois et deux tiers dans sa longueur. Les pointes de sa dorsale et de son anale, couchées, ne dépasseraient guère le milieu de ces nageoires. Les lobes de sa caudale sont trois fois et demie dans sa longueur totale.

D. 6 — 1/20 ; A. 2 — 1/17, etc.

Ses dents sont en velours sur des bandes étroites et assez marquées. Son corps est argenté, teint de plombé vers le dos. Quatre ou cinq taches grisâtres, en forme de traits verticaux peu visibles, sont réparties le long de sa ligne latérale. Ses nageoires sont grises, et il y a un large bord noirâtre en avant sur la pointe de la dorsale et de l'anale. La caudale a aussi du noirâtre à ses bords et vers ses pointes. Les ventrales sont blanches.

Nos individus sont longs de sept pouces.

On appelle l'espèce dans le pays *pampan*, mais c'est un nom générique.

———

Avec ces trachinotes à formes très-élevées et à nageoires très-pointues, l'océan Atlantique en possède quelques autres, à corps plus oblong, à pointes des nageoires plus courtes, et qui ne diffèrent des liches d'Europe que par leur museau bombé et presque tronqué.

Nous en avons quatre dans ces proportions des côtes de l'Amérique et quatre autres des côtes d'Afrique.

Le TRACHINOTE ARGENTÉ.

(*Trachinotus argenteus,* nob.)

La première espèce a été envoyée de New-York par M. Milbert, et de Rio-Janéiro par M. Delalande, et il nous a été impossible de découvrir aucune différence entre les individus originaires de ports si éloignés.

Leur hauteur est deux fois dans leur longueur, sans y comprendre les lobes de la queue, qui sont quatre fois et un cinquième dans la longueur totale. La pointe de leur dorsale et de leur anale, en se couchant, n'atteindrait que la moitié de la longueur de ces nageoires. On remarque sur le limbe de leur préopercule des raies un peu saillantes, et le long de la base de leur opercule des stries obliques. Leurs dents en velours sont très-sensibles ; leur ligne latérale fait cinq ou six ondulations très-légères et peu régulières. Il y a tantôt cinq, tantôt six épines libres sur leur dos, sans compter celle qui est couchée en avant, ni celle qui adhère à la base de la seconde dorsale, et qui semble faire suite aux autres. Leurs rayons mous de la dorsale et de l'anale sont plus nombreux que dans les espèces plus hautes.

D. 5 ou 6 — 1/24 ; A. 2 — 1/21 ; C. 17 et 8 ; P. 18 ; V. 1/5.

Ces poissons paraissent argentés, avec du noirâtre à la pointe de leur deuxième dorsale et sur le milieu de leur pectorale.

Nos individus sont longs de six pouces.

Nous avons le squelette du trachinote argenté. La forme de son museau tient à ce que ses os du nez descendent verticalement. La crête mitoyenne de son crâne est très-haute. La forte épine couchée en avant de son dos fait partie de son troisième interépineux. Il a vingt-trois vertèbres, toutes comprimées et plus hautes que longues. C'est à la onzième qu'adhèrent les interosseux de la première anale; ainsi il y en a dix pour l'abdomen. La dixième seule a ses apophyses transverses en anneau, ou du moins très-rapprochées en dessous.

Le TRACHINOTE CUIVRÉ.

(*Trachinotus cupreus*, nob.)

La seconde espèce de ces trachinotes oblongs est de la Martinique, d'où elle a été envoyée par M. Plée.

Elle ne nous paraît différer de celle que nous venons de décrire que par une teinte générale de cuivre foncé, avec des reflets dorés aux opercules et à la poitrine. C'est un fort joli poisson et d'une couleur singulière.

Ses nombres sont comme dans l'espèce précédente.

D. 5 ou 6 — 1/24; A. 2 — 1/21, etc.

Nos individus n'ont que quatre pouces ou quatre pouces et demi.

Le TRACHINOTE PAMPLE.

(*Trachinotus pampanus*, nob.)

Notre troisième de ces espèces à forme oblongue est la plus grande ; ses lobes de la queue sont plus longs et plus pointus que dans les deux précédentes, et il est impossible de lui sentir de dents aux mâchoires, même avec le doigt. Aussi en avons-nous vu un dessin fait au Mexique, et qui portait pour étiquette *zeus pampanus;* mais l'absence de dents n'est point exclusivement propre aux zeus, et n'a pas même lieu dans toutes leurs espèces ; en sorte qu'on ne peut établir sur ce caractère des affinités génériques certaines. Cette épithète de *pampanus* montre d'ailleurs que son analogie avec notre première espèce avait été saisie, malgré les différences de leurs couleurs et de leurs proportions.

L'individu que nous décrivons a été apporté du Brésil par feu Delalande.

Sa longueur est de treize ou quatorze pouces. Il rappellerait tout-à-fait la forme de notre liche commune, sans ce museau tronqué qui caractérise la subdivision actuelle. Sa hauteur est trois fois dans sa longueur totale, la caudale comprise. Les lobes de la caudale sont très-pointus et font presque le quart de la longueur ; le supérieur est un peu plus long que l'autre. Les pointes de la dorsale et de l'anale, en se couchant, vont à moitié de la longueur de ces nageoires. La crête du crâne est tranchante jusque sur le museau. Le limbe du préopercule et l'opercule ont des stries comme dans les espèces précédentes. Les épines libres sur le dos sont au nombre de cinq et très-petites; à peine font-elles le vingtième de la hauteur du corps. Celles du bord antérieur de la deuxième dorsale et de l'anale s'y cachent entièrement, et ne se détachent point à demi, comme dans les autres trachinotes; mais il n'y en a aussi qu'une et non pas deux comme dans les liches.

B. 7; D. 5 — 1/24; A. 2 — 1/21, etc., comme dans les précédens.

Les écailles sont très-petites; la ligne latérale est ondulée très-légèrement et d'une manière à peine sensible.

La couleur de ce poisson dans la liqueur paraît un gris brunâtre, qui, sur le dos, se change en brun foncé. Les nageoires sont brunes et sans taches.

M. le prince de Wied, qui a aussi rapporté cette espèce du Brésil, l'y a entendu nommer *chicharro;* mais c'est le nom espagnol du saurel. Son individu a six épines libres.

M. le docteur Holbroock nous en a envoyé récemment un de Charlestown, qui a aussi six épines libres.

Nous trouvons dans la collection de Broussonnet un trachinote entièrement semblable au *pampanus,*

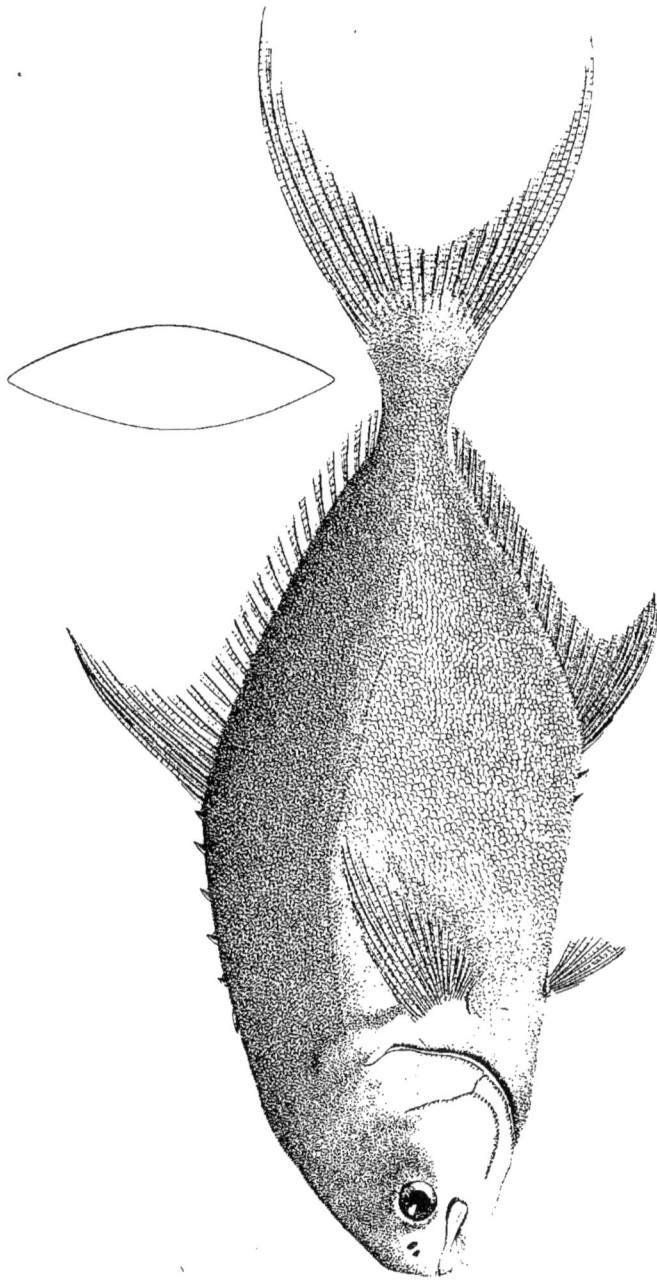

TRACHINOTE pampre.

Werner del.

Impr.ᵉ de Langlois.

TRACHINOTUS pampanus. n.

Pedretti sculp.

sì ce n'est qu'il a six épines mobiles en avant de la dorsale, et qu'il paraît avoir été d'une teinte plombée uniforme; deux circonstances qui suffiraient à peine pour en faire une espèce à part.

D. 6 — 1/24 ; A. 2 — 1/22, etc.

Il porte pour étiquette : *scomber affinis gasterosteo ovato*, et est long de près d'un pied.

Le TRACHINOTE DE CAYENNE.

(*Trachinotus cayennensis*, nob.)

Nous avons trouvé dans le cabinet de M. Richard un petit trachinote de Cayenne, semblable à l'*argenteus* pour la forme et pour la couleur,

mais qui en diffère par le nombre et la grandeur relative des rayons. Il n'a sur le dos que cinq épines libres, sans compter celle qui est couchée en avant, ni celle qui adhère à la deuxième dorsale, et toutes les sept sont du double plus longues et plus fortes à proportion que dans les autres espèces : il en est de même des épines en avant de l'anale. Les premiers rayons mous de la dorsale et de l'anale sont au contraire plus courts et ne dépassent pas beaucoup les autres, en sorte qu'il n'est plus trachinote que par le museau. Il y en a vingt-sept dans la première et vingt-six dans la seconde; nombres supérieurs à ceux de tous les précédens. Les autres nombres sont les mêmes.

Ce petit poisson, long de deux pouces et demi, est argenté, et a les nageoires d'un jaune pâle.

8.   27

torales et la pointe de sa dorsale brunâtres. Le reste
de cette nageoire est jaune pâle, ainsi que l'anale et
les ventrales. La pointe de l'anale est d'un orangé
vif. La caudale est jaune jonquille.

Des individus très-semblables d'ailleurs ont sur la
ligne latérale cinq taches noirâtres, plus ou moins
marquées. Il y en a de cinq, six et sept pouces.

Le TRACHINOTE A MAXILLAIRE ENFLÉ.

(*Trachinotus maxillosus*, nob.)

Gorée a offert à M. Rang une autre espèce
de trachinote, remarquable par sa grandeur,
et surtout par la conformation de son maxillaire, qui est singulièrement épais et convexe
à sa surface.

Sa hauteur, au milieu, est deux fois et deux tiers
dans la longueur. Toute sa tête est singulièrement
lisse. La courbe de son profil forme un quart de
cercle, et le tranchant en est obtus. On ne lui sent
aucunement les dents avec le doigt. Le bord postérieur de son préopercule se porte obliquement en
arrière en descendant. L'angle en est arrondi, et le
limbe très-large, mais à peine distinct de la joue. Le
maxillaire est découvert dans ses deux tiers postérieurs, et toute cette partie est épaisse et a sa surface
bombée et très-lisse. La ligne latérale est droite.
Les pointes de la dorsale et de l'anale ne dépassent
guère le milieu de ces deux nageoires. La membrane
de ces nageoires est striée en travers, mais on n'y
voit point d'écailles. La longueur des lobes de la

caudale n'est que trois fois et demie dans la longueur totale. Les ventrales sont fort petites, à peine du tiers des pectorales, qui elles-mêmes n'ont pas le sixième de la longueur totale. Les épines dorsales sont fort courtes.

D. 5 — 1/20; A. 2 — 1/18; C. 17; P. 21; V. 1/5.

Tout ce poisson est argenté ou plombé, teint de gris ou de bleuâtre vers le dos, d'un argenté plus pur vers le ventre. Ses nageoires sont brunâtres, excepté les ventrales, qui sont blanches.

Notre individu est long de dix-neuf pouces sur sept de hauteur au milieu. Son estomac contenait des fragmens de coquilles.

Le Trachinote myriade.

(*Trachinotus myrias*, nob.)

Un troisième trachinote de Gorée, envoyé au Cabinet du Roi par M. Eidore, est remarquable par sa ressemblance avec le *glaucus*, dont il diffère cependant par les nombres et même un peu par les proportions, étant plus élevé et n'ayant pas tout-à-fait les pointes de la dorsale et de l'anale aussi longues. Nous en avons vu à la bibliothèque de Banks un dessin fait à San-Iago du Cap-Vert par Forster, et intitulé *psetta rhombea;* mais on n'en trouve pas la description dans le Bloch posthume.

Sa hauteur, au milieu, est deux fois et un quart

dans sa longueur totale. Sa tête, aussi haute que longue, y est cinq fois. Le profil en est bien en quart de cercle. Son maxillaire n'est point renflé. Ses dents sont en velours ras, sur des bandes étroites. Les longues pointes aiguës de sa dorsale et de sa caudale sont égales, et seulement d'un cinquième moindres que la hauteur du corps entre elles. En se couchant, elles dépasseraient un peu la base de la caudale. Les lobes de la caudale sont d'un peu plus du quart de la longueur totale. Les pectorales, demi-ovales, en ont un peu plus d'un septième, et les ventrales sont encore d'un tiers plus courtes.

D. 6 — 1/24 ; A. 2 — 1/20 ; C. 19 ; P. 19 ; V. 1/5.

Tout le corps est d'un bel argenté brillant, légèrement teint en bleu céleste vers le dos. Cinq taches noirâtres sont réparties sur la longueur de la ligne latérale, qui n'a qu'un chevron ou angle montant très-obtus. La première, près son chevron, est un trait vertical. Les quatre autres sont rondes : il semblerait qu'on eût écrit le chiffre 10000. Les nageoires sont d'un brun assez clair. La face inférieure des ventrales est blanche.

Notre individu est long de dix pouces.

———

La mer des Indes et le grand océan Pacifique ont aussi leurs trachinotes, et avec les mêmes variétés de formes que l'Amérique.

Le TRACHINOTE MOKALÉE.

(*Trachinotus mookalee*, nob.; *Gasterosteus ovatus*, Linn.; *Centronote ovale*, Lacép.?)

Parmi les espèces les plus hautes on doit mettre le *mookalee-parah* de Russel (fig. 154). Nous l'avons reçu de Pondichéry par M. Leschenault, sous le nom de *koultiti*, que lui donnent les pêcheurs de cette côte. M. Dussumier nous l'a aussi envoyé de la côte de Malabar. Tout nous fait croire que c'est le *gasterosteus ovatus* de Linnæus (*centronote ovale*, Lacép.).[1]

C'est de toutes nos espèces celle qui a le front le plus convexe et le museau le plus vertical.

Sa hauteur est deux fois et un cinquième dans sa longueur totale, en y comprenant la queue. La nuque descend assez rapidement par une courbe con-

---

1. Voici l'article de Linnæus sur ce poisson, dont il paraît n'avoir eu qu'un jeune individu.

Gasterosteus spinis dorsalibus septem, prima recumbente, corpore ovato. B. 6; D. 7 — 20; P. 16; V. 6; A. 2 — 1/17; C. 20. *Pisciculus ovato-oblongus, compressus, figura chœtodontis. Maxillæ et labiorum dentes scabri. Spinæ in dorso septem ante pinnam dorsalem, sed distinctæ et alternatim ad latera directæ; harum prima minima; secunda paulo longior. Spinæ duæ validæ ante pinnam ani. Differt a gasterosteis reliquis membranæ branchiostegæ radiis sex, nec tribus: caret scutello thoracis osseo; an itaque labris annumerandus vel gasterosteis? Spina prima dorsi antrorsum recumbens fixa, uti in scombris quibusdam.*

vexe jusqu'au front, d'où le museau tombe encore plus rapidement. Toute la crête du crâne est tranchante; mais le museau est arrondi transversalement en avant. Deux grands orifices ovales, rapprochés l'un de l'autre et de l'œil, donnent dans la narine. L'œil occupe le deuxième quart de la longueur de la tête. La mâchoire supérieure est assez protractile, et son mouvement se fait vers le bas. La bouche est fendue jusque sous le bord antérieur de l'œil, et le maxillaire s'étend jusque sous son milieu. Il y a à chaque mâchoire une bande de dents en velours, faciles à sentir. Les épines libres, au nombre de six, sont petites, mais fortes; celle qui est couchée en avant, est grande, et se voit aisément. La septième se détache presque de la deuxième dorsale. Les pointes de cette deuxième dorsale et de l'anale, couchées, n'atteindraient pas tout-à-fait à l'extrémité de ces nageoires; celle de l'anale est même un peu plus courte que celle de la dorsale. Les lobes de la caudale ont le quart de la longueur totale (eux compris). Les écailles sont très-petites et paraissent comme des points. La ligne latérale fait au-dessus des pectorales une ondulation si légère que c'est à peine si on la remarque.

B. 7; D. 6 — 1/19; A. 2 — 1/17; C. 17 et 8; P. 18; V. 1/5.

Ce poisson est entièrement de couleur argentée, légèrement teint de cuivré du côté du dos. Ses nageoires paraissent jaunâtres.

M. Leschenault écrit qu'on en prend rarement, mais sans distinction de saisons, et que sa chair est excellente. Il lui donne neuf pouces de long, et M. Russel onze ; mais ce dernier mesure en pouces anglais. M. Russel parle à la fin de son article d'un individu long de vingt pouces, qui avait le dos bleuâtre et qui était insipide. Peut-être n'était-il pas de la même espèce dont il a gravé la figure, car cette figure ressemble complétement à notre *koultiti*.

Le TRACHINOTE BLOCH.

(*Trachinotus Blochii*, nob.; *Cæsiomore Bloch*, Lacép.)

Commerson a décrit et dessiné à Madagascar un poisson qu'il nomme *caranx linea laterali inermi, pinnis ventralibus et anali aureis, anali dorsalique retrorsum falcatis*, et qui ressemble beaucoup au précédent par la tête, mais dont le corps est un peu plus alongé.

M. de Lacépède (t. III, p. 95, et pl. 3, fig. 2) l'a décrit d'après la figure seulement, et en a fait son *césiomore Bloch;* mais il a rapporté, comme il ne lui était que trop ordinaire, la note inscrite par Commerson sur cette même figure à une autre espèce, son *trachinote faucheur* ou le *scomber falcatus* de Forskal.

Une description fort exacte, que nous avons

trouvée dans les papiers nouvellement décou‑
verts de Commerson, nous permet de donner
plus de détails sur ce poisson.

Son corps est très‑comprimé. Sa longueur totale
(la caudale comprise) égale deux fois et demie sa
hauteur. Les lobes très‑pointus de sa caudale sont
quatre fois et demie dans cette longueur. Son front
est très‑convexe, et en général sa tête, ses opercules,
ses yeux, ses narines, ses mâchoires, sont semblables
à celles du précédent. Sa mâchoire supérieure est
protractile. On ne peut sentir aucunes dents ni à
l'une ni à l'autre. La crête de son crâne et de sa nu‑
que est tranchante. Les pointes de la dorsale et de
l'anale atteindraient, en se couchant, le tiers posté‑
rieur de ces nageoires. Les nombres de ses rayons
doivent s'exprimer comme il suit :

B. 7; D. 5 — 1/19 ou 20; A. 2 — 1/18 ou 19; C. 17;
P. 18 ou 19; V. 1/5.

Les écailles sont très‑petites et se sentent à peine
au doigt. La ligne latérale fait quelques ondulations
légères.

Sa couleur est argentée, teinte sur le dos d'un brun
bleuâtre; et avec des reflets dorés. L'anale et les
ventrales brillent d'un beau jaune d'or. Sur la dor‑
sale et la caudale ce jaune est glacé de brun.

L'individu observé par Commerson était
long de dix‑sept pouces et pesait trois livres;
mais il y en a de deux fois plus grands. Il
avait été pris en Octobre 1768 près du Fort‑

Dauphin de Madagascar. L'auteur ne dit que peu de chose de son anatomie, savoir, que son péritoine était argenté, son estomac en forme de sac alongé et sa vessie aérienne adhérente au dos.

On ne peut guère douter que ce ne soit le même poisson que le *pesque-pampus* de Renard (pl. 27, fig. 151), qui est de même forme et d'un bleu argenté avec toutes les nageoires d'un jaune vif. Seulement ses épines dorsales sont d'une longueur exagérée.

Valentyn reproduit cette figure (n.° 118) sous le nom d'*ikan-batoe*, et dit que c'est un poisson fort délicat; mais il ajoute qu'il est petit, ce qui ne conviendrait pas à l'espèce actuelle.

M. Ehrenberg a dessiné à Massuah, sur la mer Rouge, un poisson tout semblable à celui de Commerson, et qui nous paraît de même espèce.

Il est argenté, un peu teint de bleuâtre sur le dos, et a le bout du museau et les lèvres jaunes. La partie antérieure de sa deuxième dorsale et de son anale, et toute sa caudale, sont fauves. Le bord antérieur des deux premières, le supérieur et l'inférieur de la troisième, sont marqués d'une ligne noire.

D. 6 — 1/20; A. 2 — 1/16, etc.

Les Arabes de l'île le nomment *domarai*.

Nous étions disposés à le prendre pour le *scomber falcatus* de Forskal, mais à l'examen cette conjecture ne s'est pas trouvée juste.

Le TRACHINOTE APPARENTÉ.

(*Trachinotus affinis,* nob.)

M. Dussumier nous en a rapporté d'entièrement semblables de la côte de Malabar, mais ils étaient accompagnés de deux autres sortes, qui en différaient par la dorsale.

Dans les uns la pointe de la dorsale est noire et atteint à peine en se couchant le milieu de cette nageoire. Leurs écailles sont moins apparentes, et leur ligne latérale, moins anguleuse et un peu plus ondulée.

Le TRACHINOTE PORTE-FAUX.

(*Trachinotus falciger,* nob.)

Dans les autres les lobes de la queue sont plus longs et plus pointus. La pointe de la dorsale est effilée et atteint le milieu de la caudale. Celle de l'anale en atteint le premier tiers. Ces deux pointes sont presque toutes noires, et la caudale a ses bords supérieur et inférieur bruns. La ligne latérale est en courbe uniforme, et sans angle. Ses ventrales sont grises. Du reste, les nombres des rayons de ces deux poissons sont les mêmes que dans le *Bloch.*

Le TRACHINOTE FAUCILLE.

(*Trachinotus drepanis*, nob.)

Plus récemment M. Dussumier a encore rapporté des Séchelles un trachinote semblable au *falciger,*

mais dont les pointes de la dorsàle et de l'anale ne sont pas tout-à-fait si longues ni si effilées ; elles n'atteignent qu'au quart de la caudale. La ligne latérale diffère aussi par des ondulations et par un angle obtus, mais bien sensible, qu'elle fait au-dessus de la pectorale.

Des individus plus petits, et d'ailleurs entièrement semblables, ont les pointes des nageoires plus courtes, et n'atteignent pas la base de la caudale : ce sont peut-être des femelles.

M. Dussumier a décrit l'espèce sur le frais. Tout son corps est argenté. Les pectorales et la caudale sont blanches. La dorsale est bordée de noir en avant. L'anale et les ventrales sont d'un jaune clair.

Elle atteint dix pouces.

On la nomme *pampre* aux Séchelles, où elle se pêche en abondance. Sa chair est ferme et excellente.

Ces deux derniers trachinotes paraissent se rapprocher beaucoup du *scomber falcatus* de Forskal, et cependant ils ne répondent pas encore tout-à-fait à sa description.

Le Trachinote faucheur.

(Trachinotus falcatus, nob. ; *Scomber falcatus*, Forskal ; *Trachinote faucheur*, Lacép., t. III, p. 79.)

En comparant, en effet, avec les poissons qui précèdent, la description que donne Forskal de son *scomber falcatus*[1], on reconnaît que, s'il leur ressemble à beaucoup d'égards, la longueur proportionnelle de ses ventrales et des pointes de sa dorsale et de son anale est de beaucoup supérieure à la leur, et ne permet pas de les confondre avec eux.

Son corps, dit Forskal, est en trapèze, à trois côtés à peu près droits, et le quatrième seulement, qui va de la tête à la deuxième dorsale, légèrement courbé. Sa longueur égale une fois et demie sa hauteur. Son front est vertical; sa mâchoire supérieure, protractile et lisse : l'inférieure est âpre; mais il n'y a pas de dents. La ligne latérale a des ondulations. Des écailles petites, adhérentes, garnissent la peau et résistent au doigt, qui se dirige d'arrière en avant. Les ventrales sont plus longues que les pectorales. Les pointes de la deuxième dorsale et de l'anale atteignent jusqu'à l'extrémité de la caudale.

B. 7; D. 5 — 1/20; A. 2 — 1/18; C. 16; P. 18; V. 1/5.

Sa couleur est argentée et teinte de brun vers le

---

1. *Faun. arab.*, p. 57, n.° 76.

dos. Le front est jaunâtre. Les pectorales sont brunes; les ventrales, blanchâtres, avec le bord extérieur fauve. La pointe de la dorsale est brune; celle de l'anale, fauve; le reste de ces nageoires, blanchâtre et transparent. La caudale est brune antérieurement et jaunâtre à son bord postérieur.

Ce poisson se nomme à Djidda *högel,* à Lohaia *dejmal.*

Forskal ne parle point de sa taille ni de son goût.

M. Ruppel[1], qui l'a observé à Massuah, où l'on en prend beaucoup aux haims en hiver, et où on l'appelle *hadjel,* dit qu'il est fort bon et arrive à une longueur de deux pieds et demi.

Plusieurs individus ont, selon ce savant voyageur, dans les chairs, entre le crâne et la dorsale, une masse osseuse, en forme de rein, qui ne tient point au reste du squelette. Son estomac est en fuseau, et a le pylore à son tiers antérieur. Un septième de la longueur du canal intestinal est garni d'un côté de nombreux cœcums.

Le Trachinote Baillon.

(Trachinotus Baillonii, nob.: *Cæsiomore Baillon,* Lacép.)

Commerson avait encore dessiné et décrit à Madagascar une espèce de ce genre, plus alon-

---

1. Ruppel, Atlas zoologique, poissons, 89.

gée que le *Bloch*, et marquée de taches noires
sur la ligne latérale, qu'il nommait *caranx
linea laterali inermi maculisque signata quatuor nigris, anterioribus duabus majoribus.*
M. de Lacépède (t. III, p. 93, et pl. 3, fig. 1) a
fait sur cette espèce la même opération que
sur le césiomore Bloch. Il l'a décrite d'après
la figure sous le nom de *cæsiomore Baillon*,
et il a transporté la phrase inscrite sur cette
figure parmi les synonymes de son *caranx
glauque* (*ib.*, p. 66), qui lui-même, ainsi que
nous l'avons vu, se compose, d'après les autres
synonymes que M. de Lacépède lui donne, du
scomber glaucus de Linnæus, qui est notre
deuxième liche de la Méditerranée, et du
scomber Ascensionis d'Osbeck, qui est un
vrai caranx.

Nous en avons trouvé une description détaillée dans les nouveaux papiers de Commerson, d'où nous tirons les traits suivans.

Son corps est très-comprimé. Sa hauteur est trois
fois dans sa longueur totale, et les lobes de la quéue
trois fois et demie. Son museau est obtus; sa bouche
petite; ses mâchoires presque égales. Quand elles se
ferment, l'inférieure est reçue dans la supérieure;
mais quand elles s'ouvrent, l'inférieure avance davantage. Toutes les deux sont garnies de petites dents
peu apparentes. L'orifice antérieur de la narine est

du double plus petit que l'autre. Leur place est au
milieu, entre l'œil et le bout du museau. Les pointes
de la dorsale et de l'anale atteignent au tiers postérieur de ces nageoires. Les ventrales sont très-petites.
Commerson n'a pu bien s'assurer du nombre des
épines libres du dos, et sa figure n'en montre que
deux. Ceux des autres rayons sont comme il suit :

B. 7; D.... — 1/25; A. 2 — 1/22 ou 23; P. 17; V. 1/5.

Des écailles très-petites garnissent le corps, mais
sont à peine sensibles au doigt.

Sa couleur est argentée, teinte sur le dos d'un
brun bleuâtre. Les nageoires ont la couleur des parties
voisines. Quatre taches rondes et noires sont es-
pacées sur la ligne latérale dans sa partie située entre
la deuxième dorsale et l'anale. Les deux premières
sont du double plus grandes que les deux autres,
qui ressemblent à de petites lentilles.

L'individu observé par Commerson était long
de quinze pouces et pesait deux livres.

Il avait été pris en Novembre 1770 près
du Fort-Dauphin de Madagascar.

Péron a rapporté de l'archipel des Indes
un poisson qui a la plus grande ressemblance
avec celui de Commerson, si ce n'est que son
museau est plus bombé qu'il ne paraît dans
la figure de ce dernier naturaliste; mais cette
différence tient peut-être à une négligence de
son dessinateur.

Sa forme est ovale. Sa hauteur trois fois dans sa

8. 28

longueur totale. Ses dents sont en velours et assez
prononcées aux mâchoires, au-devant du vomer et
aux palatins; mais il n'en a aucunes sur la langue.
Il a six épines libres, sans compter celle qui est couchée et celle qui adhère à la deuxième dorsale. La
pointe de cette nageoire atteint un peu au-delà du
milieu; celle de l'anale va un peu plus loin et jusqu'au tiers postérieur. Les lobes de la caudale ont
leur longueur comprise trois fois et demie dans la
longueur totale.

Je trouve une légère différence dans les rayons
de la deuxième dorsale.

D. 6 — 1/23; A. 2 — 1/22; C. 17 et 8; P. 17; V. 1/5.

Ses écailles, sans être grandes, sont très-marquées,
mais très-lisses. On en voit quelques-unes sur la
joue. Sa ligne latérale est droite.

Sa couleur paraît légèrement dorée et teinte d'un
peu de violâtre vers le dos. Le bord antérieur des
pointes de la première dorsale et de l'anale, est brunâtre. Deux ou trois petites taches noirâtres, peu
marquées, sont placées sur sa ligne latérale, à des
intervalles à peu près égaux.

Notre individu n'a que cinq pouces et demi.

Le TRACHINOTE A QUATRE POINTS.

(*Trachinotus quadripunctatus*, nob.; *Cæsiomorus
quadripunctatus*, Rupp., pl. 24, fig. 1.)

Le *cæsiomorus quadripunctatus* de M. Ruppel doit encore très-peu différer des deux précédens.

Les pointes de ses nageoires sont cependant plus longues. Celle de la dorsale atteint la fin de cette nageoire; celle de l'anale la dépasse. Les lobes de la caudale sont trois fois dans la longueur totale, et la hauteur du corps y est trois fois et demie. On ne voit que deux points noirâtres sur la ligne latérale. Ses pectorales et ses ventrales sont jaunâtres; ses autres nageoires brunâtres, avec du noirâtre aux pointes.

D. 6 — 1/23 ; A. 2 — 1/23 ; C. 21 ; P. 17 ; V. 1/5.

L'auteur n'en a eu qu'un individu, long d'un pied, pris à la suite d'un violent vent du sud.

M. Dussumier vient de nous rapporter des Séchelles un poisson que nous croyons absolument le même que celui de M. Ruppel,

et qui a exactement les mêmes proportions et les mêmes nombres de rayons, mais où les petites taches de la ligne latérale varient en nombre, depuis trois jusqu'à cinq. Il est argenté, et a le dos teint de gris. Les nageoires verticales sont d'un gris plus foncé que le dos. Sa taille va jusqu'à un pied ou treize pouces.

On nomme cette espèce aux Séchelles le *muscadin;* elle y est fort estimée et assez abondante pendant toute l'année.

Le TRACHINOTE DE PAITA.

(*Trachinotus paitensis*, nob.)

MM. Lesson et Garnot ont rapporté du port de Paita, au Pérou, un petit trachinote oblong, semblable pour la forme à celui que M. Richard avait eu à Cayenne, et presque des mêmes nombres.

D. 6 — 1/28; A. 1/26, etc.

Mais il a une tache noire sur la pointe de la première dorsale. Son corps est argenté, plombé vers le dos, et ses nageoires grises.

L'individu n'a que deux pouces et demi.

DES APOLECTUS.

Nous avons reçu de Pondichéry par M. Sonnerat, et de Java par MM. Kuhl et Van Hasselt un petit poisson qui ressemble presque en tout aux trachinotes, mais dont les ventrales sont attachées sous la gorge; circonstance qui nous a paru suffisante pour en former un genre à part.

*L'*APOLECTE STROMATOÏDE.

(*Apolectus stromateus,* nob.)

Il est très-comprimé et très-haut, de manière que, si l'on retranche la queue, sa hauteur fait les deux tiers de sa longueur. La queue et la caudale ensemble font moitié de la longueur du reste. Sa tête est d'un quart plus haute que longue. Il n'y a aux mâchoires qu'une rangée de petites dents pointues, disposées comme des cils. Sa nuque est fort tranchante, et l'on y sent avec le doigt les pointes de trois inter-épineux avant l'épine couchée. Après cette épine en viennent quatre mobiles pour représenter la première dorsale; mais elles sont d'une petitesse extrême. La deuxième dorsale a en avant les deux tiers de la hauteur du corps, et ne diminue pas aussi rapidement que dans les trachinotes, la courbe qui l'échancre n'étant pas si concave. Son bord antérieur contient une épine du tiers de sa hauteur. L'anale répond en tout à cette deuxième dorsale; elle a en avant de sa base deux petites épines libres, et il y en a une un peu plus longue dans son bord antérieur. Les lobes de la caudale sont du quart de la longueur totale; elle est fourchue jusqu'aux deux tiers. Les pectorales sont très-pointues, en forme de faux, et du tiers de la longueur totale. Les ventrales aussi sont longues, étroites et pointues, et attachées sous la gorge vis-à-vis l'angle du préopercule; elles se terminent à peu près sous le tiers antérieur des pectorales.

B. 6; D. 4 — 1/43 : A. 2 — 1/39, etc.

Les écailles sont extrêmement petites; mais la ligne latérale, qui suit à peu près une courbe semblable à celle du dos, en a d'un peu plus saillantes que le reste, surtout aux côtés de la queue, où il semble qu'elles annoncent un léger commencement de crête.

Ce poisson est argenté, teint de roussâtre. Sa dorsale, son anale et ses ventrales sont brunes et, ainsi que le dos, pointillées de noirâtre. Ses pectorales sont jaunâtres. Sa caudale a en travers de chacun de ses lobes une bande brunâtre.

Nos individus n'ont que trois et quatre pouces.

M. Dussumier a apporté du Malabar un très-petit *apolectus*, à peine long de dix-huit lignes, qui diffère des individus que nous venons de décrire, par une dorsale, une anale et des ventrales plus alongées en pointes, et par cinq larges bandes verticales brunes sur un fond roussâtre.

D. 4 — 1/41; A. 3 — 1/39, etc.

Il pourrait bien n'être qu'un jeune de l'espèce qui porterait encore la livrée du premier âge.

APOLECTE. stromatoide.

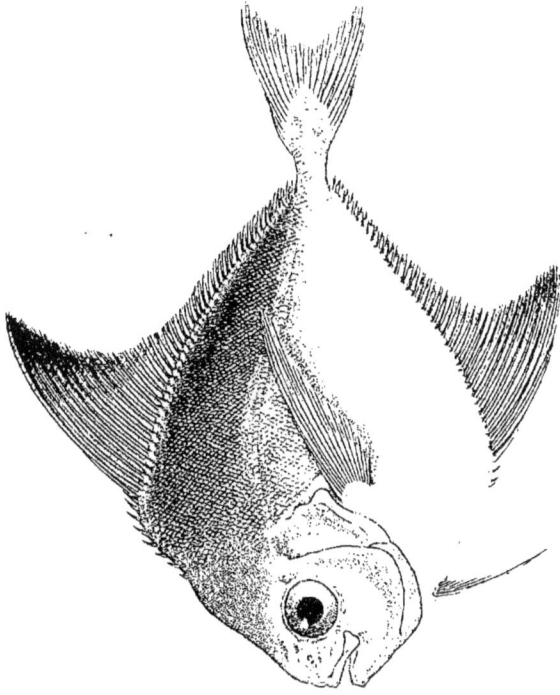

APOLECTUS stromateus. n.

Verner del.

Imp.re de Langlois.

Françoir sculp.

CHAPITRE XIV.

Des Rhynchobdelles (Rhynchobdella ,
Bl. Schn. ; Macrognathus, Lacép.),
des Mastacembles (Mastacembelus ,
Gronov.) et du Notacanthe (Acan-
thonotus, Bl.).

Les deux premiers genres de poissons dont
nous allons parler dans ce chapitre, ont,
comme tous ceux de cette tribu, des épines
libres au lieu de première dorsale, mais en
nombre plus considérable que dans aucun des
précédens, dont ils se distinguent d'ailleurs
éminemment par la privation absolue de ventrales; leur corps est alongé et comprimé; leur
museau pointu, proéminent, et de substance
charnue ou membraneuse ; leur bouche peu
fendue; leurs dents en velours; leurs ouïes ou-
vertes seulement en dessous, mais largement, et
fermées en arrière; deux ou trois épines libres
se montrent au-devant de leur anale : caractères dont plusieurs, joints à la petitesse de
leurs écailles, les classent manifestement dans
la famille des scombéroïdes et auprès des liches et des centronotes. Néanmoins Bloch et
Lacépède, à cause de ce manque de ventrales,

non-seulement les ont mis, comme leurs systèmes l'exigeaient, dans l'ordre des apodes, mais les ont rapprochés des donzelles et des ammodites, deux genres de malacoptérygiens, avec lesquels ils ont fort peu de rapports. Le premier de ces auteurs les avait même placés d'abord dans le propre genre des donzelles, sous le nom fort contradictoire d'*ophidium aculeatum;* mais il les en a retirés plus tard, et en a fait, dans son Système posthume [1], un genre particulier, qu'il a nommé *rhynchobdella* (sangsue à bec). M. de Lacépède (t. II, p. 283 et suiv.), de son côté, en formait son genre *macrognathe;* et ce qui est singulier, bien que trop ordinaire à ces deux naturalistes, ils oubliaient tous les deux que bien avant eux, et dès 1763, Gronovius en avait décrit exactement deux espèces, dont même il représentait une [2], et en avait déjà fait un genre sous le nom de *mastacembelus* [3]. Avant Gronovius lui-même une espèce avait été assez bien figurée dans Nieuhof, et citée d'après lui dans Willughby et dans Klein; et il s'en trouvait dans Ruysch [4], dans Valentyn [5] et dans Renard [6] une repré-

---

1. Bl. Schn., p. 478. — 2. *Zooph.*, pl. 8 *a*, fig. 1. — 3. *Ib.*, p. 132 et 133. — 4. *Theatr. anim.*, pl. 13, fig. 21, *paradys-visch.* — 5. N.° 373, *ikan-gaya* (poisson éléphant). — 6. Rondelet, part. 1, fol. 13, fig. 78, *gaya*, espèce de poisson de paradis.

sentation grossière d'une autre. Enfin, Alexandre Russel en a fait connaître une troisième dans son Histoire naturelle d'Alep[1]; et même c'était de lui que Gronovius tenait la première des siennes.

La différente forme du museau de ces poissons, et le plus ou moins d'union de leurs nageoires verticales, nous ont paru motiver leur division en deux genres, auxquels nous avons laissé les deux noms imaginés par Bloch et par Gronovius, affectant celui de *rhynchobdelles* aux espèces qui ont le museau concave et strié en dessous, et les trois nageoires verticales séparées; et celui de *mastacemble* à celles dont le museau est simplement conique, sans stries ni concavité, et dont les nageoires verticales sont plus ou moins complétement réunies.

Ces poissons habitent les eaux douces de l'Asie, et l'on en a trouvé depuis la Syrie jusqu'aux îles de la Sonde, aux Moluques et à la Chine.

Leur museau doit leur fournir un organe délicat de toucher, et il paraît qu'ils l'emploient à rechercher dans la vase les petits vers et autres substances frêles dont ils se nourrissent.

---

1. Alex. Russel, *Hist. nat. of Aleppo*, p. 75, pl. 12, fig. 2.

Ils n'ont que deux petits cœcums, et c'est une remarque que nous avons faite sur un grand nombre de poissons d'eau douce, qu'ils ont en général moins de cœcums que les autres poissons des mêmes familles; règle qui est cependant sujette à quelques exceptions.

Ils passent généralement pour des poissons de bon goût, dont la chair a du rapport avec celle de l'anguille, et même c'est sous le nom d'*anguilles* qu'ils paraissent sur les tables des Européens.

DES RHYNCHOBDELLES.

Cette première division a le museau sensible et mobile, mieux organisé que l'autre. La possibilité où il est d'embrasser les corps dans sa concavité, les rides ou stries régulières qu'offre sa face inférieure, doivent être des moyens plus délicats de percevoir les objets extérieurs.

Nous n'en connaissons encore distinctement qu'une espèce.

La RHYNCHOBDELLE OEILLÉE, *ou* ARAL
DE COROMANDEL.

(*Rhynchobdella ocellata*, nob.; *Ophidium
aculeatum*, Bl., pl. 159, fig. 2.[1])

Ce poisson a été décrit d'après nature par
Gronovius et par Bloch, mais plus exactement par le premier que par le second. M.
Buchanan, plus récemment, en a parlé d'après
le frais.[2]

Son corps est alongé et comprimé. Sa hauteur,
au milieu, est huit fois dans sa longueur, et son
épaisseur deux fois dans sa hauteur. La longueur
de la tête est du cinquième de la longueur totale, et
à la nuque elle n'a en hauteur que le tiers de sa
propre longueur. Le profil est rectiligne, et se termine en avant en une pointe très-aiguë, qui forme
un museau membraneux, concave en dessous, lequel se porte au-devant de la bouche du quart de
la longueur de la tête. La face inférieure et concave
de ce museau est finement striée en travers, et ses
stries sont divisées par une arête longitudinale.
Cet organe, qui est très-mobile, doit jouir d'une

1. *Viifoog, Pentophtalmos*, Nieuhof, *ap. Willughby*, append.,
pl. 10, fig. 1. MASTACEMBELUS *maxilla superiore longissima, etc.*,
Gronovius, *Zooph.*, p. 133; *Rhynchobdella orientalis*, Bl. Schn.,
p. 478; *Macrognathe aiguillonné*, Lacépède, t. II, p. 284; *Ophidium rostratum*, Shaw, *Gener. zool.*, t. IV, part. 1, p. 73.
2. Poissons du Gange, p. 29.

grande sensibilité. Les os intermaxillaires ne soutiennent que la base de ce museau et dépassent à peine
le bout de la mâchoire inférieure. La bouche est
fort petite, sous la concavité de la base du museau.
Les intermaxillaires, de forme elliptique, ne se portent pas beaucoup en arrière de la commissure. Le
vomer avance presque autant qu'eux. A la vérité, la
mâchoire inférieure a le tiers de la longueur de la
tête, et s'articule sous l'œil; mais elle est presque
toute renfermée dans la peau des joues, et n'a de
libre qu'un petit bout ovale. Des dents en velours
très-ras, ou plutôt de simples scabrosités, sensibles
seulement à la loupe, garnissent les intermaxillaires,
les branches de la mâchoire inférieure et le bord
de l'extrémité antérieure du vomer. L'œil est au milieu de la longueur de la tête, près du profil. Son diamètre est du douzième de cette longueur. La narine
est une fossette ovale en avant de l'œil, au tiers de
sa distance au bout du museau. La peau écailleuse
qui enveloppe la tête masque les pièces operculaires.
On aperçoit cependant que le préopercule a l'angle
obtus et arrondi, et que l'opercule finit en angle de
soixante degrés environ. La peau attache l'opercule
à l'épaule, jusqu'à la hauteur de la pectorale, en
sorte que l'ouïe ne s'ouvre qu'en dessous; elle y est
fendue jusque sous l'angle du préopercule, où les
deux membranes branchiostèges s'unissent l'une à
l'autre sous l'isthme, qui est comprimé et qu'elles
laissent libre; elles ont chacune sept rayons.

La pectorale est attachée au tiers inférieur, fort
près de l'ouïe, de forme ovale et du quinzième en-

viron de la longueur totale; elle a dix-huit rayons. Il n'y a aucune trace de ventrales. Les épines dorsales commencent un peu après le premier tiers de la longueur totale, et en occupent un peu plus d'un quart; elles sont fort petites et au nombre de dix-huit. La dernière est la plus forte. Une deuxième dorsale, uniformément d'environ le quart de la plus grande hauteur du corps, occupe un espace de plus du quart, mais de moins du tiers de la longueur totale. J'y compte cinquante-deux rayons, tous mous. L'anus est au troisième cinquième de la longueur. Entre l'anus et l'anale sont deux épines libres, dont la seconde est assez forte et répond à la dernière du dos. Derrière elle il y en a une troisième, fort petite, qui ne se découvre souvent que par la dissection. L'anale correspond aussi fort exactement à la deuxième dorsale; elle est un peu moins haute cependant, mais elle a de même cinquante-deux rayons, tous mous. La dorsale et l'anale sont bien séparées de la caudale, et néanmoins l'espace libre entre ces trois nageoires est très-peu de chose. Bloch l'a exagéré dans sa figure. La longueur de la caudale est dix-huit fois dans celle du poisson; elle est coupée carrément, et a quinze rayons.

B. 7; D. 18 — 52; A. 3 — 52; C. 15; P. 18; V. 3.

Tout le corps est couvert de petites écailles elliptiques, du double plus longues que larges; il s'en porte de plus petites encore sur les bases des nageoires, entre leurs rayons. Les opercules, la joue, le tour de l'œil en sont garnis. Il n'en manque que sur le dessus de la tête et sur le museau.

La ligne latérale est droite. En avant elle occupe
le quart supérieur; en arrière elle descend au milieu de la hauteur : elle ne se compose que d'un
trait mince, un peu relevé.

Tout ce poisson paraît d'un gris brun. Trois bandes
plus brunes, mais peu sensibles, parcourent sa longueur; l'une au-dessus de la ligne latérale, une autre
à sa hauteur, la dernière au-dessous. Il y a sur la
base de la dorsale, moitié sur elle, moitié sur le
tronc, trois ocelles noirs, bordés de fauve : le premier sous le commencement de cette nageoire, le
deuxième entre le quinzième et le vingtième rayon,
le troisième entre le trente-huitième et le quarante-
deuxième.

Notre plus grand individu, envoyé du Bengale par
M. Duvaucel, et sur lequel nous avons fait cette description, est long de dix pouces.

L'espèce paraît sujette à d'assez grandes variétés pour le nombre des ocelles de sa dorsale. Bloch n'en a vu que deux à l'individu
qu'il représente dans sa grande Ichtyologie, et
dans son Système posthume il assure en avoir
vu qui en montraient deux ou un seul, ou
même en manquaient tout-à-fait.

Celui que nous venons de décrire en a
trois; un autre, venu en même temps et du
même pays, n'en montre aucun. M. Leschenault
nous en a envoyé plusieurs de Pondichéry,
où l'on en voit cinq sur les uns, trois sur d'au-

trés, mais placés différemment; les lignes longitudinales du corps y sont moins sensibles, et
la caudale est traversée par des ondes brunâtres que l'on ne voit pas dans les individus
du Bengale. Le nombre des épines libres varie dans nos différens individus de dix-huit
à vingt. Bloch n'en compte à son *ophidium*
aculeatum que quatorze; mais il a commis
d'autres erreurs, qui prouvent qu'il n'avait sous
les yeux qu'un individu sec ou altéré : il ne
compte par exemple que six rayons aux ouïes;
il donne trop de longueur à l'espace nu avant
la caudale; il prétend que l'ouïe est très-
ouverte, etc. D'ailleurs dans son Système
posthume, où il paraît avoir décrit des sujets
mieux conservés, il porte le nombre de ces
épines libres à seize.

Ce poisson a la cavité abdominale fort étroite,
mais alongée, de sorte que les viscères ont eux-mêmes
pris une forme alongée. Le foie ne se compose que
d'un seul lobe arrondi en dessous et creusé en dessus
en un sillon peu profond, qui reçoit l'œsophage
et le commencement du tube intestinal. La vésicule
du fiel est fort petite, arrondie, placée vers l'arrière du foie; elle donne naissance à un long canal
cholédoque, qui se porte en arrière pour déboucher
dans le duodénum un peu au-dessus du pylore.

L'œsophage et l'estomac se confondent en un

8.   29

seul tube cylindrique, dont la longueur fait la moitié
de celle de la cavité abdominale. L'extrémité du sac
est arrondie et obtuse. On ne voit à l'intérieur aucuns plis ni aucunes rides. La veloutée est extrêmement fine. Un peu avant la terminaison de l'estomac
et sous sa face inférieure, on voit la branche montante, fort courte, un peu renflée en un petit bouton.
Le pylore est étranglé. On n'y voit que deux appendices cœcales fort courtes. L'intestin, après être
remonté le long de l'estomac jusque sous la pointe
du foie, se plie et se porte à l'anus sans faire aucuns
plis. Aux trois quarts de sa longueur une valvule
marque l'entrée du rectum, dont le diamètre est
un peu plus grand que celui de l'intestin.

La rate est petite, cylindrique et cachée sous
l'estomac à sa droite.

Les laitances sont deux rubans fort longs et grêles.

La vessie natatoire est longue, étroite, à parois
très-minces; elle a dans l'intérieur, au milieu de sa
face inférieure, un seul corps rouge, fort épais,
gros comme un pois. Le péritoine, qui la recouvre
en dessous, est fort épais. Il faut y faire attention,
sans quoi l'on pourrait croire aisément que le poisson manque de vessie aérienne. L'estomac était rempli de débris de vers d'eau douce.

Son squelette a trente-deux vertèbres abdominales et quarante caudales. Les premières ont des
apophyses latérales, qui descendent obliquement et
portent des côtes grêles qui n'enveloppent pas tout
l'abdomen. Les deux dernières de ces apophyses se
portent un peu en arrière et se joignent par l'ex-

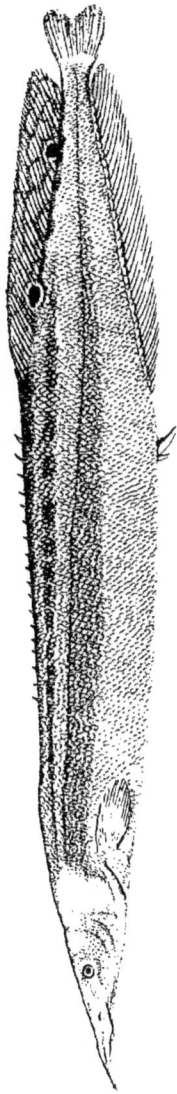

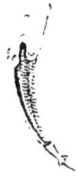

RHYNCHOBDELLE aillé.

RHYNCHOBDELLA aral. n.

Werner del.

Impr. de Langlois.

Corbié sculp.

trémité à l'apophyse épineuse inférieure de la première caudale. Le premier interépineux de l'anale
est très-fort. Tous les autres, ainsi que les apophyses
épineuses supérieures et inférieures, sont grêles. Les
os de l'épaule ne sont point attachés à la tête. Dans
le squelette, ils ne tiennent que par l'extrémité inférieure de l'huméral au corps impair de l'os hyoïde.

M. Leschenault nous apprend que ce poisson se nomme *aral* à Pondichéry; c'est le
nom sous lequel John a envoyé à Bloch, de
Tranquebar, les individus dont il a formé sa
seconde espèce[1], qu'il veut distinguer de la
première ou de l'*orientalis* par les dix-neuf
épines libres de sa dorsale et les trois de son
anale[2] : mais ces nombres sont aussi ceux des
individus bien conservés du *rhynchobdella
orientalis*. Il ne nous paraît donc pas que
l'aral doive en être séparé spécifiquement.

Selon M. Leschenault, l'aral habite les ri-
vières et les étangs d'eau douce des environs
de Pondichéry, et l'on en prend dans toutes
les saisons. Il est d'un excellent goût. Sa taille
ne passe guère un pied.

Gronovius avait reçu son individu de Cei-
lan, où l'espèce porte le nom de *thelia*.

1. *Rhynchobdella aral*, Bl. Schn., p. 479, et pl. 89.
2. Lorsqu'il dit : *Aculeus primus et tertius pinnæ dorsalis parvi,
secundus magnus*, c'est évidemment *pinnæ analis* qu'il faut mettre.

M. Buchanan ne nous apprend point son nom du Bengale; mais il nous assure qu'on le trouve dans les étangs de toutes les provinces arrosées par le Gange.

Bloch lui rapporte avec raison le *pentophtalmos* de Nieuhof, copié dans Willughby (app., pl. 10, fig. 1). Mais le *poisson-éléphant* de Renard et de Valentyn, qu'il lui rapporte également, ayant les nageoires verticales réunies, ne peut être de la même espèce.

DES MASTACEMBLES.

Les *mastacembles* ont le museau charnu de longueur médiocre, en simple cône, non concave ni strié en dessous; leurs dents sont beaucoup plus marquées qu'aux rhynchobdelles; il y a trois ou quatre petites épines à leur préopercule, à l'endroit où serait l'angle, si cette pièce n'était pas arrondie. Deux ou trois de leurs espèces ont cependant encore les trois nageoires verticales distinguées, quoique contiguës. L'une d'elles,

Le MASTACEMBLE UNICOLORE

(*Mastacembelus unicolor*, K. et V. H.)

a été envoyée de Java par MM. Kuhl et Van Hasselt au musée royal des Pays-Bas, qui en a cédé un échantillon au Cabinet du Roi.

Ses formes générales sont à peu près les mêmes que dans la rhynchobdelle ocellée; mais sa tête est moins effilée, et ses épines commencent beaucoup plus près de la nuque.

Son museau charnu est simplement conique, pointu, fort court et à peine du neuvième de la longueur de la tête. De chaque côté de sa pointe est un petit tentacule, concave au bout, qui ne le dépasse point. Les pectorales sont arrondies. Les épines libres du dos commencent à l'aplomb du milieu des pectorales. Il y en a trente-quatre, occupant les trois septièmes de la longueur du poisson. La dorsale qui suit a quatre-vingt-un rayons, et occupe un peu moins du tiers; elle n'est distinguée de la caudale que par une simple solution de continuité, et s'y joint même un peu par sa base, où elle est fort basse. Il en est de même de l'anale, qui a trois épines et soixante-quinze rayons. Néanmoins la caudale les dépasse de presque toute sa longueur, et est par conséquent fort distincte. Cette longueur est du dix-huitième de celle du corps; elle est aussi haute que longue, et de forme arrondie.

D. 34/81; A. 3/75.

Ce poisson paraît tout entier d'un brun roussâtre
uniforme.

L'individu est long de cinq pouces.

Le SIMAK D'ALEP

(*Mastacembelus haleppensis*, nob.; *Rhynchobdella
haleppensis*, Bl. Schn.[1])

est exactement dans les formes et les proportions de cet *unicolor*.

La pointe de son museau est garnie de même de
chaque côté d'un petit tentacule, et sa caudale est
aussi un peu engagée entre les deux autres nageoires
verticales; mais d'après la description de Russel, son
dos est noirâtre, varié de taches d'un jaune foncé.
Son ventre est blanc, teint de jaunâtre. Ses nageoires
sont jaunes, tachetées de noir, excepté l'anale, qui
n'a point de taches. D'après le dessin, le noirâtre
du dos y formerait une bande onduleuse, et vers
l'arrière, des lignes irrégulières et branchues.

Gronovius lui donne : B. 5; D. 40 et plus;
A. 2 — 32; mais il annonce que ces rayons
étaient difficiles à compter, et il n'indique pas
le nombre des épines. Le caractère même qu'il
lui assigne de *mâchoires égales*, prouve qu'il
n'en avait vu qu'un individu desséché.

---

1. *Simak-el-inglese*, Alex. Russel, *Hist. nat. of Aleppo*, pl. 12,
fig. 2 ; MASTACEMBELUS *maxillis subacutis œqualibus*, Gronovius,
Zooph., p. 132; *Ophidium simak*, Walbaum, *Arted. renov.*, t. III,
p. 159; *Ophidium mastacembelus*, Shaw, *Gener. zool.*, t. III,
part. 1, p. 71.

Alexandre Russel, qui a fait connaître ce poisson, et de qui Gronovius tenait son individu, représente, au contraire, très-bien son petit museau proéminent, garni de chaque côté d'un petit appendice. Cet auteur nous apprend qu'il est très-commun dans la rivière de Couaic, près d'Alep; qu'il y atteint une taille de onze pouces anglais; que son goût est à peu près celui de l'anguille, mais qu'il n'est pas si gras. Les habitans d'Alep le nomment, apparemment en langue franque, *simak-el-inglese,* et Russel croit cette dernière épithète corrompue d'*anguilla.*

Le PANCAL DU BENGALE

(*Mastacembelus pancalus,* nob.; *Macrognathus pancalus,* Buchan. [1])

a aussi des tentacules au bout du museau, qui paraît cependant un peu plus long à proportion que dans les deux précédens. Sa caudale paraît aussi un peu plus distincte de la dorsale et de l'anale, mais du reste tout dans ses formes est semblable. Il y a environ trente-cinq épines libres devant sa dorsale et trois devant son anale.

D. 40; A. 25 ou environ; P. 12.

Buchanan ajoute qu'il y a quatre rayons branchiostèges, mais très-probablement il les a mal comptés.

---

1. *Fishes of the Ganges,* p. 30, et pl. 22, fig. 7.

Sa couleur est verdâtre en dessus, blanchâtre en dessous, avec beaucoup de points noirs et de petites taches blanches sur les côtés. L'arrière de la dorsale et de l'anale, ainsi que la caudale, sont brunâtres, avec de petits points noirs, qui y forment des lignes transverses.

C'est un joli poisson, long de quatre à six pouces, qui habite les étangs. Ne l'ayant point vu par moi-même, non plus que le *simak*, je ne voudrais pas affirmer que ces deux poissons différassent essentiellement par l'espèce.

Le Mastacemble armé.

(*Mastacembelus armatus*, nob.; *Macrognathus armatus*, Lacép.)

Le macrognathe armé de M. de Lacépède appartient à la subdivision actuelle; mais desséché, comme il l'est, ses caractères spécifiques ne sont pas faciles à déterminer.

L'espèce que nous allons décrire est plus certainement celle à laquelle Hamilton Buchanan à cru devoir appliquer ce nom : elle répond parfaitement à sa figure et à sa description. Nous la devons à M. Raynaud, qui nous en a apporté trois individus du Bengale.

Sa hauteur est de dix à onze fois dans sa longueur, et son épaisseur deux fois dans sa hauteur. La longueur de sa tête est six fois et demie dans sa lon-

gueur totale. Son museau, charnu, est conique, fort
pointu, et du huitième de la longueur de la tête.
Il a deux fort petits tentacules, tout près de son
extrémité. L'œil est au deuxième cinquième de la
longueur de la tête. Un seul orifice de narine ovale
se montre au-devant de l'œil. La bouche est fendue
presque jusqu'à l'aplomb de cet orifice. Une membrane molle règne en forme de lèvre tout du long
des deux mâchoires, et à l'inférieure elle est un
peu plus longue et retroussée vers le bas. Une bande
assez large de dents en velours garnit l'une et l'autre
mâchoire. Le palais a en avant un voile membraneux
large, mais ne porte aucunes dents. La langue est
vers le fond de la bouche, libre, étroite, obtuse et
lisse. Le préopercule est aux deux tiers de la longueur de la tête, en arc, un peu oblique en avant,
armé de trois petites épines au milieu à peu près de
l'arc. L'opercule, attaché jusqu'à la pectorale, laisse
en dessous une ouverture, qui s'étend jusqu'à l'aplomb
des épines du préopercule, où les deux membranes
branchiostèges se croisent un peu et s'unissent sous
l'isthme, auquel elles ne s'attachent pas. La pectorale,
attachée au tiers inférieur et de forme ovale, est à
peine du vingt-quatrième de la longueur totale; elle a
vingt-deux rayons. La première épine dorsale répond
au dessus de son milieu. Il y en a trente-sept, dont
les dernières sont un peu plus fortes que les autres.
La caudale est arrondie, et tellement unie avec la
dorsale et l'anale, que c'est à peine si leur distinction se marque à l'œil par une très-légère échancrure.
La dorsale a soixante-dix-neuf rayons mous, la cau-

dale dix-sept et l'anale soixante-douze, précédés de trois épines, dont la deuxième est plus forte et plus longue que les deux autres. Il y a quelques variations dans les nombres : on peut quelquefois compter jusqu'à quatre-vingt-un rayons mous à la dorsale et soixante-dix-huit à l'anale. La partie postérieure du corps, enveloppée ainsi de rayons mous, est des deux cinquièmes du total. Les écailles sont très-petites, ovales, crénelées tout autour et striées en rayons. La ligne latérale est droite et continue, en descendant un peu, de l'ouïe à la caudale.

Dans la liqueur ce poisson paraît gris, légèrement verdâtre, plus pâle en dessous. Dix paires de taches noires, rondes, entourées d'un cercle un peu plus pâle que le fond, occupent la longueur de son dos des deux côtés de la rangée d'épines. Il y en a encore quatre ou cinq paires aux côtés de la dorsale molle ; mais elles finissent par y devenir moins distinctes. D'autres taches, moins marquées, se montrent sur les côtés du dos, et sont réunies par une ligne noirâtre, qui forme, le long du flanc, une espèce de zigzag, et devient irrégulière vers la queue, sur l'opercule et la tempe, se porte en ligne droite jusqu'à l'œil et se perd sur le museau. Il y a encore des vestiges de lignes et de taches au-dessous, mais moins marquées. Onze de ces taches se voient de chaque côté de la base de l'anale, mais plus petites que celles du dos. L'anale, la caudale et la dorsale molle sont bordées de noirâtre. La pectorale paraît toute d'un gris pâle.

Cet individu est long de dix pouces. Dans d'autres,

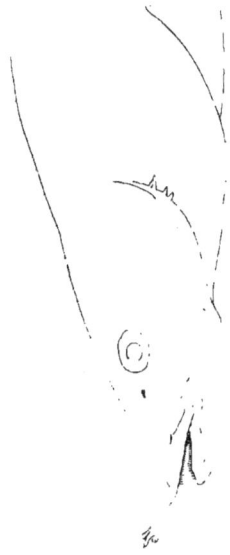

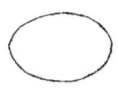

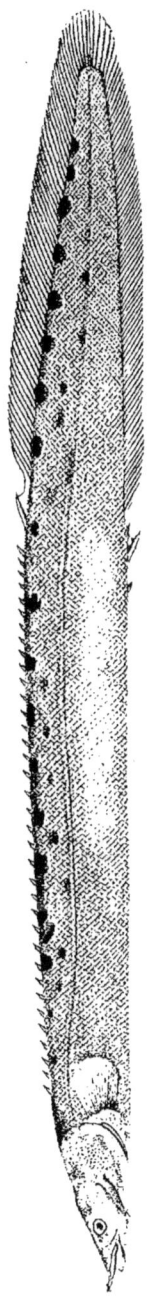

MASTACEMBLE armé.

Impr.ᵗ de Langlois.

MASTACEMBLUS armatus. n.

Dequevauviller sculp.

qui sont un peu plus grands, le zigzag des côtés s'efface davantage. Quelques lignes transverses de points se montrent sur la pectorale.

Un individu de quinze pouces, envoyé du Bengale par M. Duvaucel, paraît au contraire entièrement d'un brun fauve uniforme, et ne doit plus avoir eu de taches lorsqu'il a été mis dans la liqueur.

L'espèce atteint souvent deux pieds de longueur, selon M. Buchanan.

C'est la plus estimée comme aliment.

Les viscères de ce mastacemble ne diffèrent pas beaucoup de ceux des rhynchobdelles. Le foie est formé d'un lobe unique. Il n'y a que deux cœcums fort courts au pylore. L'œsophage et l'estomac forment un long sac qui a quelques grosses rides à l'intérieur. L'intestin est beaucoup plus grêle que le duodénum, qui remonte le long de l'estomac jusqu'à la pointe du foie. La vessie aérienne est simple, alongée, pointue à ses deux bouts. L'estomac était rempli d'écailles fort petites.

Le squelette de ce poisson n'est pas sans quelque rapport avec celui de l'anguille, par la forme rétrécie et alongée de son crâne, par un intermaxillaire qui ne va pas jusque sous l'œil, par la petitesse de son opercule et la grandeur de son interopercule, par des os d'épaule qui ne s'attachent point au crâne et viennent seulement se lier en dessous au corps de l'hyoïde. Le scapulaire est petit et étroit. Je ne vois point de surscapulaire. J'y compte quatre-vingt-dix-huit vertèbres, dont cinquante-trois caudales, et quarante-cinq ventrales. Les côtes sont simples et grêles, et n'embrassent qu'une partie de l'abdomen, surtout en avant, où elles sont très-courtes. Les interépineux sont proportionnés à la grosseur des aiguillons qu'ils portent. Le premier de la queue, formé de la réunion de deux et portant deux épines, est le plus grand et le plus épais, etc.

Le MASTACEMBLE DE PONDICHÉRY.

(*Mastacembelus ponticerianus*, nob.)

Nous faisons, quoique avec doute, une espèce particulière de quelques petits poissons de ce genre, envoyés de Pondichéry par M. Leschenault.

Leurs formes sont les mêmes que dans l'espèce précédente, si ce n'est que leur caudale est plus pointue. Leurs taches sont plus distinctes le long de la dorsale molle, en sorte qu'on leur en compte en tout dix-huit paires sur le dos, et douze le long de l'anale. Au lieu d'une ligne en zigzag continue, il y a des lignes obliques interrompues, formant çà et là des losanges et mêlées de points et de taches; le tout fort irrégulier. Il y a des lignes obliques sur les nageoires verticales, vers la queue, et la caudale en a quelques-unes de transverses, mais irrégulières. Ces individus, dans la liqueur, longs de cinq à sept pouces, paraissent fauve clair et leurs taches d'un fauve plus brun.

D. 78; A. 72.

Le MASTACEMBLE MARBRÉ.

(*Mastacembelus marmoratus,* nob.)

La distinction d'espèce nous paraît encore mieux autorisée par rapport à des individus de dix-huit à dix-neuf pouces, apportés du Mysore par M. Dussumier,

aussi semblables qu'il est possible aux précédens par les formes, mais où l'on n'aperçoit aucune échancrure à la réunion des trois nageoires verticales, et qui ont :

D. 39 — 84; A. 3/90; C. 17; P. 23.

Les taches de leur dos sont à peine marquées, tandis que les lignes, les losanges et les autres marbrures des côtés, le sont beaucoup, surtout aux côtés de la tête, où ce sont comme des gouttes éparses ou des lignes interrompues. Ces marbrures, dans la liqueur, sont d'un brun foncé, un peu roux, sur un fond gris roussâtre; il n'y a point de liséré aux nageoires verticales. Les pectorales ont des lignes transversales de points.

Le MASTACEMBLE TACHETÉ.

(*Mastacembelus maculatus,* nob.; *Rhynchobdella maculata,* Reinw.)

Cette espèce est certainement distincte.

Son museau charnu est un peu plus long, et la fente de sa bouche plus courte à proportion, que dans les précédens ; elle est presque aussi courte que dans la rhynchobdellé, ne prenant, depuis le bout de la mâchoire inférieure jusqu'à la commissure, que le sixième de la longueur de la tête. La caudale est tronquée au bout, et tellement unie aux deux autres nageoires, que l'on n'en voit la distinction que par un peu plus de longueur de ses rayons. On ne compte au dos que trente épines et soixante-trois ou soixante-quatre rayons mous, et il y en a soixante-six ou soixante-sept à l'anale. La proémi-nence, en forme de pénis, est considérable.

La couleur générale est un brun foncé, dans le-quel on a peine à distinguer quatorze ou quinze taches noires, qui occupent de chaque côté la base de la dorsale. Cette nageoire est d'ailleurs brune, toute pointillée de blanchâtre. C'est aussi la cou-leur de la caudale, mais l'anale est d'un brun uni-forme, avec un large liséré blanc. Il y a aussi le long de sa base des taches noires, au nombre de dix-sept ou dix-huit. Le dessous de la tête et de la poitrine est blanc, avec des traits irréguliers bruns en travers des côtés.

Nous avons des échantillons depuis quatre jus-qu'à sept pouces.

Ils ont été rapportés des Moluques par M. le professeur Reinwardt, de Leyde, qui a bien voulu nous les donner pour le Cabinet du Roi.

Le Mastacemble piqueté

(*Mastacembelus punctatus*, nob.)

est encore une espèce bien sûrement nouvelle, prise dans les étangs salés de Calcutta par M. Dussumier : elle diffère un peu des autres mastacembles, et se rapproche des rhynchobdelles,

en ce que son museau est légèrement concave en dessous et n'a point de tentacules; mais ses dents sont prononcées, et il y a trois épines à l'angle de son préopercule. On ne lui compte que vingt-quatre épines dorsales. Sa deuxième dorsale et son anale joignent sa caudale, mais sans s'y unir.

D. 24 — 30; A. 2 — 1/31; C. 13; P. 14.

Son corps est brun clair, varié de petites taches plus claires encore qui se touchent presque. De très-petits points ou de très-petits traits bruns sont semés sur ses nageoires verticales. Il y en a quelques-uns d'un peu plus gros sur la joue et le bas des pièces operculaires.

L'individu est long de quatre pouces.

Vlaming donne dans le recueil inédit dont nous avons parlé plusieurs fois (n.° 35), une figure étiquetée en malais *ikan-gaya* ou *pois-son-éléphant*, qui a été reproduite sous le même nom par Ruysch (pl. 13, fig. 21), par

Valentyn (n.° 373 et 472), et par Renard
(1.re part., pl. 13, fig. 78). Gronovius et Bloch
l'ont rapportée à la rhynchobdelle, et en effet,
son corps est alongé, ses trois verticales sont
réunies, et elle a un museau qui paraît mobile;
mais ce museau est beaucoup plus long qu'à
aucune rhynchobdelle ou mastacemble; les
épines qui précèdent la dorsale sont beaucoup
moins nombreuses, et paraissent réunies par
une membrane; enfin, toutes ces figures s'accordent à donner au poisson des nageoires
ventrales attachées sous les pectorales.

Il est enluminé d'orangé, et a le long du
flanc des ocelles blancs, bordés de bleu.

Valentyn, qui dans son second passage, celui du n.° 472, l'appelle *rood-draggetje* (petit grapin rouge), à cause de la direction re-
courbée de son long museau, le dit dans tous
les deux sec et de mauvais goût; ce qui ne
conviendrait pas à un poisson de ce chapitre.

D'après la confiance que le peintre de Vlaming m'a inspirée, j'ai tout lieu de croire qu'il
a eu sous les yeux quelque poisson d'un genre
voisin, mais différent, dont je recommande
la recherche aux naturalistes qui visiteront les
Moluques.

DU NOTACANTHE.

Des épines libres au lieu de dorsale, des épines libres en avant de l'anale, une longue anale unie à la caudale, de petites écailles ovales, un museau proéminent, tout me semble devoir faire rapprocher le notacanthe des mastacembles et des rhynchobdelles, malgré les ventrales qu'il a de plus que ces poissons, et qui, placées fort en arrière des pectorales, le distingueraient par là seulement de tous les autres scombéroïdes, s'il n'avait pas d'ailleurs tant de caractères extraordinaires.

Bloch, qui a établi ce genre et en a fait le premier connaître l'espèce, a rédigé sa description[1] sur un individu assez mal conservé, qui lui avait, dit-il, été donné par un ami comme venant des Indes orientales. Mais je doute beaucoup de cette assertion, parce que l'espèce me paraît la même que le *campylodon* du Groënland, décrit par Otton Fabricius, dans les Mémoires de la Société d'histoire naturelle de Copenhague (t. IV, 2.ᵉ cah., p. 22, pl. 10, fig. 1).

Or, Fabricius nous apprend que ce campylodon lui fut envoyé d'un établissement da-

---

1. Grande Ichtyologie, t. 12, p. 114.

8.   30

nois au Groënland, et qu'il avait été trouvé
mort en hiver sur la glace d'un des fleuves
de cette contrée, près d'un trou, sans que
l'on sût s'il était sorti de lui-même de l'eau,
ou s'il en avait été tiré par quelque pêcheur
qui l'aurait abandonné.

Bloch lui-même, ou Schneider, son éditeur,
dans son Système posthume (p. 390), dit le
notacanthe de la mer d'Islande, et semble avoir
cru aussi à son identité avec le poisson de
Fabricius, car il en avait commencé la citation par le mot *scrivter,* qui est le premier
du titre des Mémoires de la Société d'histoire
naturelle de Copenhague; mais le surplus de
cette citation est resté au bout de sa plume.

Il est certain que le notacanthe ne nous
est jamais arrivé des Indes, et qu'il n'en est
question dans aucun des auteurs qui ont parlé
des poissons de ce pays-là.

D'un autre côté, M. Faber, dans son Histoire des poissons de l'Islande (p. 70), assure
n'avoir pu se le procurer dans les eaux qui
baignent cette île : ainsi, quel que soit son séjour, c'est un poisson très-rare; ce qui résulte
au reste également du récit de Fabricius, car
il rapporte qu'aucun des Groënlandais qui le
virent, ne put en indiquer le nom. Nous aurions été obligés de nous en rapporter à la

description de Bloch, si l'exemplaire même que possédait l'ichtyologiste de Berlin, ne nous avait été confié par M. Lichtenstein; mais l'extrême complaisance de ce savant professeur nous a mis à même de le décrire d'après nature, et aussi exactement que le permettait le mauvais état de l'échantillon.

Le Notacanthe nez.

(*Notacanthus nasus*, Bl., pl. 431.)

C'est un poisson très-alongé et très-comprimé comme un tænioïde. Sa hauteur au droit des pectorales est plus de douze fois dans sa longueur, laquelle va en diminuant graduellement jusqu'au bout de la queue, qui est pointue. Son épaisseur aux pectorales n'est que le tiers de sa hauteur, et il devient encore plus mince en arrière. La longueur de sa tête est du huitième de la longueur totale, et sa hauteur des deux tiers de sa longueur. Elle est aussi très-comprimée. Le crâne, jusque entre les yeux, a en largeur le tiers de la hauteur de la tête. En avant des yeux le museau se comprime encore davantage et se termine par une troncature verticale, presque tranchante. Le profil est presque horizontal. L'œil en est très-près et un peu plus avant que le milieu de la longueur de la tête, dont son diamètre peut avoir fait le huitième. L'orifice antérieur de la narine est un petit trou rond, à égale distance de l'œil et du bout du museau. Le postérieur est trois fois plus grand

et ovale, un peu plus en arrière. La hauteur verticale
du bout du museau en dessus de la bouche est de
près du quart de la longueur de la tête. Les sous-
orbitaires ne se montrent point à l'extérieur. Le
maxillaire même est étroit et peu apparent. La bouche
n'est fendue que jusque sous le tiers antérieur de l'œil.
Les dents de la mâchoire supérieure, sur une seule
rangée, serrées, cylindriques, un peu aplaties, sont
au nombre d'environ trente de chaque côté; celles de
la mâchoire inférieure, plus grêles, pointues, un peu
crochues au bout, sont sur trois ou quatre rangées
en avant, sur une seule en arrière. Les dents palatines, semblables à celles de la mâchoire inférieure,
sur trois ou quatre rangées en avant, se réduisent
par degrés à une seule vers l'arrière. Le préopercule
n'a point de bord apparent, mais est caché par la
peau. L'opercule est large, arrondi, mince, strié et
flexible, comme s'il était fibreux. Je n'ai pas bien
pu distinguer sous la peau le subopercule ni l'interopercule; mais j'ai compté huit rayons à la membrane branchiale, qui est du reste enveloppée dans
la même peau écailleuse. La pectorale est un peu
plus en arrière que la fente branchiale, à peu près
au milieu de la hauteur du poisson et environ du
treizième de sa longueur totale. Sa forme est ovale,
et l'on y compte seize ou dix-sept rayons. Les ventrales naissent fort en arrière des pectorales et à peu
près au tiers de la longueur totale; elles sont très-
rapprochées et jointes ensemble par le bord interne
de leur membrane; elles se composent chacune d'une
très-courte épine et de huit rayons mous. Leur lon-

gueur est plus de vingt-deux fois dans celle du poisson. Il n'y a pour toute dorsale que dix épines mobiles, courtes, grosses, obtuses, dont la première
est placée vis-à-vis le tiers postérieur des ventrales,
et qui occupent ensemble un espace égal au cinquième
de la longueur du poisson. La distance du museau
à l'anus ne fait que les trois quarts de celle de l'anus
au bout de la queue. L'anale commence par treize
épines, libres comme celles du dos, mais un peu
plus pointues. La première, placée immédiatement
derrière l'anus, répond à la cinquième du dos. La
treizième, qui est tronquée, répond à peu près à la
dixième du dos. Il y a ensuite cent quinze ou cent
seize rayons mous, réunis, comme à l'ordinaire, par
une membrane, et dont les derniers se joignent sans
interruption à la nageoire du bout de la queue,
qui est petite, obtuse, et dans laquelle on peut
en compter huit.

B. 5; D. 10/0; A. 13/116; C. 8; P. 17; V. 1/8.

Ses écailles sont petites, ovales, sans troncature,
sans éventail. L'on y voit à la loupe de fines stries
concentriques et rayonnantes. La ligne latérale, d'a-
bord au cinquième de la hauteur, descend par degrés,
de manière à en occuper le milieu sur la queue;
elle se marque par une tubulure peu apparente sur
chaque écaille. On compte environ quatre cents
rangées d'écailles sur une ligne longitudinale.

Cet individu était entièrement décoloré et n'avait
plus de viscères. Ses vertèbres sont très-nombreuses.
Les côtes courtes et grêles ne garnissent pas à beaucoup près toute la hauteur de l'abdomen.

La figure de ce poisson dans Bloch (pl. 431)
est assez bonne pour le trait; mais il lui représente sur le dos de larges bandes brunes,
dont je ne vois point de traces dans son individu, quoique M. de Lacépède en ait fait
une description pittoresque. Celle de Fabricius[1], si elle est de la même espèce, a le museau trop court et le front trop arrondi.

1. Mémoires de la Société d'histoire naturelle de Copenhague,
t. IV, pl. 9, fig. 1.

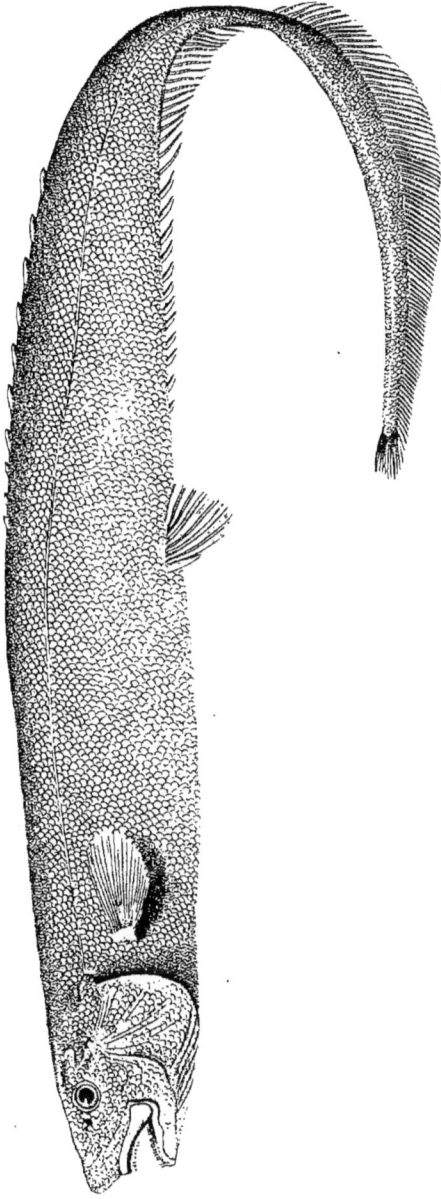

LE NOTACANTHE.

Werner del. Impr.e de Langlois. *Pedretti sculp.*

NOTACANTHUS nasus. Bl.

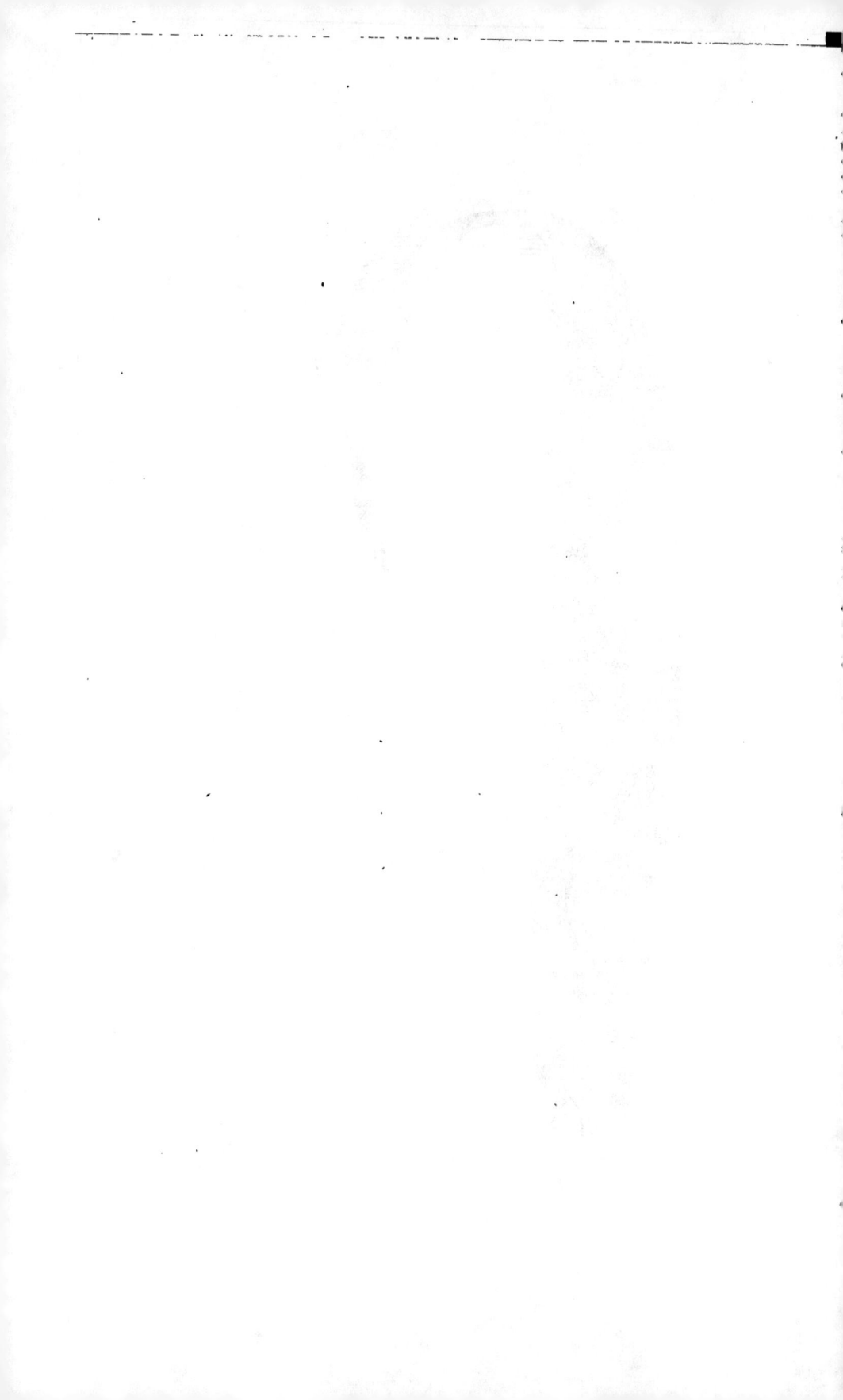

ADDITIONS ET CORRECTIONS

AUX TOMES II, III, IV, V, VII ET VIII.

TOME SECOND.

Page 242, après l'article du *serran à deux rubans*, ajoutez :

Le SERRAN A AILES DE PAPILLON.

(*Serranus papilionaceus*, nob.)

Cette jolie espèce a été trouvée à Gorée par M. Rang. Elle appartient à la première division de ce genre, car sa forme est celle du serran écriture, et elle manque d'écailles sur les branches des mâchoires.

Le museau est pointu. Le profil monte obliquement et en ligne droite jusqu'à la base du premier rayon épineux de la dorsale. La hauteur du corps à cet endroit est égale à la longueur de la tête, et contenue trois fois et trois quarts dans la longueur totale.

L'œil est assez grand. Le préopercule, arrondi, a le bord montant et horizontal très-finement dentelé. C'est le cinquième rayon épineux de la dorsale qui est le plus haut et égal à la moitié de la hauteur du corps. Tous les autres rayons de la dorsale sont égaux jusqu'à l'avant-dernier mou, qui s'abaisse un peu. L'anale est aussi haute, courte, arrondie. La caudale est très-légèrement arquée. La pointe de la ventrale atteint au second rayon épineux de l'anale.

Les nombres sont :

D. 10/15 ; A. 3/8 ; C. 17 ; P. 16 ; V. 1/5.

Les écailles sont âpres. Le fond de la couleur est olivâtre, varié de nuances rougeâtres. Sur les mâchoires, l'interopercule, le bas du préopercule, le dessous de la poitrine et la base des pectorales, il y a de gros points violets. Une large bande olivâtre claire traverse le milieu des côtés, sous les dernières épines de la dorsale. Deux autres bandes étroites, mal terminées, traversent la queue. La dorsale épineuse est olivâtre, avec quelques taches roussâtres. La portion molle est rouge, variée de petites taches et de petites lignes obliques bleues, qui forment des dessins semblables à ceux que l'on observe sur les ailes de quelques papillons. L'anale est tout-à-fait semblable. La caudale est orangée et sans taches. Les ventrales sont rougeâtres et mélangées d'olivâtre.

Nous en avons deux individus, dont l'un a les pectorales rouges, et l'autre les a vertes. Cette différence dépend probablement du sexe.

Ces individus sont longs de sept pouces.

Page 249, après l'article du *serran à joues nues*, ajoutez :

Le SERRAN A RÉSEAU D'ARGENT.

(*Serranus argyro-grammicus*, nob.)

M. Desjardins vient de nous envoyer de l'Isle-de-France un serran qui a tout-à-fait la tournure du serran à bandes, originaire de la même île, et décrit dans le supplément de notre sixième volume (p. 509).

Cette nouvelle espèce a le corps plus court. Sa hauteur est comprise trois fois et deux tiers dans la longueur totale. La tête est aussi longue que le poisson est haut. L'œil est très-grand. Son diamètre fait le tiers de la longueur de la tête.

Les derniers rayons mous de la dorsale et de l'anale sont plus alongés que les autres. La caudale est fourchue. La pectorale est longue; car sa pointe atteint jusqu'au cinquième rayon mou de la dorsale.

D. 10/11; A. 3/8, etc.

L'angle du préopercule est arrondi, et le bord entier de l'os est finement dentelé. L'épine de l'opercule est plate et conduit aux mésoprions.

La couleur de ce poisson est très-brillante. Sur un fond rose et vif le dos offre quatre grandes et larges taches jaunes : la première sur la nuque, la seconde sous les derniers rayons épineux de la dorsale; la troisième sous la base de la portion molle de la dorsale; la quatrième sur le dos de la queue. Les flancs sont d'un beau rose, et leur éclat est relevé par de nombreuses lignes argentées, anastomosées entre elles, qui remontent sur le rose du dos, entre les taches jaunes, mais qui ne descendent point sur le ventre, lequel est d'un rose tendre argenté.

La dorsale et l'anale ont la membrane violette, bordée de blanc, et les rayons plus ou moins orangés. La caudale est jaunâtre et les pectorales rosées.

L'iris de l'œil est jaune verdâtre, glacé d'argent. L'individu est long de neuf pouces.

M. Desjardins nous apprend que ce poisson se nomme à l'Isle-de-France *vivano* ou *sacré-chien rouge,* pour le distinguer du poisson que les pêcheurs nomment communément *sacré-chien,* et qui, d'après les individus que M. Desjardins vient de nous envoyer, est le serran que nous avons décrit dans le supplément du sixième volume sous le nom de *serran filamenteux.* Nous avons fait remarquer la ressemblance de ce poisson avec l'*aphareus,* auquel Commerson avait précédemment appliqué le nom de *sacré-chien.* Il n'est pas étonnant, en effet, que des pêcheurs donnent un nom commun à des espèces si semblables.

Page 324, après l'article du *mérou réticulé,* ajoutez :

Le SERRAN LOUTRE.

(*Serranus lutra,* nob.)

M. Desjardins vient encore de nous envoyer récemment un très-beau serran de l'Isle-de-France, voisin par ses marbrures du *géographique* ou du *hérissé* de Java.

Ce serran à corps trapu, à préopercule finement dentelé et arrondi, n'a qu'une épine plate à l'angle de l'opercule, dont le bord membraneux est très-large et la dépasse beaucoup. La caudale est arrondie, ainsi que les deux autres nageoires impaires.

D. 11/13; A. 3/8, etc.

Sur un fond jaune olivâtre le corps offre de grandes marbrures noirâtres, irrégulières, dont les plus foncées sont sur la nuque et le long de la dorsale. En arrière de cette nageoire il y a sur la croupe de la queue une tache noire, comme dans le *serranus striatus* d'Amérique.

Les nageoires participent de la couleur du corps, à l'exception des pectorales, qui sont rousses et contrastent ainsi beaucoup avec les flancs du poisson. Ces détails de la coloration nous sont communiqués par M. Desjardins. Dans l'esprit de vin ce poisson est devenu gris, marbré ou tacheté de noirâtre.

L'individu est long de treize pouces.

Ce naturaliste ajoute que ce poisson est estimé et recherché à l'Isle-de-France quand il ne dépasse pas quinze pouces. Passé cette dimension, il devient vénéneux, et la police de l'île en prohibe la vente au marché. Les pêcheurs le nomment *loutre* ou *vieille-grabe,* ou bien encore *vieille-de-boue.*

TOME TROISIÈME.

Page 3o. Addition à l'article du *cernier.*

Nous avons trouvé le cernier parmi les poissons envoyés par M. d'Orbigny. L'individu est

long de deux pieds, et ne diffère aucunement
ni de ceux du Cap ni de ceux de la Méditerranée. Il a été pris à vingt ou vingt-cinq lieues
au large du cap Saint-Antoine, au sud de l'embouchure du Rio de la Plata, par quinze brasses
de profondeur. Les pêcheurs le donnèrent à
M. d'Orbigny comme fort rare et sous le nom
de *pescadilla,* nom générique que les habitans
de ces côtes donnent à la plupart des percoïdes
marins. La couleur était bleuâtre, passant au
blanc sous le ventre ; les nageoires sont lisé-
rées de blanc.

Page 77, après le chapitre des *cirrhites,* ajoutez :

D'un nouveau genre de Percoïde du Chili.

L'APLODACTYLE.

Nous aurons à parler dans nos supplémens
de différens poissons fort curieux, envoyés de
Valparaiso par M. d'Orbigny. Celui dont nous
allons traiter forme un nouveau genre de la
famille des percoïdes, à six rayons branchiaux
et à rayons libres aux pectorales, par conséquent voisin des cirrhites; mais il s'en distingue éminemment par la forme des dents, qui
sont semblables à celles de nos crénidens, de la
famille des sparoïdes, et peut-être plus encore
à celles des acanthures et autres poissons de

la famille des teuthies. Un second caractère propre à le distinguer des cirrhites est tiré de l'absence de dentelures au bord du préopercule ; les ventrales sont encore plus reculées sous le ventre, et font de ce nouveau poisson un véritable abdominal.

M. d'Orbigny l'a pris à Valparaiso, où les pêcheurs l'ont nommé *machuelo*.

Nous donnons à ce genre le nom d'*aplodactyle*, pour rappeler la forme simple de quelques-uns des rayons de la pectorale, et à l'espèce celui

*D'*Aplodactyle ponctué.

(*Aplodactylus punctatus*, nob.)

Sa hauteur mesure le quart de la longueur totale. L'épaisseur n'est dans la hauteur que deux fois et demie. Le museau est obtus et arrondi. La ligne du profil de la tête monte par une courbure arquée soutenue jusqu'à l'occiput, d'où elle se relève, et monte obliquement, suivant une direction presque droite, jusqu'à la base de la dorsale. La courbure du dos est peu sensible ; celle du ventre l'est un peu davantage, et la hauteur de la queue n'est guère que le tiers de celle du corps, mesurée à l'aplomb des ventrales.

La tête est courte, renflée en avant. Sa longueur est quatre fois et quatre cinquièmes dans celle du corps. Sa hauteur de la nuque est d'un cinquième moindre que sa longueur.

L'œil est de grandeur moyenne sur la première moitié de la longueur de la tête, et placé dans le haut de la joue, sans que cependant le cercle de l'orbite entame la ligne du profil. L'intervalle entre les yeux est bombé, et égal à deux de leurs diamètres. Le sous-orbitaire est presque aussi long que large. Le préopercule est grand : il a un limbe assez large. Le bord horizontal et le vertical sont lisses et sans aucunes épines ou dentelures. L'angle qu'ils forment est arrondi. L'opercule se termine par une pointe mousse et aplatie. Le sous-opercule n'est pas distinct extérieurement de l'opercule, et il est comme lui couvert de très-petites écailles. L'interopercule au contraire n'est visible que par l'absence d'écailles. Le limbe du préopercule et le sous-opercule en sont également dépourvus. Les deux ouvertures de la narine sont deux trous ronds, percés à peu de distance l'un de l'autre, en avant et près de l'œil, sur le haut du museau.

La bouche est une simple fente transversale sous le museau, dont la saillie est formée par l'avance des intermaxillaires et par la grosseur de leurs branches, qui sont courtes et, comme les maxillaires, petites. L'ouverture de la bouche est petite et n'a point de protractilité. Les dents sont disposées sur trois rangées à la mâchoire supérieure et sur deux à l'inférieure : elles sont aplaties et ont leurs bords arrondis et dentelés en petits festons; elles sont très-semblables à celles des crénidens : on en compte quatorze de chaque côté à la mâchoire supérieure et treize à l'inférieure. Derrière ces rangées antérieures il y a de petites dents grenues sur une bande étroite à chaque mâchoire et sur le chevron du vomer. Les palatins n'en ont point.

Les ouïes sont bien fendues. La membrane branchiostège, soutenue par six rayons, se réunit sous la gorge, et forme entre les branches de la mâchoire inférieure une large ceinture, qui ferme l'espace vide laissé entre l'écartement considérable des appareils operculaires, très-éloignés l'un de l'autre.

L'ossature de l'épaule est petite et couverte d'écailles. La pectorale est attachée très-près de la fente des ouïes, sous la fin de la pointe de l'opercule. Cette nageoire est arrondie et composée de quinze rayons, dont les quatre inférieurs sont gros, charnus et sans aucunes divisions, quoique articulés comme les autres rayons mous.

La ventrale est grande et attachée tellement en arrière que ce poisson peut être regardé comme abdominal. La naissance du premier rayon répond au deuxième tiers de la longueur de la pectorale.

La première épine de la dorsale est un peu plus en arrière que la base de la pectorale; elle est forte et courte : la seconde est un peu plus haute ; la troisième est double de la première, et la quatrième triple. La cinquième épine égale la précédente. Les suivantes décroissent successivement jusqu'à la dernière, qui est aussi courte que la première.

Une petite membrane réunit encore cette épine à celle de la dorsale molle, dont les premiers rayons sont faibles et plus hauts que les épines de la première dorsale. Les rayons décroissent ensuite jusqu'au dernier, qui n'a pas la moitié de la hauteur des premiers. Les premiers rayons mous de l'anale sont beaucoup plus longs que ceux de la dorsale; ils ont plus du double des derniers ou du troisième rayon épineux. Le premier aiguillon est très-court. La caudale est en croissant.

B. 6; D. 15 — 1/20; A. 3/7; C. 17; P. 11 — IV; V. 1/5.

Les écailles sont très-petites : on en compte plus de cent vingt entre l'ouïe et la caudale. Vue séparément et à la loupe, chacune d'elles offre une surface carrée, finement striée sur les côtés et dont le bord radical est finement dentelé. La ligne latérale est tracée au-dessous du tiers de la hauteur et fait de légères ondulations. Sur un fond blanc rembruni vers le dos, le corps est tacheté d'une infinité de petits points noirâtres, également répandus sur les nageoires, qui sont plus foncées que le dos.

L'anatomie de ce poisson est également fort curieuse; elle montre un petit estomac, qui donne de son extrémité une branche montante, plus large et plus grande que l'estomac lui-même. Il n'y a que deux cœcums assez courts auprès du pylore. L'intestin est large, et après avoir fait de nombreux replis, qui augmentent de beaucoup sa longueur, il se rétrécit un peu avant de déboucher à l'anus. Le foie est peu volumineux, la rate très-petite. Il y a une vessie aérienne simple, de grandeur médiocre, à parois minces, argentées. Les reins sont très-gros.

Tout le canal intestinal était rempli de fucus, dont les feuilles avaient été avalées par grands morceaux; ce que nous n'avons pas remarqué dans les autres poissons phytophages dont nous avons pu faire l'ana-

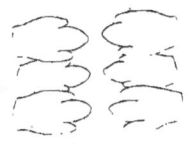

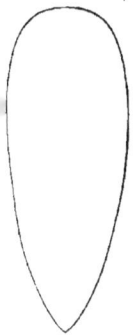

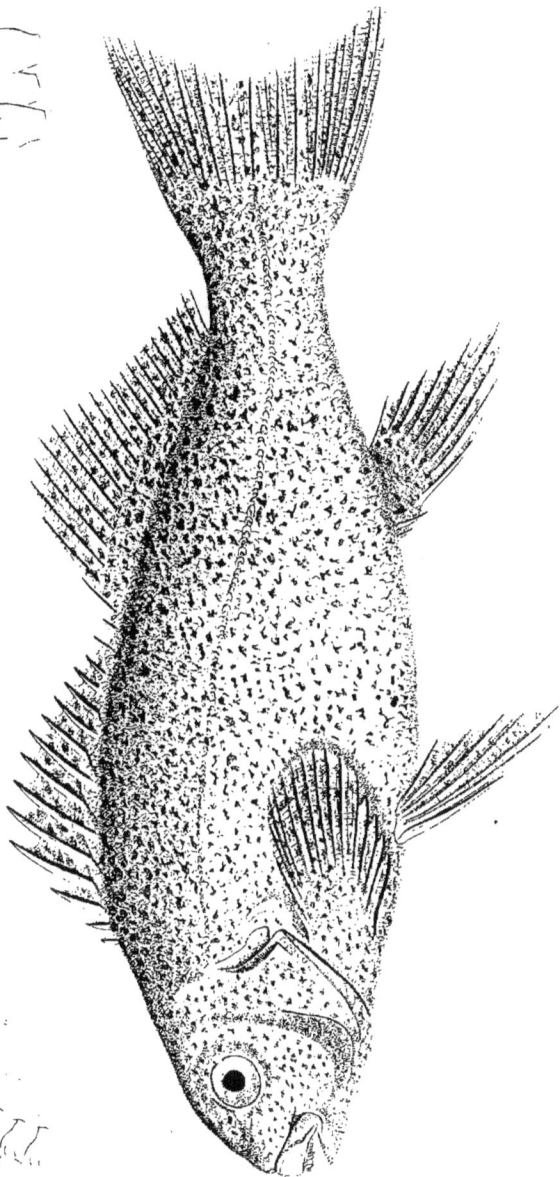

APLODACTYLUS punctatus. n..

Pedretti: sculp.

Impr.e de Langlois.

APLODACTYLE ponctué.

Werner del.

'tomie, et ce que ne ferait pas présumer la forme tranchante des dents.

M. Gay a également observé ce poisson, car nous en avons trouvé une figure coloriée parmi les dessins de ce naturaliste, ce qui nous fait espérer que l'espèce n'est pas très-rare et que nous pourrions en recevoir d'autres exemplaires. Le seul qui soit encore arrivé au Muséum d'histoire naturelle est long d'un pied.

Page 208, après l'article de l'*holocentre d'Arabie*, ajoutez :

L'HOLOCENTRE CORNIGÈRE.

(*Holocentrum cornigerum*, nob.; *Corniger spinosus*, Agass., tab. 85.)

L'Atlantique nourrit un holocentre voisin, par ses formes raccourcies et élargies, de l'holocentre spinifère de la mer Rouge, et qui tient aussi du *lion* des Séchelles et des autres parties de la mer des Indes par les épines du bord inférieur du sous-orbitaire. Mais dans cette nouvelle espèce d'Amérique les pointes sont plus nombreuses et plus fortes.

Elle a le corps court et élevé. Sa hauteur n'est contenue que deux fois et demie dans la longueur totale. Les palmures du crâne paraissent formées de stries fines et serrées. L'œil est de grandeur moyenne.

8.   31

Le sous-orbitaire est étroit et donne trois épines très-
fortes, un peu arquées, et dont la pointe est dirigée
en arrière. Au-devant d'elles il y en a une première,
qui n'a que la moitié de la longueur de celle qui
suit. Les osselets postérieurs du sous-orbitaire sont
fortement dentelés. Le préopercule donne de son
angle deux fortes épines, dont la supérieure est la
plus longue. Les deux épines de l'angle de l'opercule sont fortes, égales et plus courtes que celles
du préopercule. Outre ces épines, le bord de chaque
pièce de l'opercule est fortement dentelé.

Les nombres comptés par M. Agassis sont :

B. 8; D. 12/15; A. 3/12; C. 17; P. 15; V. 6.

Nous devons présumer par analogie qu'il a omis
le premier rayon épineux de l'anale, et que ce poisson doit avoir quatre épines à cette nageoire. Nous
ferons la même observation pour les ventrales, et en
examinant sur la figure le nombre de leurs rayons,
nous croyons que le peintre y a vu et devait y voir un
rayon épineux et sept articulés. Les écailles sont dures
et fortement dentelées.

La couleur de ce poisson paraît orangée.

L'individu conservé dans le cabinet de Munich,
est long de six pouces trois lignes.

Cette description est extraite de celle que
M. Agassis vient de publier dans les *Genera
et Species* des poissons recueillis au Brésil par
MM. Spix et Martius. Il a pensé que la force
des épines du sous-orbitaire pouvait établir
un caractère générique entre les holocentres

et ce poisson. Cela serait vrai, si l'on ne considérait que les espèces d'holocentres de l'Atlantique ; mais celles de la mer des Indes ressemblent beaucoup à cet égard à ce poisson curieux, et prouvent qu'il entre dans le genre des holocentres. Le nouveau genre *corniger,* établi par M. Agassis, ne nous paraît donc pas devoir rester en ichtyologie.

Page 284, après l'article du *percophis du Brésil,* ajoutez :

Nouveau genre de Percoïdes à ventrales jugulaires, voisin des Percis et des Percophis.

L'APHRITIS.

Nous avons trouvé dans le nombre des poissons de MM. Quoy et Gaimard trois petits percoïdes à ventrales jugulaires, originaires des eaux douces de la terre de Van-Diemen, qui sont tous les trois de la même espèce, mais qui doivent devenir le type d'un genre nouveau, voisin des percophis. Ils en ont le corps alongé et les deux dorsales séparées et inégales en longueur. Leur bouche est peu fendue et a des dents en velours ras aux deux mâchoires, aux palatins et au chevron du vomer. Ces dents en velours les distinguent des percophis, et la présence de dents aux palatins

les sépare des percis, qui d'ailleurs ont aussi
quelques dents en crochets sur le devant des
mâchoires et une seule dorsale.

L'Aphritis de d'Urville.
(*Aphritis Urvillii,* nob.)

Cette espèce a un corps cylindrique, dont le diamètre au-devant de l'anus est le sixième de la longueur totale. La tête y est comprise quatre fois et
deux tiers. Le dessus de la tête est aplati, étroit; le
museau arrondi et un peu déprimé. L'œil est à peu
près au quart antérieur de la longueur de la tête; son
diamètre n'est que du sixième ou même du septième
de cette longueur. Le sous-orbitaire est petit, étroit
et sans dentelures : on n'en voit pas non plus au bord
du préopercule. L'opercule se termine par une forte
pointe aplatie.

La bouche est petite, peu fendue. Les dents sont
en velours ras aux deux mâchoires, sur le chevron
du vomer, et il y en a aussi un petit groupe sur
le devant des palatins. Les pharyngiennes sont un
peu plus fortes. Les ouïes sont bien fendues, et il
y a six rayons branchiostèges.

La pectorale est oblongue. Sa longueur égale le
sixième de celle du corps.

La première dorsale répond au milieu de la pectorale : elle est un peu moins haute que la seconde,
qui est bien distincte et étendue jusqu'aux trois quarts
de la longueur totale. L'anale répond à cette seconde
nageoire du dos. La caudale est coupée carrément.

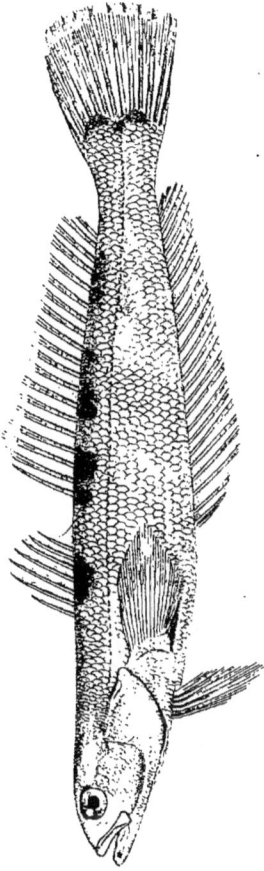

APHRITIS Urvillii. n.

Dequevauviller sculp.

Impr.^e de Langlois.

APHRITIS de D'Urville.

Werner del.

La pointe des ventrales, attachées sous la gorge, en avant des pectorales, n'atteint qu'aux deux tiers de celles-ci.

B. 6; D. 6 — 19; A. 25; C. 15; P. 19; V. 1/5.

Les écailles sont petites, couvrent tout le corps, excepté le front, le sous-orbitaire et les mâchoires: vues à la loupe, elles paraissent finement chagrinées et ciliées. On en compte plus de soixante entre l'ouïe et la caudale. La ligne latérale est un trait fin, parallèle au dos, tracé par le tiers de la hauteur.

La couleur est rougeâtre, nuancée et marbrée de brun verdâtre sur le dos. Les nageoires sont transparentes. Sur les deux dorsales et sur la caudale on voit deux ou trois rangées de petits points rouges.

L'estomac est un assez grand sac, dont la branche montante est séparée de l'estomac par un étranglement bien marqué. Il n'y a, comme dans les percis, que quatre appendices cœcales et pas de vessie aérienne.

Nous n'avons trouvé aucun autre renseignement dans les manuscrits des compagnons de M. d'Urville, si ce n'est que ce poisson vit dans l'eau douce.

Page 284, après l'article ci-dessus, ajoutez :

Autre nouveau genre de Percoïdes à ventrales jugulaires.

LE BOVICHTE (*BOVICHTUS*, nob.).

Nous cherchions depuis long-temps quel pouvait être un poisson jugulaire, figuré dans le douzième volume des Transactions linnéennes, par le capitaine Carmichael, sous le nom de *callionymus diacanthus,* car il était facile de reconnaître que ce n'était pas un callionyme. Nous venons d'être assez heureux pour le re-trouver parmi les espèces recueillies à Valpa-raiso du Chili par M. d'Orbigny. C'est un genre particulier, voisin des vives, ayant comme elles des dents en velours aux mâchoires, aux pala-tins et sur le devant du vomer, mais qui se dis-tingue non-seulement des vives, mais encore de tous les autres percoïdes jugulaires, les percophis exceptés, par les sept rayons de sa membrane branchiostège. Sa tête, d'ailleurs, plus grosse et plus courte, sa première dor-sale composée de rayons plus grêles et plus longs, lui donnent un air tout différent des vives : il ressemble davantage aux cottes.

Nous ne connaissons encore qu'une seule espèce de ce genre, dont nous trouvons une

ligure exacte dans le Mémoire du capitaine
Carmichael sur les poissons pris à Tristan da
Cunha. L'individu qui nous a été envoyé par
M. d'Orbigny, est arrivé en mauvais état; mais
nous avons pu néanmoins constater parfaitement son identité avec celui du navigateur
anglais. Ainsi l'espèce est une de celles qui
doublent le cap Horn ou qui traversent le
détroit de Magellan.

Ces poissons portent à Valparaiso le nom
de *torrito* (petit taureau). Nous nous sommes
servis de cette dénomination pour composer à
notre genre le nom de *bovichte* (poisson bœuf).

Le Bovichte diacanthe.

(*Bovichtus diacanthus*, nob.; *Callyonimus
diacanthus*, Carmich.)

Ce *torrito* de Valparaiso a la forme d'un cotte. Sa
tête est grosse et renflée, légèrement bombée sur
l'occiput et plane en dessous. La plus grande épaisseur, mesurée d'un opercule à l'autre, est supérieure
d'un tiers à la hauteur. Sa longueur égale, à très-peu
de chose près, le tiers de celle du corps, mesurée
depuis le bout du museau jusqu'à la naissance de
la caudale. Le corps se comprime à mesure que l'on
approche de la queue, dont l'épaisseur n'est plus que
la moitié de la hauteur en arrière des dorsales.

Le museau est obtus et de forme parabolique.

L'espace entre le museau et le devant de l'orbite est légèrement concave. L'intervalle qui sépare les yeux est plus creux, porte deux carènes obtuses, osseuses, qui vont depuis les os du nez se perdre sur le front au-delà de l'orbite. Il n'y a aucune épine sur le dessus de la tête. Les yeux sont grands, arrondis, éloignés du bout du museau d'une distance égale à leur diamètre, qui fait le quart de la longueur de la tête; ils sont rapprochés sur le haut de la tête. L'intervalle qui les sépare, égale la moitié de leur diamètre. Le premier sous-orbitaire, petit et mince, n'avance sur le museau que vers la moitié de l'intermaxillaire, et il laisse en arrière une grande partie du maxillaire à découvert. Les autres osselets sous-orbitaires sont très-étroits. Le préopercule est grand, caverneux. Des muscles épais renflent les joues. Le limbe est étroit. Le bord, légèrement festonné, n'a point d'épines ni même de dentelures; il cache par son bord horizontal la presque-totalité de l'interopercule. L'opercule est une grande pièce triangulaire, à bord lisse et sans dentelure, dont l'angle se prolonge en une très-grosse épine, dont la pointe se porte un peu au-delà de l'épaule. L'angle antérieur et inférieur de cet os se prolonge aussi en une forte épine crochue et dirigée en avant; mais elle ne se voit que sur le squelette. Sur le frais, la peau et les muscles épais qui recouvrent la joue cachent entièrement cette pointe. Le sous-opercule est distinct de l'opercule, et constitue une lame mince, étroite, alongée, placée le long du bord inférieur de l'opercule. Son bord libre est un peu festonné et parallèle au bord su-

périeur. Cet os se prolonge en une languette mince,
dont l'angle arrondi atteint en arrière la pointe de
l'épine de l'opercule. Il n'y a pas de dentelures ou
d'épines sur cet os. Les ouvertures des branchies
sont grandes. La membrane branchiostège et les sept
rayons qui la soutiennent, sont cachées sous l'opercule.

La bouche n'est pas très-fendue. Les intermaxillaires sont courts et étroits. Leurs pédicules remontent
sur le museau et n'atteignent pas à l'angle antérieur
de l'orbite. Les maxillaires sont plus longs. Des dents,
en fin velours, occupent une large bande sur chaque
mâchoire, sur le chevron du vomer et sur les palatins. Celles du rang externe de la mâchoire supérieure sont un peu plus grosses que les autres. Les
os du nez s'avancent dans l'espace assez large compris
entre les branches montantes des intermaxillaires et
le bord supérieur du sous-orbitaire. Les narines sont
percées près du bord antérieur de l'orbite. Le sur-
temporal forme une pièce oblongue, placée obliquement derrière la tête, et en dedans de laquelle
est le surscapulaire, étroit comme elle, un peu plus
long et étendu depuis la troncature de l'occiput
jusqu'à l'aplomb de la base de l'épine operculaire.
L'épaule forme une très-forte et très-large ceinture
osseuse, sur laquelle s'appuient en dessous les os du
bassin.

C'est dans l'échancrure formée sur le dessus du
corps par la disposition des os surscapulaires, que
l'on voit s'élever les premiers rayons de la dorsale épineuse. Ces rayons sont grêles : le premier est à peine

plus court que le second. Leur hauteur commence à diminuer à compter du cinquième. Le huitième n'a plus que la moitié de la hauteur du second, qui lui-même n'a que les trois quarts de la hauteur du corps sous cette nageoire.

La seconde dorsale a plus du double de la longueur de la première. Les rayons ont près d'un tiers de plus que ceux de la dorsale antérieure. Le dernier n'a que le tiers des plus longs rayons. Ces rayons diminuent tous à peu près graduellement, de sorte que cette dorsale a, comme la première, le bord en arc surbaissé.

L'anale commence sous le sixième rayon de la seconde nageoire du dos. On lui compte quatorze rayons, tous branchus et articulés. Leur hauteur diminue graduellement jusqu'au onzième. Le onzième s'alonge un peu ; le douzième davantage, et le treizième encore plus, de façon qu'il est plus haut que le premier rayon. Le dernier est court. Cette disposition donne une forme particulière à cette nageoire.

La caudale n'est pas assez bien conservée pour que nous puissions parler de sa forme. D'après la figure de M. Carmichael elle est coupée carrément, et du septième environ de la longueur totale. Cet auteur ne marque pas le nombre de ses rayons. Les pectorales sont très-grandes, arrondies, formées de dix rayons divisés, suivis de cinq autres gros et simples, mais articulés.

B. 7; D. 8 — 20; A. 14; C....; P. 15; V. 1/5.

Les ventrales sont grandes, écartées l'une de l'autre, attachées sous l'aplomb du bord du préopercule, bien

BOVICHTUS diacanthus. n.

Dequenavillier sculp.

Impr. de Langlois.

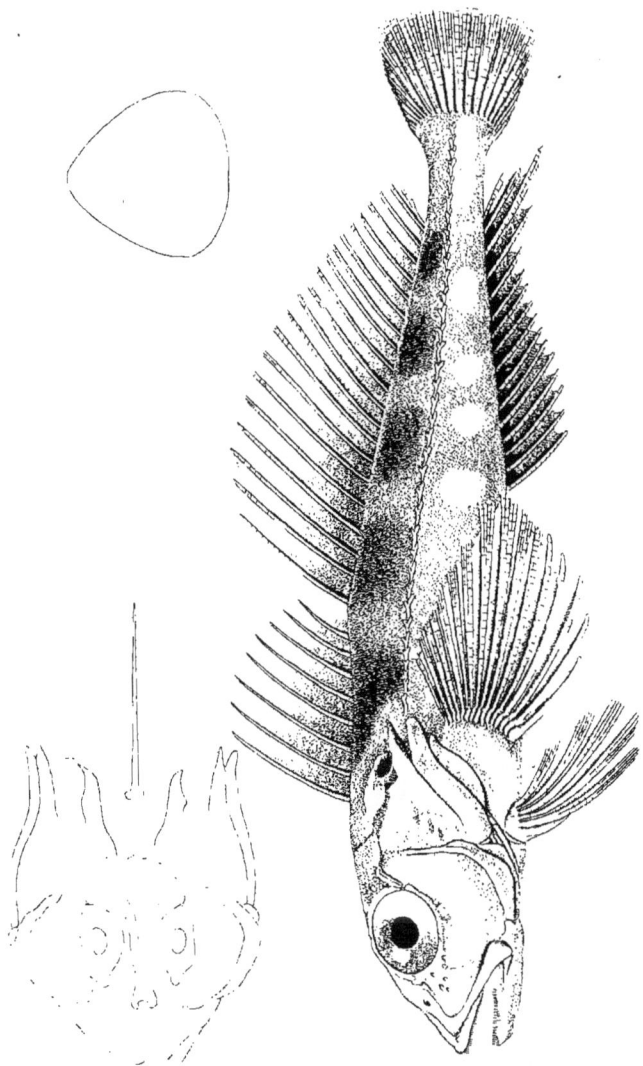

BOVICHTE diacanthe.

Werner del.

au-devant des pectorales. Quand elles sont repliées, la pointe de leurs rayons atteint à la moitié des pectorales. La peau paraît avoir été lisse, sans écailles.

La ligne latérale seule porte une série de petits grains durs, placés à la suite les uns des autres, mais non imbriqués comme les écailles. Ces grains sont percés d'un tube dans le sens de la longueur du poisson, et donnent des branches tantôt au-dessus, tantôt au-dessous, dont l'élévation arrondie forme la ligne saillante et rameuse qui marque la ligne latérale.

La couleur paraît avoir été noirâtre. La longueur de l'individu est de huit pouces, la caudale non comprise.

Le capitaine Carmichael dit que son poisson avait le corps olivâtre, marbré de taches verdâtres et parsemé de points blancs; l'iris de l'œil était brun. Sur sa figure (pl. 26, fig. 12, des Transactions linnéennes) vingt-deux rayons sont marqués à la seconde dorsale; mais dans le texte l'auteur ne compte, comme nous, que vingt rayons. Le caractère des pénultième et antépénultième rayons prolongés de l'anale est bien exprimé par la figure que nous citons: l'auteur compte un rayon de plus à cette nageoire; mais nous ne croyons pas que ce caractère suffise pour admettre une seconde espèce dans ce genre.

Ce poisson abonde parmi les rochers, et sa chair a été trouvée délicate.

Page 303, après l'article de l'*uranoscope vulgaire*, ajoutez :

L'URANOSCOPE OCCIDENTAL.

(*Uranoscopus occidentalis*, Agass., tab. 73.)

Nous avons déjà fait remarquer que nous n'avions pas reçu d'uranoscope de l'Atlantique, et que nous n'avions d'autres documens sur l'existence de ce genre dans cette mer, que d'avoir trouvé dans les dessins de feu M. Spix, un uranoscope très-semblable au nôtre.

M. Agassis vient de publier la description de ce poisson, qu'il croit d'une espèce différente. Ces différences sont bien légères ; elles consistent :

Dans de plus grosses scabrosités des parties de la tête, dans plus de longueur des épines de l'épaule, dans un rayon de moins aux pectorales et un de plus à l'anale, en sorte que les nombres sont, d'après M. Agassis :

D. 4 — 1/14 ; A. 14 ; C. 10 ; P. 16 ; V. 1/5.

Les couleurs n'offrent aucune différence.

M. Agassis dit que cet uranoscope vient de l'Atlantique, sans indiquer s'il a été pêché sur la côte du Brésil, ou dans quelque parage de cet océan plus rapproché du continent européen.

*L'*URANOSCOPE ANOPLOSE.

(*Uranoscopus anoplos*, nob.)

Mais il existe dans l'Atlantique, sur les côtes de l'Amérique septentrionale, un joli uranoscope, qui nous a été donné par M. Lecomte, naturaliste distingué des États-Unis.

La forme générale du corps de cette espèce ressemble beaucoup à celle de notre uranoscope commun; mais elle s'en distingue par une particularité notable : c'est par le nu de la joue, résultat de la petitesse des osselets sous-orbitaires, qui ne cuirassent pas autant la joue que comme dans les autres uranoscopes.

A cause de ce caractère nous nommerons l'espèce *anoplos*.

Le crâne est plan, mais plus étroit et moins rugueux que celui de l'uranoscope d'Europe. Les orbites sont plus grands. L'échancrure du crâne est plus étroite et pénètre moins haut. La pièce antérieure du sous-orbitaire ne se prolonge pas en avant en pointe obtuse; mais elle donne une longue apophyse grêle et pointue, qui descend sur la joue le long du maxillaire. La pièce postérieure du sous-orbitaire est très-étroite. Comme le limbe du préopercule est également fort étroit, il en résulte que la partie antérieure de la joue est recouverte par de la peau nue. Il n'y a point d'épines le long du bord inférieur du préopercule. L'angle fait une légère

saillie obtuse, et il n'y a sur le limbe que quelques
fines stries.

L'opercule est large, convexe, très-finement strié.
On voit à la loupe quelques petites granulations sur
le haut, près de l'articulation de cette pièce osseuse.

L'épaule a une très-petite épine, peu pointue. Le
surscapulaire est arrondi et peu distinct du reste du
crâne.

La pectorale est grande et moins arrondie que
celle de notre uranoscope.

La première dorsale est beaucoup plus basse, et a
les épines qui soutiennent sa membrane, plus fortes
et plus pointues. La seconde dorsale et l'anale sont
beaucoup plus hautes.

D. 4 — 1/13; A. 13; C. 12; P. 19; V. 1/5.

L'absence du long filament naissant du milieu du
bord membraneux interne de la mâchoire inférieure,
est encore un caractère notable de cette espèce.

Le corps paraît entièrement sans écailles. Je n'ai
pu en voir aucune trace même à la loupe. La ligne
latérale est comme celles des autres uranoscopes. Le
dos est verdâtre et très-finement pointillé de noirâtre.
Au-dessous de la ligne latérale le corps devient argenté. Les nageoires sont blanches.

Les deux individus qui ont servi à cette description n'ont que deux pouces de longueur.

Page 3o5, après l'article de l'*uranoscope marbré*, ajoutez :

L'URANOSCOPE SOUFRÉ.

(*Uranoscopus sulphureus*, nob.)

Grande et belle espèce d'uranoscope à deux dorsales, que MM. Quoy et Gaimard ont rapportée des îles des Amis.

Elle a le crâne large, aplati, granuleux, mais sans aucunes carènes ou élévations semblables à celles qui existent sur le crâne de l'*uranoscopus affinis*. Les surscapulaires ne donnent pas d'épines dirigées en arrière. L'échancrure antérieure est presque aussi large que profonde.

L'arrière du crâne est festonné. Le sous-orbitaire est plus oblong. Il n'offre en avant qu'une légère échancrure, et ses bords sont arrondis et non prolongés en pointes saillantes. Les dents du bord inférieur du préopercule sont au nombre de cinq. Les dents de la mâchoire inférieure sont en crochets beaucoup plus forts et plus courbés. L'épine de l'épaule est très-grosse, large, surtout à sa base. Sa surface est profondément sillonnée.

La première dorsale est plus élevée que celle des espèces voisines.

D. 5 — 13; A. 13, etc.

La couleur de la tête est d'un beau jaune soufré. Je n'ai pu rien voir de celle du corps, qui est tout-à-fait décoloré.

L'individu a près d'un pied de long. Son crâne entre les opercules a près de trois pouces.

L'anatomie de cet uranoscope nous a montré un foie peu considérable, une vésicule du fiel globuleuse et très-grande; l'estomac, à parois épaisses et musculeuses, est un grand sac arrondi. Il y a huit cœcums au pylore. L'intestin se replie deux fois en faisant de nombreuses ondulations. Il se termine par un gros intestin droit, dont la longueur est à peu près de la moitié de celle de la cavité abdominale. Il n'y a pas de vessie aérienne. Les reins sont réunis en une seule masse, et versent l'urine dans une grande vessie fourchue, dont les cornes s'écartent à droite et à gauche sous les organes de la génération.

TOME QUATRIÈME.

Page 188, après l'article du *petit chaboisseau du Groënland*, ajoutez :

Le Chaboisseau de Mertens,

(*Cottus Mertensii*, nob.)

qui a été observé et dessiné au Kamchatka par M. de Mertens.

Il se rapproche du petit chaboisseau du Groënland par le nombre de rayons de l'anale; mais par ceux des dorsales il est plus voisin du *cottus octodecim-spinosus*, et il a les épines de la première dorsale tout aussi fortes. Voici les nombres comptés par le naturaliste russe.

D. 8 — 15; A. 12; C. 10; P. 18, etc.

La tête paraît lisse; sans épines près des narines.

La pointe du préopercule n'atteint pas l'angle de l'opercule.

Les couleurs indiquées sur le dessin qui nous a été communiqué par M. de Mertens, étaient de grandes marbrures de bistre foncé sur un fond jaunâtre.

Ce dessin représente un individu long de huit pouces.

Le Chaboisseau marbré.

(*Cottus marmoratus*, nob.)

Une seconde espèce, observée dans ces parages par les naturalistes de la même expédition, ne paraît pas non plus se rapporter à aucune de celles que nous avons décrites.

Ce petit chaboisseau a deux fortes épines au-devant de l'œil. Deux autres peu alongées au bord du préopercule; une petite dirigée vers le bas au bord horizontal du même os, et une assez forte à l'angle de l'opercule. Les rayons épineux de la première dorsale sont assez robustes; le cinquième est le plus long.

D. 8 — 14; A. 12; C. 14, etc.

Ce poisson a la tête et le dos bruns, de grandes marbrures brunes et blanches sur les côtés, et rougeâtres sur le ventre. La première dorsale est jaune, avec une grande tache brune, qui part de la pointe du quatrième rayon et descend obliquement jusqu'au pied du septième. La seconde dorsale est rouge. La caudale jaune, marbrée de roux. La pectorale brune à la base et jaune ensuite. Le jaune est tra-

8.   32

versé par trois raies circulaires brunes près de l'extrémité des rayons.

L'anale est blanchâtre et tachetée de nombreux points rouges.

Nous ne connaissons aussi cette espèce que par un dessin long de quatre pouces, communiqué par M. de Mertens.

Page 189, après l'article du *chaboisseau bronzé*, ajoutez:

Le Chaboisseau poreux.

(*Cottus porosus*, nob.)

Nous avons reçu par MM. Guédon et Ducrost un chaboisseau long de six pouces, pris dans la baie de Baffin, et qui offre des caractères distincts de ceux que nous avons mentionnés pour les autres espèces. Le grand nombre des rayons de sa dorsale doit le rapprocher du *cottus groenlandicus* ou du *scorpioides;* mais la disposition des armures du dessus de la tête et des opercules le font ressembler davantage au chaboisseau de nos côtes, quoique les épines ne soient pas placées de la même manière.

La tête a un peu moins du tiers de la longueur du corps. Le museau est arrondi, déprimé. Le profil monte obliquement jusqu'à la base de la dorsale. La ligne se soutient davantage sous cette nageoire pour s'abaisser promptement vers la queue, de sorte que le poisson paraît comme bossu. Les yeux sont grands, plus rapprochés du museau que de l'occiput. Les arcades surcilières sont assez relevées. Les deux épines des nasaux s'élèvent au-devant des yeux ; elles sont fortes et pointues. En arrière de l'œil il y a un tubercule mousse, à peine sensible. De ce tubercule s'élève une crête basse, relevée sur l'occiput en un petit tubercule mousse, qui n'est pas plus apparent que celui d'auprès de l'orbite. Les arcades surcilières, prolongées ainsi en une crête basse sur le crâne, y cernent une large gouttière profonde entre les yeux et presque plane sur l'occiput. On n'y aperçoit d'ailleurs aucune épine. Le sous-orbitaire n'en offre pas non plus ; mais l'angle du préopercule se bifurque en deux fortes, dont la supérieure, qui est la plus longue, n'atteint que le milieu de l'opercule. Une troisième épine est à l'angle inférieur du préopercule, dirigée en avant comme dans le chaboisseau commun.

L'opercule donne, comme à l'ordinaire, une épine de son angle supérieur ; elle est courte et ne dépasse pas le bord membraneux ; mais il en donne une autre, très-pointue, de son angle inférieur près du sous-opercule. L'épine de l'épaule est courte et assez grosse.

Les narines sont extrêmement petites.

B. 6 ; D. 11 — 1/16 ; A. 13 ; C. 17 ; P. 18 ; V. 1/3.

La ligne latérale est formée par une suite de petits tubes, relevés en relief sur la peau, percés à leur extrémité : ce qui établit une première série de pores. Au-dessus et au-dessous d'elle, et près de l'orifice de chaque pore, on voit l'ouverture de pores plus petits. Il y en a un grand nombre d'autres sur le dessus du crâne, les tempes et le long du sous-orbitaire. La peau n'a point d'écailles. Entre la base de la dorsale et la ligne latérale il y a une série de petits boucliers osseux, prolongée depuis l'occiput jusqu'à la caudale; ils sont arrondis, lisses du côté de la tête et finement dentelés ou comme ciliés vers l'arrière.

Sur un fond grisâtre le dos est marbré de plombé. La tête est plus pâle.

Sa première dorsale est de la couleur du dos. Ce plombé du dos remonte sur la seconde et y forme cinq bandes nuageuses pâles et obliques. L'anale n'a que deux bandes presque noirâtres. La caudale et la pectorale sont marbrées de plombé. Le dessous du corps est d'un beau blanc. Toute la partie colorée de la peau est pointillée de petits points noirs excessivement ténus.

L'anatomie de cette espèce nous a montré les viscères dans l'état suivant. Un estomac très-grand, arrondi, occupant la plus grande partie de l'abdomen. De sa portion antérieure, et presque derrière le diaphragme, sort l'intestin, qui se recourbe sur le renflement de l'estomac, fait un pli court en dessous, et de là se rend droit à l'anus. Le pylore a quatre appendices cœcales à droite et trois à gauche de l'estomac; elles sont longues et grosses. Sur les cœcums de droite et sous l'estomac est la rate: viscère trièdre, petit, de couleur grise.

Le foie ne forme qu'une seule masse jaunâtre, arrondie et terminée en une pointe mousse au-dessus des appendices du côté gauche. La vésicule du fiel est très-petite; elle est située au-dessous et un peu à droite de l'œsophage.

Les laitances étant pleines, d'un beau blanc de lait, forment deux corps trièdres, placés sur l'estomac, dont elles suivent le contour; elles se renflent en arrière de ce viscère. Leur portion antérieure est divisée en deux petits lobules. Les reins sont gros, divisés sur toute leur longueur. Ils débouchent dans une petite vessie urinaire blanche. Il n'y a point de vessie aérienne. Le cœur est petit; mais l'oreillette, très-grande, a ses deux bords inférieurs dentelés. Le bulbe de l'aorte est très-petit.

Cette espèce se nourrit de très-petites crevettes, qu'elle détruit abondamment : il y en avait plusieurs centaines dans son estomac.

TOME CINQUIÈME.

Page 149, après l'article du *larime à court museau*, ajoutez :

Le LARIME A OREILLES NOIRES.

(*Larimus auritus*, nob.)

Les belles collections que M. Rang nous a envoyées de Gorée, nous procurent une seconde espèce fort remarquable de larime.

Elle a le corps court et élevé. Sa hauteur est contenue trois fois et demie dans la longueur totale. La tête, un peu plus courte que le corps n'est haut, est comprise trois fois et deux tiers dans cette même longueur.

L'œil est grand ; cependant son diamètre n'a pas le tiers de la longueur de la tête.

Le préopercule est grand, et n'a de dentelures que sur le bord arrondi de l'angle. L'opercule se termine par une pointe mousse, et il a un bord membraneux assez large. Le dessus du crâne est aplati entre les yeux ; il se relève sur l'occiput par la saillie de la crête mitoyenne, qui est fort élevée. La première dorsale est triangulaire et haute. La seconde dorsale est de moitié moins élevée, et elle n'occupe pas sur la longueur du dos autant d'espace que la première : ce qui est bien différent dans l'espèce à museau court, qui a cette seconde dorsale deux fois plus longue que la première ; l'anale est aussi plus longue que celle de l'espèce précédente. La caudale est fourchue.

Les nombres sont :

B. 7 ; D. 11 — 1/13 ; A. 3/9 ; C. 17 ; P. 18 ; V. 1/5.

La couleur est uniforme et verdâtre, glacée d'argent et plus pâle sous la poitrine. Le bas de la joue est presque blanc. Une grande tache noire est sur le haut du bord membraneux de l'opercule. Les nageoires sont olivâtres, plus ou moins foncées et finement piquetées de petits points noirâtres. Il y a des taches peu distinctes à la base des rayons des deux dorsales. Sous certains reflets les flancs paraissent comme rayés longitudinalement par des bandes argentées.

La longueur de nos individus varie de sept à huit pouces.

TOME SEPTIÈME.

Page 295, après le chapitre IX, ajoutez :

Nouveau genre de Squammipennes.

LE SCORPIS.

MM. Quoy et Gaimard ont envoyé de leur seconde expédition un poisson pris au port du Roi-George, à la Nouvelle-Hollande, qui tient aux squammipennes et aux scombéroïdes et réunit une partie des caractères des trachi-notes à ceux des platax. Nous aurions même été tentés de le considérer comme un *platax,* sans les dents qui garnissent amplement toutes les parties de son palais. Il doit donc former un groupe à part, qui nous paraît pouvoir être placé auprès des castagnoles.

Le SCORPIS DU PORT DU ROI-GEORGE.

(*Scorpis georgianus,* nob.)

Le corps est ovale et comprimé. Sa plus grande hau-teur, qui est au milieu, est deux fois et demie dans sa longueur totale, et son épaisseur, trois fois et un tiers dans sa hauteur. La courbure du dos et celle du ventre sont régulières et égales. Le profil de la tête se con-tinue avec la courbe du dos, en descendant toutefois un peu plus rapidement. Le museau est ainsi court et arrondi. La hauteur de la tête égale sa longueur, et est quatre fois et demie dans celle du poisson. Le front est large et transversalement arrondi. L'œil a plus du quart de la longueur de la tête en diamètre, et est placé au-dessus et en avant du milieu. Les orifices de la narine sont ronds, près l'un de l'autre, et plus voisins de l'œil que du profil; ils répondent au milieu du bord antérieur de l'orbite. Le sous-orbitaire est peu élevé, sans dentelure, et ne cache point le maxillaire, qui se porte en arrière, en descendant un peu et en s'élargissant médiocrement jusque sous le tiers postérieur de l'œil. La fente de la bouche est horizontale, et ne va pas plus loin que le tiers antérieur de l'œil. Quand elle est fermée, les mâchoires sont égales; mais quand elle s'ouvre, l'inférieure se porte davantage en avant. La supérieure est peu protractile. Chaque mâchoire a une très-large bande de dents en velours fort et serré, et à l'extérieur une rangée de dents fortes, cylindriques, terminées en pointe un peu courbée vers le dedans. Il y en a de chaque côté à chaque mâchoire, dans sa moitié antérieure, quinze ou seize de cette force; mais vers l'arrière elles deviennent plus petites; il y en a aussi environ quinze ou seize de ces petites, et l'intermaxillaire en porte jusques au-delà de la commissure. Au palais il y a cinq grands disques de dents en velours ras : un rond au-devant du vomer, et un en ellipse alongée à chaque palatin et à chaque ptérygoïdien. La langue en porte un rond sur sa base; elle est grande, large, obtuse en avant, et

a les bords assez libres et charnus. Le préopercule
est rectangulaire, et son angle est arrondi; il est deux
fois plus haut que long. Son limbe se distingue à peine
de la joue. Ses bords montrent au doigt une légère
dentelure insensible à l'œil. L'opercule osseux, deux
fois plus haut que long, a en arrière deux angles
obtus, séparés par un arc rentrant; un tout en
haut, l'autre au milieu. Le subopercule et l'interopercule sont fort étroits. La membrane des ouïes
est fendue jusque sous la commissure, et ne couvre
pas l'isthme. Ses rayons sont au nombre de sept.
Sauf le devant du museau et le bout des mâchoires,
toute la tête est écailleuse, et même la membrane
branchiostège. L'épaule n'a point d'armure particulière. La pectorale est au tiers inférieur, en demi-
ovale, du sixième de la longueur totale, et a quinze
rayons, dont le troisième et le quatrième sont les plus
longs. Les ventrales sortent sous le milieu de la
longueur des pectorales, mais ne les dépassent point;
elles se touchent à la base. Leur épine fait moitié de
leur longueur, et est assez forte. La dorsale et l'anale
sont disposées comme dans les trachinotes, c'est-à-
dire que le devant de leur partie molle s'aiguise en
pointe, et que sur le reste de leur étendue elles
s'abaissent beaucoup.

Il y a sur le dos dix épines courtes et fortes, munies chacune d'une petite membrane qui va finir
sur la base de l'épine suivante. Les trois dernières
s'alongent un peu et sont enveloppées en partie dans
la même membrane écailleuse que la portion molle
de la dorsale. Celle-ci a vingt-trois rayons, dont

les quatre ou cinq premiers forment une pointe presque triple de la dixième épine, et dont la hauteur
est deux fois et demie dans celle du corps; elle répond à peu près au tiers postérieur du tronc et au
milieu de la longueur totale. L'anale répond à cette
partie molle de la dorsale, pour la forme, la grandeur et la position; elle a trois épines et vingt-cinq
rayons mous. Les deux nageoires sont couvertes
jusqu'au bord de petites écailles. Le tronçon de queue,
à leur arrière, est du septième de la longueur totale
et presque aussi haut que long. La caudale est taillée
en croissant, et ses pointes ont chacune le cinquième
de la longueur totale. On y voit des écailles jusque
sur son milieu.

B. 7; D. 10/23; A. 3/25; C. 17; P. 15; V. 1/5.

Les écailles du corps sont petites, rectangulaires,
un peu plus hautes que longues, légèrement arquées à leur bord externe, qui, à la loupe, paraît
dentelé. Leur face extérieure est aussi légèrement
ponctuée à la loupe. Au bord radical elles ont douze
ou quinze crénelures et autant de stries, mais qui
ne se rapprochent point en éventail.

La ligne latérale, un peu moins courbée que le
dos, et qui commence au tiers supérieur, se marque
par une élevure simple, pointue en arrière, sur le
milieu de chaque écaille.

Tout ce poisson est d'un brun foncé, tirant à l'argenté à la poitrine et au ventre.

L'individu est long de onze pouces sur cinq de
hauteur et un et demi d'épaisseur.

SCORPIS du port du Roi George.

Werner del.

Impr. de *Langlois.*

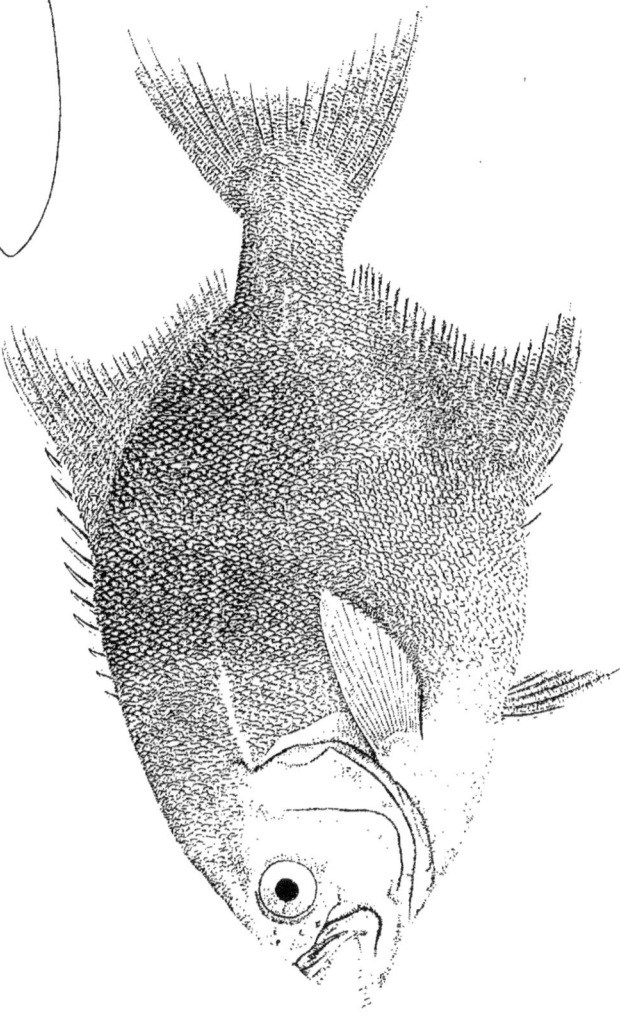

SCORPIS georgianus. nob.

Pretretti sculp.

Ce *scorpis* a le foie très-petit, composé de deux lobes à peu près égaux, pointus, triangulaires, placés de chaque côté de l'œsophage, et réunis en dessous par une bande étroite. La vésicule du fiel est assez grande, de forme alongée, arrondie en arrière; elle est placée sur l'estomac.

L'entrée de l'œsophage est très-large et de peu de longueur. Ses parois sont épaisses et charnues, et en dedans la veloutée est garnie de papilles longues, grêles et nombreuses, qui rétrécissent beaucoup l'entrée si large de l'œsophage.

L'estomac est un vaste sac triangulaire, dont les parois sont minces et sans rides ni plis à l'intérieur. La branche montante est courte. Le pylore est entouré d'un nombre infini d'appendices cœcales, assez grosses et courtes. Plusieurs sont réunies ensemble sur un même pédoncule; d'autres sont isolées. L'intestin est très-long, d'un assez grand diamètre, et diminue régulièrement et très-peu jusqu'à l'anus : il commence par remonter sous le diaphragme, passe sur la face supérieure de l'estomac, et descend en décrivant une large courbe, qui le porte en avant de nouveau jusque sur les parois inférieures de l'abdomen; là il fait un pli brusque, descend le long des muscles abdominaux jusqu'au fond de l'abdomen, remonte vers l'épine, derrière la pointe de l'estomac, se plie de nouveau, et longe le pli précédent jusque sous le diaphragme, et alors il descend dans la première courbe du duodénum, s'y replie et remonte de nouveau sous le diaphragme, et décrivant un arc assez grand, il descend le long des muscles abdominaux, et se rend droit à l'anus. C'est dans cette dernière portion, à la hauteur du pylore, que l'on voit la valvule épaisse et charnue qui sépare le gros intestin des petits.

La rate est très-petite et cachée entre l'intestin et l'extrémité des appendices cœcales.

Les organes de la génération sont petits et rejetés tout-à-fait à l'arrière de l'abdomen.

La vessie aérienne n'est pas non plus très-grande. Les intestins remplissant à eux seuls presque la cavité du ventre, qui est spacieuse, ils ont laissé peu d'espace pour les autres viscères. Cette vessie est protégée par un repli du péritoine assez épais; mais sa tunique argentée est excessivement mince; elle est arrondie en avant, et donne en arrière deux très-petites cornes. Le péritoine est d'un beau noir très-intense.

Nous avons trouvé l'estomac et l'intestin remplis à l'excès de fucus. Ce poisson se nourrit aussi de mollusques mous; il y avait des débris de gastéropodes.

Page 503 (supplément). Additions et corrections à l'article du *rhynchichte.*

Depuis la publication du nouveau genre *rhynchichte,* dans le supplément du septième volume, nous avons reconnu que l'on doit rapporter à ce genre le poisson figuré par Gronovius dans son *Zoophylacium* (pl. IV, fig. 3), et caractérisé (p. 65, n.° 225) ainsi qu'il suit: *Holocentrus maxilla inferiore lon-*

giore, rostro acuminato ultra maxillas pro-
minente.

Gronovius dit ce poisson originaire de Su-
rinam et d'une couleur brillante, brune sur
le dos, blanche mêlée de fauve sur le reste du
corps. Les couleurs diffèrent donc sensiblement de celles du poisson rapporté de l'Inde
par M. Dussumier. L'éloignement des parages
est assez considérable pour faire présumer que
Gronovius a décrit une espèce distincte de la
nôtre. Les nombres des rayons comptés par
Gronovius sont les mêmes que ceux de notre
poisson. Comme ceux de l'anale ont été mal
exprimés dans notre description, nous saisis-
sons cette occasion pour en faire ici la correction.   D. 10 — 1/12; A. 4/12.

C'est ainsi qu'ils sont comptés sur la figure
que nous publions avec ce volume.

TOME HUITIÈME.

Page 227 (addition essentielle), après la ligne 13, ajoutez :

Entre l'anus et l'anale se voient quarante ou quarante-cinq très-petites épines, qui percent à peine la
peau.

FIN DU TOME HUITIÈME.